ATZ/MTZ-Fachbuch

Die komplexe Technik heutiger Kraftfahrzeuge und Motoren macht einen immer größer werdenden Fundus an Informationen notwendig, um die Funktion und die Arbeitsweise von Komponenten oder Systemen zu verstehen. Den raschen und sicheren Zugriff auf diese Informationen bietet die regelmäßig aktualisierte Reihe ATZ/MTZ-Fachbuch, welche die zum Verständnis erforderlichen Grundlagen, Daten und Erklärungen anschaulich, systematisch und anwendungsorientiert zusammenstellt.

Die Reihe wendet sich an Fahrzeug- und Motoreningenieure sowie Studierende, die Nachschlagebedarf haben und im Zusammenhang Fragestellungen ihres Arbeitsfeldes verstehen müssen und an Professoren und Dozenten an Universitäten und Hochschulen mit Schwerpunkt Kraftfahrzeug- und Motorentechnik. Sie liefert gleichzeitig das theoretische Rüstzeug für das Verständnis wie auch die Anwendungen, wie sie für Gutachter, Forscher und Entwicklungsingenieure in der Automobil- und Zulieferindustrie sowie bei Dienstleistern benötigt werden.

Wolfgang Siebenpfeiffer
(*Hrsg.*)

Leichtbau-Technologien im Automobilbau

Werkstoffe - Fertigung - Konzepte

Mit 205 Abbildungen

Herausgeber

Wolfgang Siebenpfeiffer
Stuttgart, Deutschland

ISBN 978-3-658-04024-6   ISBN 978-3-658-04025-3 (eBook)
DOI 10.1007/978-3-658-04025-3

Die Deutsche Nationalbibliothek verzeichnet diese Publikation in der Deutschen Nationalbibliografie; detaillierte bibliografische Daten sind im Internet über http://dnb.d-nb.de abrufbar.

Springer Vieweg
© Springer Fachmedien Wiesbaden 2014

Bildhinweis Umschlag: Porsche AG

Gedruckt auf säurefreiem und chlorfrei gebleichtemPapier.

Springer Vieweg ist eine Marke von Springer DE. Springer DE ist Teil der Fachverlagsgruppe Springer Science+BusinessMedia
www.springer-vieweg.de

Vorwort

Die Kundenansprüche hinsichtlich Komfort und Sicherheit haben über Jahrzehnte im Automobilbau zu immer höheren Fahrzeuggewichten geführt. Diese Gewichtsspirale gilt es wegen der notwendigen Reduzierung des Kraftstoffverbrauchs und der CO_2-Emissionen umzukehren. Konsequenter, intelligenter Leichtbau ist angesagt. Die Automobil- und Zuliefererindustrie, unterstützt durch viele Forschungsprojekte, hat längst die damit verbundenen Herausforderungen angenommen und Lösungskonzepte in Serie gebracht.

Zug um Zug fließen Verbesserungen auf dem Werkstoffsektor und durch neue Fertigungsverfahren in den Produktentstehungsprozess ein. Neue und leichtere Werkstoffe gewinnen an Bedeutung. So gewinnen beispielsweise Aluminium, Magnesium und Kunststoffe einen immer höheren Anteil an der Rohkarosserie. Dennoch eröffnet auch der Einsatz von höher- und höchstfesten Stahlsorten weitere Potenziale für den Leichtbau.

Dieses ATZ/MTZ-Fachbuch verschafft dem interessierten Leser einen aktuellen Überblick zu allen Disziplinen der Leichtbau-Technologien im Automobilbau. Im ersten Teil werden mit ausgesuchten Beispielen Werkstoffe und deren fertigungstechnische Umsetzung vorgestellt.

Faserverstärkte Kunststoffe und ihre Verwendungsmöglichkeiten bilden dabei einen Schwerpunkt. Die Klebtechnik hat sich im Automobilbau längst durchgesetzt und beweist in vielen Einsatzgebieten ihre Praxistauglichkeit. So werden in diesem Band Details von Verbesserungen vorgestellt. Umfangreiche Beiträge beleuchten Konzepte für neue Anwendungen mit dem Ziel, die Fortschritte und das Weiterentwicklungspotenzial im Automobilleichtbau anschaulich zu machen.

Die in diesem Fachbuch der Reihe ATZ/MTZ zusammengefassten 32 Beiträge von Fachautoren wurden überwiegend in den Zeitschriften ATZ, lightweightdesign und adhäsion des Verlags Springer Vieweg veröffentlicht. Das daraus entstandene Kompendium umfasst den derzeitigen Stand und die Fortschritte des Leichtbaus für Kraftfahrzeuge. Darüber hinaus gibt es einen Ausblick auf Entwicklungen, die zukünftig zu erwarten sind oder kurzfristig in die Serie einfließen. Für eine Vertiefung der Inhalte wird auf weiterführende Literatur hingewiesen.

Stuttgart, Dezember 2013

Wolfgang Siebenpfeiffer

Autorenverzeichnis

Teil 1: Werkstoffe

Anforderungen an die Pressentechnik bei der Produktion von CFK-Karosserieteilen
Dipl.-Ing. (TH) Raimund Zirn
ist Produktmanager Composite-Pressen bei der Schuler SMG GmbH & Co. KG in Waghäusel.

Technologieplanung zur automatisierten Fertigung von Preforms für schalenförmige CFK-Halbzeuge
Prof. Dr.-Ing. Jürgen Fleischer
ist Leiter des wbk Instituts für Produktionstechnik am Karlsruher Institut für Technologie (KIT) für den Bereich Maschinen, Anlagen und Prozessautomatisierung.

Dipl.-Ing. Henning Wagner
ist akademischer Mitarbeiter in der Gruppe Leichtbaufertigung am wbk Institut für Produktionstechnik des Karlsruher Institut für Technologie (KIT).

Kapazitive Messtechnik zur RTM-Prozessüberwachung
Dipl.-Ing. Matthias Arnold
ist wissenschaftlicher Mitarbeiter in der Abteilung Verarbeitungstechnik am Institut für Verbundwerkstoffe GmbH in Kaiserslautern.

Dipl.-Ing. (FH) Holger Franz
ist Laboringenieur in der Abteilung Verarbeitungstechnik am Institut für Verbundwerkstoffe GmbH in Kaiserslautern.

Dr.-Ing. Manfred Bobertag
ist Geschäftsführer und Entwicklungsleiter der PMB – Präzisionsmaschinenbau Bobertag GmbH in Kaiserslautern.

Dipl.-Ing. (FH) Jan Glück
ist Leiter der Abteilung Elektronik und Sensorik der PMB – Präzisionsmaschinenbau Bobertag GmbH in Kaiserslautern.

Dr.-Ing. Massimo Cojutti
ist Mitarbeiter in der Abteilung Innovation und IT im Audi Werkzeugbau bei der Audi AG in Ingolstadt.

Dr.-Ing. Martin Wahl
ist Leiter des Segments Innovation und IT im Audi Werkzeugbau bei der Audi AG in Ingolstadt.

Prof. Dr.-Ing. Peter Mitschang
ist technisch-wissenschaftlicher Direktor der Abteilung Verarbeitungstechnik am Institut für Verbundwerkstoffe GmbH und Universitätsprofessor für „Verarbeitungstechnik der Faser-Kunststoff-Verbunde" an der Technischen Universität Kaiserslautern.

Optimierung der Heizprozesse von CFK- und GFK-Strukturen mit Infrarot-Strahlung
Dr. Lotta Gaab
ist Projektleiterin in der Entwicklung Infrarot bei der Heraeus Noblelight GmbH in Kleinostheim

Vergussmassen für die Mikroelektronik – Zuverlässig, flexibel und effizient
Dr. Tobias Königer
ist bei Delo Industrie Klebstoffe in Windach als Produktmanager tätig.

Statorkapselung in Motoren – Epoxid- und PUR-Systeme erfüllen höchste Ansprüche
Dr. Werner Hollstein
ist bei Huntsman Advanced Materials in Basel, Schweiz, für technischen Service und Industriepromotion zuständig.

**Gefügtes Fahrwerk – Klebstoffe
übernehmen dämpfende Aufgaben**
Dipl.-Ing. Anke Büscher
ist wissenschaftliche Mitarbeiterin an
der Hochschule Osnabrück im Labor für
Karosserieentwicklung und Leichtbau
und beschäftigt sich mit der Charakterisierung von Klebstoffen.

Prof. Dr.-Ing. Christian Schäfers
ist Leiter des Labors für Karosserieentwicklung und Leichtbau und Sprecher
des Kompetenzzentrums für Leichtbau,
Antriebstechnik und Betriebsfestigkeit
(L|A|B), Hochschule Osnabrück.

Prof. Dr.-Ing. Norbert Austerhoff
leitet das Labor für Fahrwerkstechnik an
der Hochschule Osnabrück.

**Faserverstärkte Kunststoffe – tauglich für
die Großserie**
Prof. Dr.-Ing. Christian Hopmann
ist Institutsleiter und Geschäftsführer
der Fördervereinigung des Instituts für
Kunststoffverarbeitung (IKV), Sprecher
der DFG-Forschergruppe 860 und Inhaber des Lehrstuhls für Kunststoffverarbeitung der RWTH Aachen University.

Dipl.-Ing. Robert Bastian
ist wissenschaftlicher Mitarbeiter und
Leiter der Arbeitsgruppe Flüssig- und
Spaltimprägnierverfahren am Institut
für Kunststoffverarbeitung (IKV) der
RWTH Aachen University.

Dipl.-Ing. Christos Karatzias
ist wissenschaftlicher Mitarbeiter und
Leiter der Arbeitsgruppe Pressen, CAE
am Institut für Kunststoffverarbeitung
(IKV) an der RWTH Aachen University.

Dipl.-Ing. Christoph Greb
ist stellvertretender Bereichsleiter Faserverbundwerkstoffe am Institut für Textiltechnik (ITA) der RWTH Aachen University.

Dipl.-Ing. Boris Ozolin
ist wissenschaftlicher Mitarbeiter im
Bereich Faserverbund- und Lasersystemtechnik am Fraunhofer-Institut für Produktionstechnologie (IPT) in Aachen.

Teil 2: Fertigung
Zur Philosophie des Klebens
Prof. Dr. rer. nat. Bernd Mayer
ist Leiter des Fraunhofer-Instituts für
Fertigungstechnik und Angewandte
Materialforschung IFAM in Bremen.

Prof. Dr. rer. nat. Andreas Hartwig
ist stellvertretender Institutsleiter des
Fraunhofer-Instituts für Fertigungstech-
nik und Angewandte Materialforschung
IFAM in Bremen und leitet die Abteilung
Klebstoffe und Polymerchemie.

Dr. rer. nat. Marc Amkreutz
ist als Wissenschaftler im Bereich
Adhäsions- und Grenzflächenforschung
des Fraunhofer-Instituts für Fertigungstechnik und Angewandte Materialforschung IFAM in Bremen tätig.

Dr. rer. nat. Erik Meiß
ist stellvertretender Abteilungsleiter im
Bereich Weiterbildung und Technologie-
transfer – Klebtechnisches Zentrum –
des Fraunhofer-Instituts für Fertigungstechnik und Angewandte Materialforschung IFAM in Bremen.

Prof. Dr.-Ing. Horst-Erich Rikeit
ist Mitarbeiter des Bereichs Business
Development des Fraunhofer-Instituts
für Fertigungstechnik und Angewandte
Materialforschung IFAM in Bremen.

**Verarbeitung von rezyklierten Carbonfasern
zu Vliesstoffen für die Herstellung
von Verbundbauteilen**
Dipl.-Ing. (BA) Marcel Hofmann
ist wissenschaftlicher Mitarbeiter mit
dem Schwerpunkt Carbon- und Metall-
faservliesstoffe, Vlieswirkstoffe und
Vliesstoffverbunde am Sächsischen Textilforschungsinstitut e.V. an der Technischen Universität Chemnitz (STFI).

Dipl.-Ing. Bernd Gulich
ist stellvertretender Abteilungsleiter
Vliesstoffe/Recycling am Sächsischen
Textilforschungsinstitut e.V. an der Technischen Universität Chemnitz (STFI).

Verfahren für die Fertigung komplexer Faserverbund-Hohlstrukturen

Prof. Dr.-Ing. habil Prof. E.h. Dr. h.c.
Werner Hufenbach
ist Leiter des Instituts für Leichtbau
und Kunststofftechnik (ILK) an der
TU Dresden.

Dipl.-Ing. Andreas Gruhl
ist wissenschaftlicher Mitarbeiter am
Institut für Leichtbau und Kunststofftechnik (ILK) an der TU Dresden mit
dem Schwerpunkt „Flechtverfahren."

Dr. Martin Lepper
ist Geschäftsführer der Leichtbau-
Zentrum Sachsen GmbH in Dresden.

Dipl.-Ing. Ole Renner
ist Projektgruppenleiter an der Leichtbau-Zentrum Sachsen GmbH in
Dresden.

Herstellung von belastungsoptimierten thermoplastischen Faserverbundbauteilen

Prof. Dr.-Ing. Christian Brecher
ist Inhaber des Lehrstuhls für Werkzeug-
maschinen am Werkzeugmaschinen-
labor (WZL) der RWTH Aachen sowie
Direktor und Leiter des Bereichs Produk-
tionsmaschinen am Fraunhofer-Institut
für Produktionstechnologie IPT in
Aachen.

Dr.-Ing. Michael Emonts
ist Oberingenieur der Abteilung Faser-
verbund- und Lasersystemtechnik am
Fraunhofer-Institut für Produktionstechnologie IPT und Geschäftsführer des
Zentrums für integrativen Leichtbau –
AZL der RWTH Aachen.

Dipl.-Ing. Dipl.-Wirt.-Ing. Alexander
Kermer-Meyer
ist wissenschaftlicher Mitarbeiter in der
Abteilung Faserverbund- und Lasersys-
temtechnik am Fraunhofer-Institut für
Produktionstechnologie IPT in Aachen.

Dipl.-Ing. Dipl.-Wirt.-Ing. Henning
Janssen
ist wissenschaftlicher Mitarbeiter in der
Abteilung Faserverbund- und Lasersys-
temtechnik am Fraunhofer-Institut für
Produktionstechnologie IPT in Aachen.

Dipl.-Ing. Daniel Werner
ist wissenschaftlicher Mitarbeiter in der
Abteilung Faserverbund- und Lasersystemtechnik am Fraunhofer-Institut für
Produktionstechnologie IPT in Aachen.

Laservorbehandlung – Langzeitstabiles Kleben von Metallteilen

Dipl.-Ing. Dipl.-Kfm. Edwin Büchter
ist geschäftsführender Gesellschafter
der Clean-Lasersysteme GmbH,
Herzogenrath/Aachen.

Sandwichtechnik im Reisemobilbau – Stabile Klebprozesse

Oest GmbH & Co. Maschinenbau KG,
Freudenstadt, www.oest.de/
maschinenbau

Kleben von Composites mit 2K-PU-Klebstoffen – Sicher und wirtschaftlich verbunden

Dr. Stefan Schmatloch
leitet die Abteilung „R&D Composite
Bonding & Pretreatments" bei der Dow
Europe GmbH in Horgen (Schweiz);

Dr. Andreas Lutz
ist hier als Director Adhesives tätig.

Thermisches Direktfügen von Metall und Kunststoff – Eine Alternative zur Klebtechnik?

Dipl.-Ing. Sven Scheik
ist wissenschaftlicher Mitarbeiter in der Abteilung Klebtechnik des Instituts für Schweißtechnik und Fügetechnik (ISF) der RWTH Aachen University.

Dr.-Ing. Markus Schleser
ist Oberingenieur am gleichen Institut und leitet dort unter anderem die Abteilung Klebtechnik und Kleinteilfügen.

Univ.-Prof. Dr.-Ing. Uwe Reisgen
leitet das Institut für Schweißtechnik und Fügetechnik (ISF) der RWTH Aachen University seit 2007.

Laserdurchstrahlkleben von opaken Kunststoffen – Schnell und zuverlässig

Prof. Dr.-Ing. Elmar Moritzer
ist Professor für Kunststofftechnologie an der Universität Paderborn.

Dipl.-Wirt.-Ing. Norman Friedrich
ist wissenschaftlicher Mitarbeiter am Institut für Kunststofftechnologie der Universität Paderborn und betreute B.Sc.Julian Berger bei der Ausarbeitung seiner Bachelorarbeit zum Thema „Untersuchungen der Prozessparameter beim Laserdurchstrahlkleben von Kunststoffen".

Klebvorbehandlung von FVK durch Unterdruckstrahlen – Sauber und prozesssicher

Dipl.-Ing. Stefan Kreling
ist wissenschaftlicher Mitarbeiter am Institut für Füge- und Schweißtechnik der TU Braunschweig und beschäftigt sich mit Verfahren zur Klebvorbehandlung von Faserverbundwerkstoffen.

David Blass
arbeitet als studentische Hilfskraft in der Arbeitsgruppe und hat zum Thema Unterdruckstrahlen eine Studienarbeit verfasst.

Dr. rer. nat. Fabian Fischer
leitet die Arbeitsgruppen Klebtechnik und Faserverbundtechnologie am ifs.

Univ.-Prof. Dr.-Ing. Prof. h. c. Klaus Dilger
ist Leiter des Institutes.

Flexible Extrusion thermoplastischer Elastomere – Ein Profil direkt aufextrudiert

Reis GmbH & Co. KG Maschinenfabrik, Obernburg.

Geklebte Strukturen im Fahrzeugbau – Simulation und Bewertung von Fertigungstoleranzen

Dipl.-Ing. Georg Kruschinski
ist wissenschaftlicher Mitarbeiter am Institut für Mechanik (IfM) der Universität Kassel.

Prof. Dr.-Ing. Anton Matzenmiller
leitet dort die Fachgruppe Numerische Mechanik.

Dipl.-Ing. Mathias Bobbert
ist wissenschaftlicher Mitarbeiter am Laboratorium für Werkstoff- und Fügetechnik (LWF) der Universität Paderborn.

Dr.-Ing. Dominik Teutenberg
ist Oberingenieur am LWF.

Prof. Dr.-Ing. Gerson Meschut
leitet das LWF der Universität Paderborn.

Automatische Dichtstoffapplikation im Karosseriebau – Dosierer und Düse in einer Einheit

Dr. Lothar Rademacher
ist bei der Dürr Systems GmbH als Manager Application Development Sealing tätig;

Astrid Ecke
ist Referentin im Marketing für den Bereich Application Technology.

Schnell aushärtende Klebstoffe für faserverstärkte Verbundwerkstoffe
Dr.-Ing. Rainer Kohlstrung
ist Spezialist für Acoustics & Structurals Anwendungen/Strukturklebstoffe bei Henkel in Heidelberg.

Dr. Manfred Rein
ist Spezialist für Assembly Klebstoffe/ Polyurethanklebstoffe bei Henkel in Heidelberg.

Teil 3: Konzepte
Hochaufgelöste Computertomographie – wichtiger Bestandteil der numerischen Simulation
Dipl.-Ing. Hermann Finckh
ist Wissenschaftlicher Mitarbeiter am Institut für Textil- und Verfahrenstechnik (ITV) der Deutschen Institute für Textil- und Faserforschung Denkendorf (DITF) und zuständig für numerische Simulation und Computertomografie.

Crashsicherheit durch hochfestes Kleben von GFK-Strukturelementen im Karosseriebau
Denis Souvay
ist Global Product Marketing Manager Reinforcer bei der Sika Schweiz AG, Automotive in Zürich.

Leichtbau-Fahrgestell mit Einzelradaufhängung und Zentralrohr für leichte Lastkraftwagen
Dietmar Ingelfinger
ist Abteilungsleiter Fahrzeuge bei der Gratz Engineering GmbH in Weinsberg.

Dipl.-Ing. (FH) Manuel Liedke
ist Motorenentwickler und Projektleiter Forschungsprojekt ULTC bei der Gratz Engineering GmbH in Weinsberg.

Tertiäre Sicherheit – Rettung aus modernen Fahrzeugen nach einem Unfall
Dipl.-Ing. (FH) Christina Dürr
ist Systemingenieurin für Sauerstoffsysteme im Flugzeugbau bei der Airbus Operations GmbH in Hamburg.

Dipl.-Ing. Thomas Unger
ist Projektleiter Unfallforschung im Bereich Passive Sicherheit/Unfallforschung der ADAC Unfallforschung in Landsberg/Lech.

Prof. Dr.-Ing. Udo Müller
ist Professor für Konstruktionselemente und Karosseriebau der Fakultät Maschinenbau der Hochschule für angewandte Wissenschaften Würzburg-Schweinfurt (FHWS).

Leichtbau für mehr Energieeffizienz
Dr. Martin Hillebrecht
ist Leiter des Competence Center Leichtbau, Werkstoffe und Technologie bei der Edag GmbH & Co. KGaA in Fulda.

Jörg Hülsmann
ist Leiter der Abteilung CAE im Bereich Vehicle Integration bei der Edag GmbH & Co. KGaA in Fulda.

Andreas Ritz
ist Leiter der Abteilung Sales und Projektmanagement im Bereich Werkzeug- und Karosseriesysteme bei der Edag GmbH & Co. KGaA in Eisenach.

Prof. Dr.-Ing. Udo Müller
ist Professor für Konstruktionselemente und Karosseriebau der Fakultät Maschinenbau der Hochschule für angewandte Wissenschaften Würzburg-Schweinfurt (FHWS).

Intelligenter Auflieger in Leichtbauweise
Dipl.-Ing. Michael Hamacher
ist Projektingenieur im Geschäftsbereich Karosserie der Forschungsgesellschaft Kraftfahrwesen mbH Aachen (fka).

Prof. Dr.-Ing. Lutz Eckstein
ist Leiter des Instituts für Kraftfahrzeuge (ika) an der RWTH Aachen University.

Dipl.-Ing. Birger Queckenstedt
ist wissenschaftlicher Mitarbeiter im Geschäftsbereich Fahrwerk des Instituts für Kraftfahrzeuge (ika) an der RWTH Aachen University.

Klaus Holz
ist staatl. gepr. Fahrzeugbautechniker
und Leiter Technik Sonderkonstrukti-
onen bei der Wecon GmbH in Ascheberg.

Leichtbau-Kegelraddifferenzial ohne Korb
Dr.-Ing. Falko Vogler
ist Chefingenieur der Entwicklungs-
abteilung für Getriebekomponenten bei
der Neumayer Tekfor Holding GmbH in
Hausach.

Dipl.-Ing. Christoph Karl
ist Produktmanager in der Entwick-
lungsabteilung für Getriebekomponenten bei der Neumayer Tekfor Holding
GmbH in Hausach.

**Was bringen 100 kg Gewichtsreduzierung
im Verbrauch? – eine physikalische
Berechnung**
Dr.-Ing. Klaus Rohde-Brandenburger
war Leiter der Abteilung Fahrzeugtechnik bei der Volkswagen AG in Wolfsburg.

**Leichtbaukonzept für ein CO_2-armes
Fahrzeug**
Dipl.-Ing. Wolfgang Fritz
ist Projektleiter Cult bei der Magna Steyr
AG in Graz (Österreich).

Dipl.-Ing. Dietmar Hofer
ist Teilprojektleiter Gesamtfahrzeug-
funktion & Umwelt Cult bei der Magna
Steyr AG in Graz (Österreich).

Dipl.-Ing. Bruno Götzinger
ist Teilprojektleiter Rohbau & Interieur
Cult bei der Magna Steyr AG in Graz
(Österreich).

CFK-Motorhaube in Integralbauweise
Univ.-Prof. Dr.-Ing. Lutz Eckstein
ist Leiter des Instituts für Kraftfahrzeuge
(ika) an der RWTH Aachen.

Dipl.-Ing. Kristian Seidel
ist wissenschaftlicher Mitarbeiter
am Institut für Kraftfahrzeuge (ika) der
RWTH Aachen.

Dipl.-Ing. Leif Ickert
ist Teamleiter Leichtbauwerkstoffe und
-bauweisen bei der Forschungsgesellschaft Kraftfahrwesen Aachen (fka).

Dipl.-Ing. Robert Bastian
ist wissenschaftlicher Mitarbeiter am
Institut für Kunststoffverarbeitung (IKV)
an der RWTH Aachen.

Inhaltsverzeichnis

Teil 1

Werkstoffe

Inhaltsverzeichnis

Anforderungen an die Pressentechnik bei der Produktion von CFK-Karosserieteilen

Dipl.-Ing. (TH) Raimund Zirn

Um im Automobilbau für den Großserien-Einsatz von CFK industrialisierte Prozesse abbilden zu können, ist der Einsatz von Presstechnologien unerlässlich. Zielsetzung ist eine minimierte Zykluszeit. Im Wesentlichen handelt es sich bei den für CFK angewendeten Presstechnologien um das vakuumunterstützte Hochdruck-RTM-Verfahren für komplexe Bauteile mit hohen Anforderungen an Geometrie und Festigkeit. Daneben wird das Nasspress-Verfahren für geometrisch einfache Bauteile mit geringen Anforderungen an Oberflächenqualität sowie für die Verarbeitung von CFK-Resten das CFK-SMC-Verfahren eingesetzt. Dieser Beitrag von Schuler gibt einen Überblick über die Anforderungen an die jeweilige Pressentechnik.

Bei der notwendigen Presskraft für das Hochdruck-RTM-Verfahren ergibt sich die Preßkraft aus der projizierten Bauteilfläche und dem notwendigen Harzdruck in der Kavität. Der notwendige Harzdruck wiederum hängt ab von der Reaktivität des Harz-Härter-Gemischs mit Fokus auf der Minimierung der Aushärtezeit und vom Bauteil-Aufbau zur Erzielung der gewünschten Bauteileigenschaften. Hier sind Faser-Packungsdichte des eingesetzten CFK-Preforms/CFK-Geleges, erfolgender Kompaktierungsgrad in der Kavität und Anforderungen hinsichtlich Oberflächengüte zu nennen. Zur Minimierung der Aushärtezeit wird in der Praxis eine möglichst rasch wärmeinduziert einsetzende Polymerisation angestrebt, die quasi sofort nach kompletter Faserbenetzung einsetzt – und eine möglichst schnelle und komplette Faserbenetzung wiederum wird nur mit hohem Druck erzielt. Den Ablauf im RTM-Prozess zeigt **Bild 1**.

In beiden Kriterien geht es darum, möglichst keine sogenannten Voids, das heißt harzfreie Vakuum-Poren oder Lücken innerhalb oder am Rand des Bauteils zu haben. Aufgrund dieser vielfältigen Kriterien schwanken in der Praxis die erforderlichen bauteilspezifischen Harzdrücke bei RTM-Pressverfahren zwischen 30 und 150 bar.

Zur erforderlichen Zuhaltekraft durch den Harzdruck addieren sich in nicht unerheblichem Ausmaß Klemmkräfte durch die umlaufende Preform-/Gelege-fixierung in der Kavität sowie die aus der umlaufenden Dichtungs-Kompaktierung resultierenden Kräfte. Diese können bei Mehrfach-Kavitäten in Summe bis zu 6000 kN betragen. Für großflächige Außenhaut-Bauteile und Mehrfach-Kavitäten haben sich bei Spannflächen von

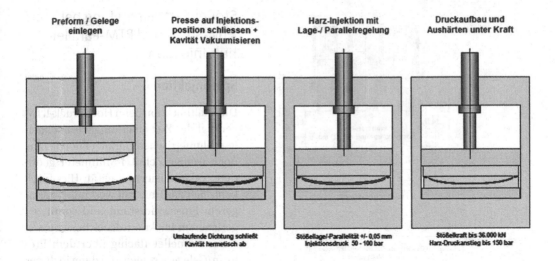

Preform / Gelege einlegen

Presse auf Injektions- position schliessen + Kavität Vakuumisieren

Harz-Injektion mit Lage-/ Parallelregelung

Druckaufbau und Aushärten unter Kraft

Umlaufende Dichtung schließt Kavität hermetisch ab

Stößellage-/Parallelität +/- 0,05 mm Injektionsdruck 50 - 100 bar

Stößelkraft bis 36.000 kN Harz-Druckanstieg bis 150 bar

Bild 1
Ablauf RTM-Prozess
mit Spaltinjektion

3600 x 2400 mm Presskräfte bis 36.000 kN bereits als grenzwertig herausgestellt.

flächen von etwa 2500 x 1500 mm bis circa 3600 x 2400 mm üblich.

Notwendige Presskraft für Nasspressen

Aufgrund der geringeren Anforderungen an die Bauteile und aufgrund der außer- halb der Presse erfolgten Tränkung des Fasergeleges mit Harz/Härter liegen die erforderlichen Presskräfte im Vergleich zum Hochdruck-RTM-Verfahren hier bei etwa einem Drittel.

Notwendige Presskraft für CFK-SMC

Die hierfür erforderlichen Presskräfte sind vergleichbar mit gewöhnlichem SMC bei einem Kavitätsdruck von 50 bis 100 bar.

Notwendige Aufspannflächen

Die Aufspannfläche ergibt sich aus der Bauteildimension, zu der umlaufend circa 400 bis 500 mm für Werkzeugwan- dung, Dichtungsbereich, Führungen beziehungsweise Verblockung, Schieber- Anbauten etc. hinzuzurechnen sind. In der Praxis sind für Karosserieteile Spann-

Schließgeschwindigkeit

Diese bezieht sich auf den Schließweg von Stößel-OT bis zum Übergangspunkt auf Arbeitsgeschwindigkeit mit Press- kraft. Während des Schließweges genügt die Gewichtskraft von Stößel und Ober- werkzeug zum Schließen bis Pressbe- ginn.

Beim Hochdruck-RTM geht die für das Schließen erforderliche Zeit nur in die System-Produktivität ein; sodass in An- betracht der Reaktionszeit von mindes- tens 4 min als Schließgeschwindigkeit für RTM 200 bis 400 mm/s völlig ausreichen. Beim CFK-Nasspressen und CFK-SMC hingegen beginnt mit dem Einlegen des Halbzeugs auf die heiße Kavität bereits die chemische Reaktion/Polymerisa- tion, sodass hier prozessbedingt höhere Schließgeschwindigkeiten von mindes- tens 500 bis 800 mm/s notwendig sind.

Arbeitsgeschwindigkeit

Diese wirkt über den Arbeitshub, das heißt die letzten circa 30 mm vor Stößel- UT unter Aufbringung der Presskraft.

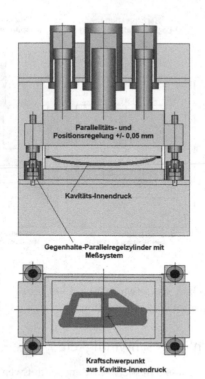

Parallelitäts- und
Positionsregelung +/- 0,05 mm

Kavitäts-Innendruck

Gegenhalte-Parallelregelzylinder mit
Meßsystem

Bild 2
Außermittiger
Kraftschwerpunkt
(oben) und
Parallelregelprinzip
in Oberkolben-Com-
posite-Pressen
(unten)

Kraftschwerpunkt
aus Kavitäts-Innendruck

Stößel-Parallelregelung bei RTM-Spalt- und RTM-Parallel-hub-Injektion

Spaltinjektion

Die Spaltinjektion beim Hochdruck-RTM verfolgt das Ziel einer möglichst schnellen volumetrischen Harzinjektion in eine noch wenige Zehntel Millimeter geöffnete, vakuumisierte Kavität. Hierdurch kann sich das Harz mit wesentlich geringerem Flusswiderstand und somit bei geringerem Injektionsdruck beziehungsweise schneller flächig über dem Preform/Gelege verteilen und dann in dieses zügig eindringen, bevor die Polymerisation wärmeinduziert startet. Bedingt durch die Geometrie der projizierten Bauteil- oder Kavitätsfläche liegt der Kraftschwerpunkt des Werkzeugs nicht notwendigerweise in der Pressenmitte, Bild 2. Hinzu kommen außermittige Kräfte aus den Injektions-Positionen. Bei der Spaltinjektion würde sich der Stößel beziehungsweise das Oberwerkzeug ohne den Einsatz einer Parallelregelung somit schrägstellen und eine gleichmäßig flächige Injektion verhindern.

Das Schließen nach erfolgter Spaltinjektion bis zur programmierten Stößel-Endkraft erfolgt nicht bis auf Block mit dem Unterwerkzeug, sondern kraftschlüssig über die Kavitätsfüllung. Bei Schrägstellung des Stößels aufgrund außermittiger Kräfte würde sich keine gleichmäßige Bauteil-Wandstärke ergeben. Dies macht eine Parallelregelung für die Stößelposition unerlässlich. Erzielt werden bei Positioniergeschwindigkeit 1 mm/s Parallelitätswerte von 0,05 mm absolut bei einer Diagonale der Aufspannflächen von 4 m.

Das für den Prozess entscheidende Maß ist die Druckaufbaugeschwindigkeit. Beim Hochdruck-RTM muss die Hydraulik in der Lage sein, mindestens der aus dem steigenden Kavitätsdruck ansteigenden resultierenden Kraft zu folgen, um das Werkzeug geschlossen oder in Spalt-Positionsregelung zu halten. Hieraus ergeben sich als Stößelgeschwindigkeit bei Nennkraft für den RTM-Prozess circa 20 bis 30 mm/s.

Beim SMC- und Nasspressen hingegen fordert der Prozess aufgrund der mit Einlegen des Halbzeuges und Schließen des Werkzeuges einsetzenden Polymerisation eine Druckaufbauzeit von maximal circa 0,8 s bis Nennkraft. Bei langhubigen Pressen – siehe „Pressenbauart" – sind so Arbeitsgeschwindigkeiten von 50 bis 80 mm/s erforderlich.

Parallelhub-Injektion

Bei der Parallelhub-Injektion wird das Werkzeug auf Block zusammengefahren und Harz über eingefräste Kanäle in einer Kavitätshälfte möglichst großflächig über und in das Preform-/Gelege verteilt. Nach Erreichen einer programmierten Werkzeug-Zuhaltekraft hebt sich das Oberwerkzeug wenige Zehntel Millimeter unter Wahrung der Parallelität vom Unterwerkzeug bis zum Erreichen der gewünschten Wandstärke, während die umlaufende Dichtung mit deren Elastizität einen Harzaustritt verhindert. Auch hier ist eine Parallelregelung für die Stößelposition zur Sicherstellung einer einheitlichen Bauteil-Wandstärke trotz außermittig wirkender Prozesskräfte unerlässlich.

Stößel-Parallelregelung bei CFK-SMC

Auch beim SMC entstehen außermittige Belastungen auf den Pressenstößel durch einen in der Regel geometriebedingt nicht in Pressenmitte liegenden Werkzeug-Kraftschwerpunkt und durch außermittig eingelegtes SMC-Halbzeug. Ein Abkippen des Stößels während des Verpressens von SMC hätte ein undefiniertes einseitiges Fließen der SMC-Masse mit deren Faseranteil in Richtung des geringsten Fließwiderstands zur Folge. Selbst wenn beim Schließen des Werkzeuges auf Block eine Rückverteilung der Masse stattfindet, ergibt sich ein nicht reproduzierbarer Faserverlauf/ Faserverteilung und eine signifikant schlechtere Bauteil-Oberfläche. Für SMC-Bauteile mit hoher Oberflächengüte und zur Herstellung von SMC-Bauteilen mit dünnen Wandstärken ist deshalb eine Stößel-Parallelregelung unerlässlich.

Kongruenz der Aufspannflächen-Biegelinien (Biege-Schmiege-Prinzip)

Durch den sich ergebenden Massen-Innendruck der Werkzeugkavität erfolgt eine flächige Krafteinleitung durch die Werkzeughälften in deren Aufspannflächen der Presse. Wenn sich nun statisch bedingt der Pressentisch konventioneller Pressen um zum Beispiel 0,125 mm/m über die Diagonale nach unten durchbiegt und die Stößel-Aufspannfläche zum Beispiel statisch bedingt eben bleibt, ergibt sich in der Mitte einer Aufspannfläche von beispielsweise 3600 x 2400 mm ein Auseinanderklaffen der Biegelinien von 0,5 mm. Sofern die Werkzeughälften den Biegungen der Aufspannflächen auch nur teilweise folgen, ergibt sich in der Mitte der Aufspannflächen eine dickere Bauteilwandung als in den Randbereichen.

Für hochwertige Bauteile einheitlicher Wandstärke – auch im Hinblick auf minimierten Harzverbrauch – ist deshalb das Biege-Schmiege-Prinzip der Aufspannflächen unerlässlich, Bild 3. Hierzu wird die Statik der Presse und die Krafteinleitungspositionen der Presskraft so gewählt, dass bei einem definierten Belastungsfall von maximaler Presskraft auf 2/3 der Aufspannflächen eine auf zum Beispiel ± 0,1 mm optimierte Biege-

**Bild 3
Biege-Schmiege-Prinzip**

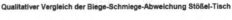

Qualitativer Vergleich der Biege-Schmiege-Abweichung Stößel-Tisch

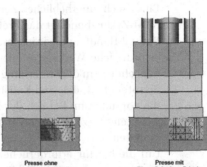

Presse ohne
Biege-Schmiege-Prinzip

Presse mit
Biege-Schmiege-Prinzip

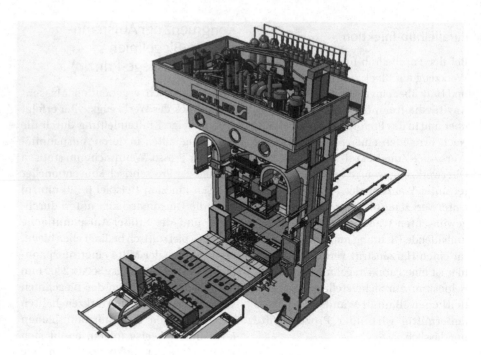

Schmiege-Kongruenz über die Diagonale der Belastungsfläche erzielt wird.

Für ein programmierbares Biege-Schmiege-Verhalten kann die Presskraft zwischen einzelnen Pressenzylindern oder Zylindergruppen so verteilt werden, dass empirisch nach Bauteil-Vermessung beispielsweise in einer Zone mit dickerer Wandstärke mehr Presskraft eingeleitet wird.

Produktivitätssteigerung für RTM-Bauteile mit Shuttle-Schiebtischen

Einen nicht unerheblichen Zeitanteil am RTM-Zyklus benötigt das Preform- und Bauteil-Handling sowie insbesondere die erforderliche Werkzeugreinigung. Hierbei geht es um die Entfernung von sogenanntem Flitt, das sind Kunststoffreste, die vor allem im Bereich der im Unterwerkzeug sitzenden Polymerdichtung anhaften.

Um die hierfür erforderlichen Zeitaufwendungen von circa. 2 bis 3 min als Produktions-Nebenzeiten zu realisieren, kann eine RTM-Presse mit zwei Shuttle-Schiebetischen ausgestattet werden. Hierbei wird ein gemeinsames Oberwerkzeug mit zwei alternierend einfahrenden Unterwerkzeugen betriebenen, Bild 4. Die erforderliche Stillstandszeit in Pressen-OT reduziert sich so auf die Austauschzeit der Unterwerkzeuge, die bei zum Beispiel 4,5 m Fahrweg je Schiebetisch etwa 20 s beträgt.

Medienversorgung der Werkzeuge

Die Temperierung der Werkzeuge erfolgt üblicherweise mit Heißwasser oder Thermalöl. Hierfür sind je Aufspannfläche mindestens vier Heizkreise sinnvoll. Für den Antrieb werkzeuginterner Schieber und Auswerfer sind pro Werkzeughälfte mehrere gesteuerte Hydraulik- und Pneumatikanschlüsse notwendig. Für RTM kommen Anschlüsse für Vakuum und die Harz- und Medienversorgung der Injektionsköpfe hinzu.

Bild 5
Medienversorgung
Oberwerkzeug über
automatische
Multikupplungen

Die Medienversorgung erfolgt über manuelle Schnellkupplungen oder über automatische Multikupplungen, Bild 5. Letztere setzen standardisierte werkzeugseitige Schnittstellen voraus.

Thermosymmetrie und Stößel-Freiheitsgrad

Auch mit gut zu den Aufspannflächen isolierten Werkzeugen erfolgt eine allmähliche Erwärmung des Pressentisches und Stößels mit entsprechender Wärmeausdehnung. Deshalb werden thermosymmetrisch angeordnete Führungen verwendet, die eine Wärmedehnung ohne Reduktion des Führungsspiels erlauben. Bei Anwendung von Tauchkanten-Werkzeugen für CFK-SMC muss ein Verspannen des Gesamtsystems aus Stößelführung und Werkzeugführung zur Schonung der Tauchkanten vermieden werden. Deshalb werden die Stößelführungen nach Eintauchen der Werkzeugführungen und deren Übernahme der Führungsaufgabe hydraulisch weggeschaltet.

Pressen-Antriebstechnik

Aufgrund der erforderlichen Arbeitsgeschwindigkeiten bei Nennkraft (s. o.) würden sich hohe installierte Motorleistungen von bis zu 1000 kW ergeben, die jedoch nur kurzzeitig während des Druckaufbaus abgerufen werden. Deshalb wird für Composite-Pressen im genannten Geschwindigkeitsbereich in der Regel ein hydraulischer Speicherantrieb eingesetzt, Bild 6, der mit einer

Bild 6
Hydraulischer
Speicherantrieb mit
Blasenspeichern
und Gasbatterien

erheblich geringeren Motorleistung verbrauchtes Drucköl über die gesamte Zyklusdauer nachlädt. Die Zeiten für Vakuumisieren, Harzinjektion, Aushärten und Teilehandling erlauben so eine Reduktion der Antriebsleistung für zum Beispiel 36.000 kN RTM-Pressen auf 110 kW.

Pressen-Bauarten

Die konventionelle Oberkolben-Bauweise arbeitet mit einem feststehenden Tisch beziehungsweise Schiebetisch und einem Stößel, dessen Presskraft über Zylinder im Pressen-Kopfstück übertragen wird, Bild 7. Die Parallelregelung erfolgt hierbei durch vier an den Tischecken angeordnete, servogeregelte Gegenhaltezylinder. Über diese wird auch die Aufbrechkraft zum Öffnen des Werkzeugs gegen Klebekräfte realisiert. Die Abstimmung des Parallelregelsystems

auf die geschlossene Werkzeughöhe erfolgt entweder durch motorisch verstellbare Spindeln oder durch Distanzen, die auf die Parallelregelzylinder gesetzt werden.

Bei der Unterkolben-Kurzhub-Bauweise wirkt der Stößel während des Verpressens nur als Widerlager, Bild 8. Der Stößel wird ausgehend von OT über Fahrzylinder in seine Widerlagerposition gefahren und dort mit geteilten Muttern gegen ein Säulengestell formschlüssig verriegelt. Der Arbeitshub mit Presskraft wird nun von der Tischplatte ausgeführt, die von mehreren kurzhubigen Zylindern mit Kraft beaufschlagt wird.

Die Parallelregelung erfolgt durch servogeregelte Ansteuerung der Zylinder unter der Tischplatte. Die Aufbrechkraft wird bei Unterkolbenpressen durch Zurückziehen der Tischplatte realisiert. Anwendervorteile bietet die Unterkolben-Kurzhubpresse durch hohe Schließgeschwindigkeiten von 1000 mm/s, kürzere Druckaufbauzeiten unter 0,3 s, einer signifikant geringeren Bauhöhe und dem Entfall einer Anpassung des Parallelregelsystems auf die geschlossene Werkzeughöhe.

Zusammenfassung

Die Pressentechnik für die Anforderungen der CFK-Verarbeitung in der Großserie ist etabliert und bei einzelnen OEM in unterschiedlichsten Ausprägungen im Einsatz. Der Erfolg des CFK-Einsatzes in der Großserie wird von weiteren Kostenoptimierungen in der Anlagen- und Fertigungstechnik ebenso abhängen wie von der Kostenentwicklung der Carbonfasern und nicht zuletzt von der Akzeptanz der Elektromobilität.

Technologieplanung zur automatisierten Fertigung von Preforms für CFK-Halbzeuge

PROF. DR.-ING. JÜRGEN FLEISCHER | DIPL.-ING. HENNING WAGNER

Der Schlüssel zur automatisierten Fertigung von hochbelasteten faserverstärkten Kunststoffen im RTM-Prozess liegt im reproduzierbaren Preforming von textilen Halbzeugen. Zur systematischen Planung der Preformingtechnologien und somit zur Realisierung von industriell umsetzbaren Abläufen ist die Anwendung von Technologieplanungsansätzen erforderlich.

Die Anwendung von faserverstärkten Kunststoffen, besonders im Bereich von hochbelastbaren Bauteilen, kann aktuell im Automobilbau nur eingeschränkt als Stand der Technik angesehen werden. Im Flugzeugbau sind dagegen seit vielen Jahren hochbelastete Bauteile aus Endlosfasern im Einsatz. Die hier eingesetzten Verfahren, wie Fiberplacement und Prepregtechnologien, sind aber für den Automobilbau mit seinen großen Stückzahlen und gleichzeitig komplexer Geometrie derzeit nicht einsetzbar. Ebenfalls ist für die Automobilindustrie von Nachteil, dass die hohen Kosten der endlosfaserverstärkten Bauteile außer im Premiumsegment nur eingeschränkt an den Kunden weitergereicht werden können. Größtes Potenzial bietet für die Automobilindustrie aufgrund der möglichen Bauteilperformanz der RTM-Prozess [2].

Preforming im RTM-Prozess

Der RTM-Prozess kann in die vier Prozessschritte Textiltechnik, Preforming, Infiltration und Nachbearbeitung unterteilt werden. Aus Sicht der Automatisierung stellt das Preforming die größte Herausforderung dar [3]. Mittels des Preformings kann eine gezielte Faserorientierung erreicht werden, wodurch eine belastungsgerechte Auslegung der Bauteile möglich wird.

Das Preforming beinhaltet die Formgebung der textilen Halbzeuge, die Fixierung der Einzellagen und den Lagenaufbau. Besonders die Formgebung ist aufgrund der Nicht-Fließfähigkeit der textilen Halbzeuge erschwert. Diese besitzt einen großen Einfluss auf die Formtreue und auftretende Falten im Preform. Eine hohe Formtreue und eine geringe Faltenbildung können wiederum als Qualitätsmerkmal für den Preform definiert werden. Beispielsweise kann eine unzureichende Formtreue zu Harznestern im Bauteil führen, wodurch es frühzeitig zum Versagen des Bauteils an dieser Stelle kommen kann.

Für das Preforming gibt es heute bereits eine Vielzahl an vielversprechenden technologischen Lösungen, die zum Teil bereits kommerziell erhältlich sind oder noch innerhalb von Forschungsprojekten vorangetrieben werden. Eine Untertei-

CAD-Modell

Preform

Bild 1
Komplexes
Schalenbauteil
(Stirnwand)
– CAD-Modell und
Preform

lung der Preforminglösungen ist dabei in sequentielle Preformingsysteme und globale Lösungen möglich. Bei sequentiellen Preformingsystemen wird das Halbzeug schrittweise in die Kavität eingearbeitet, wodurch eine qualitativ hochwertigere Drapierung ermöglicht werden soll. Dagegen erfolgt bei globalen Lösungen das Preforming in einem Prozessschritt, wie beispielsweise mit Membransystemen. Der Vorteil globaler Lösungen liegt in der kürzeren Taktzeit, als nachteilig erweist sich die schlechtere Preformqualität.

Durch die bisher erarbeiteten Preformlösungen lässt sich bereits eine Vielzahl an Bauteilen mit unterschiedlicher geometrischer Komplexität und Größe herstellen, wie beispielsweise in Bild 1 dargestellt. Es liegen jedoch noch keine definierten Vorgehensweisen zur Planung und Auswahl der Preformingtechnologie vor. Die Herstellung des zu fertigenden Bauteils muss daher mit jeder verfügbaren Preformlösung getestet werden. Die Vorgehensweise „Trial and Error" führt, aufgrund der Vielzahl an erforderlichen Versuchen, sowohl zu verlängerten Entwicklungszeiten als auch zu höheren Kosten für das eigentliche Bauteil.

Featurebasierte Technologieplanung zum Preforming

Das Ziel aktueller Forschung am wbk Institut für Produktionstechnik ist die Entwicklung eines Planungstools, das die Fertigungstechnologie für die automatische Herstellung von Preforms für schalenförmige Bauteile ermittelt. Mit diesem Planungstool soll sowohl die benötigte Entwicklungszeit als auch die verursachten Entwicklungskosten für die Preformingtechnologie reduziert werden. Der Bauteilentwickler soll während der Konstruktionsphase in der Lage sein, eine Aussage über die Fertigbarkeit anstellen zu können und, falls erforderlich, gezielt Änderungen am Bauteil vorzunehmen. Mit dem Abschluss der Konstruktionsphase sollen mit dem Planungstool die für das Bauteil optimalen Preformingtechnologien ermittelt sein.

Die Technologieplanung, die am wbk entwickelt wird, basiert auf einem Featureansatz [1]. Die wichtigsten Schritte – Analyse, Kombination und Prüfung – in dem featurebasierten Ansatz sind in Bild 2 dargestellt. Die Input-Daten, wie Bauteilgeometrie und Halbzeug, werden in einem Softwaretool analysiert und mit technologischen Informationen verknüpft. Hierbei erfolgt eine Kombination mit Form- und Semantikfeature. Die Semantikfeatures beinhalten die Technologie- und Halbzeuginformationen. Die

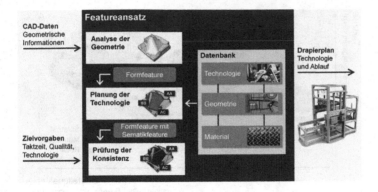

**Bild 2
Featurebasierte
Technologieplanung
für das Preforming**

kombinierten Daten werden auf die Geometrie des herzustellenden Bauteils übertragen und können anschließend auf ihre Verträglichkeit geprüft werden. Liegt eine unzureichende Verträglichkeit vor, erfolgt eine Optimierung der ausgewählten Informationen durch die Auswahl einer anderen Preformingtechnologie. Abschließend werden der Ablauf sowie das benötigte Fertigungssystem für den Preform bereitgestellt.

Die Bereitstellung des Fertigungsablaufs kann jedoch nicht alleine durch eine logische Analyse der Bauteilkontur realisiert werden, vielmehr muss eine Bauteilanalyse mit den in einer Datenbank hinterlegten technologischen Informationen verknüpft werden. Schwerpunkt der Arbeiten am wbk ist daher sowohl der Analysevorgang als auch der Aufbau einer Preformingdatenbank.

Bewertung und Clusterung der Informationen

Für die Planung der Preformingtechnologie wird eine Datenbank eingesetzt, die grundlegende Informationen zu unterschiedlichen Preforminglösungen sowie Halbzeug- beziehungsweise Drapierstrategien enthält. Die Datenbankinformationen basieren dabei auf in Versuchen erlangten quantitativen Ergebnissen. Um die Preforminglösungen und Vorgehensweisen in der Datenbank einordnen zu

können, werden in Versuchsreihen hergestellte Preforms optisch erfasst und die Messwerte ausgewertet.

Die Bewertung der Preformingergebnisse basiert auf einem Soll/Ist-Vergleich zwischen den CAD-Daten und dem realen Preform. Die Bewertung der Preforms ist noch auf die Erfassung der Geometrie und Falten beschränkt. Mittels der erfassten Geometrie wird die Formtreue des Preformingergebnisses bestimmt. Für die Formtreue eines Preforms wird mit einer am wbk realisierten Software für die Quantifizierung ein prozentualer Wert ausgegeben. Hiermit kann für jeden Geometriebereich eine Aussage im Vergleich zwischen den unterschiedlichen Preformingsystemen angestellt werden. Die Faltenbildung wird anhand der manuellen Bewertung der Länge und Anzahl der Falten im Scanergebnis bewertet. Die Werte für die Formtreue und Faltenbildung werden nach Auswertung in der Preformingdatenbank gespeichert.

Die Preformingergebnisse werden jedoch nicht nur in die Datenbank gespeichert, sondern es erfolgt ebenfalls eine Clusterung dieser Daten entsprechend der für die Technologieplanung vorliegenden Anforderungen. In der Datenbank kann dabei eine Gruppierung nach möglichen Preformingstrategien erfolgen, das heißt es wird eine Unterteilung in globale Strategien und in lokale Lösungen durchgeführt. Wie in Bild 3 dargestellt, kann hier-

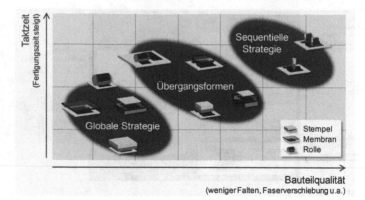

Bild 3
Einordnung
Preforminglösung
nach Strategie

durch eine prinzipielle Einordnung der Preforminglösungen in Bezug auf Taktzeit und Qualität erfolgen. Liegt beispielsweise die Anforderung „geringe Taktzeit" vor, müssen sequentielle Lösungen bei der Technologieauswahl ausgeschlossen werden.

Die für den Aufbau der Datenbank benötigten Preforminglösungen werden innerhalb des Technologiecluster Composite erarbeitet und umgesetzt. Der Cluster, bestehend aus Hochschulen und

Forschungseinrichtungen aus Baden-Württemberg, hat zum Ziel, eine hochautomatisierte RTM-Fertigungskette zu entwickeln, die eine wirtschaftliche Herstellung von komplexen Hochleistungsfaserverbunden in hohen Stückzahlen ermöglicht.

Identifikation und Verknüpfung der Features

Die Verknüpfung der Datenbank mit den Realbauteilen bedarf einer Analyse und Detektion der Formfeatures auf den Realbauteilen. Als Ausgangspunkt für die Analyse dient der Input, der sowohl aus der Geometrie beziehungsweise den CAD-Daten als auch aus zusätzlichen Anforderungen besteht. Die Anforderungen können dabei die Taktzeit für den Preformingprozess oder bereits definierte textile Halbzeuge sein. Für die Verknüpfung der Daten werden die CAD-Informationen zunächst in ein systemunabhängiges Tool überführt (unabhängig von vorliegenden CAD-Anwendungen). Basis bildet die geometrische Beschreibung der Bauteilkontur mittels einer Punktewolke. Mit dieser ist es möglich, eine Krümmungsanalyse durchzuführen und die Features zu detektieren.

Die CAD-Daten werden in Catia V5 in eine Punktewolke transferiert. Dabei wird eine Rasterung der Geometrie

DANKE

Die Kenntnisse zum Aufbau der featurebasierten Technologieplanung basieren auf den im Technologiecluster Composite erarbeiteten Ergebnissen. Dieses Vorhaben wird durch die Europäische Union – Europäischer Fonds für regionale Entwicklung – sowie das Land Baden-Württemberg gefördert. Verwaltungsbehörde des operationellen Programms RWB-EFRE ist das Ministerium für Ländlichen Raum, Ernährung und Verbraucherschutz Baden-Württemberg. Weitere Informationen unter www.rwb-efre.baden-württemberg.de. Wir bedanken uns herzlich für die Unterstützung.

anhand eines definierbaren Flächenver-
schnitts erreicht. Die Rasterung der Geometrie wird zur systemunabhängigen
Featureanalyse an Matlab übertragen.
Zur Featuredetektion wird mit Matlab an
jedem Punkt innerhalb der gerasterten
Punktewolke der Krümmungsradius in
mehrere Richtungen bestimmt. Durch
die erhöhte Anzahl der Krümmungsradien ist eine genauere Auflösung beziehungsweise Bestimmung der Krümmung
möglich. Anhand der Krümmungsradien
kann wiederum die Gauß'sche- sowie die
mittlere Krümmung berechnet werden.
Beide Krümmungen sind für die genaue
Charakterisierung der Geometrie in
Kategorien von konvex bis konkav erforderlich. Die Charakterisierungswerte
werden dabei jedem Punkt in der Punktewolke zugeordnet. Auf Grundlage der
definierten Grenzen der geometrischen
Kategorien in der Datenbank, kann
jedem Punkt in der Punktwolke eine
Kategorie zu geordnet werden. Durch die
Zuordnung der Kategorie zur vorliegenden Realbaugeometrie ist somit die Verknüpfung mit der Datenbank erreicht.
Entsprechend der detektierten Kategorie
erfolgt die Zuweisung der in der Datenbank am besten bewerteten Preforminglösung. Dabei kann im Idealfall für ein
einfaches konvexes Bauteil eine Gesamt-
preforminglösung, wie Membrandrapie-
rung mit Infrarotheizstrahler, identifiziert werden. Liegt jedoch ein sehr
komplexes Bauteil vor, kann es zu unterschiedlichen Preformingempfehlungen
entlang der Bauteilkontur kommen, die
eine Anpassung der jeweiligen Technologieauswahl erforderlich macht. Es wird
hierzu für jede Kategorie die Verträglichkeit und Verknüpfbarkeit mit der Nach-
barkategorie geprüft. Beispielsweise
wird, wie in Bild 4 dargestellt, an einer
konvex-konvexen Fläche (entspricht der
Kategorie AA) als Ideallösung eine globale Membran identifiziert und an der
konkav-planen Nachbarfläche (ent-

spricht der Kategorie BC) eine Rollenlösung. Somit kommt es in diesem Fall zu
einer eingeschränkten Kombinierbarkeit,
die sowohl im Ablauf, der Zugänglichkeit
als auch in der Verknüpfbarkeit der Technologie liegt.
Ist eine Kombination der Lösungen nicht
möglich, wird entsprechend der vorliegenden Geometrie eine nächst schlechtere Lösung aus der Datenbank ausgewählt. Im vorliegenden Beispiel wird
anstelle der Rollenlösung eine Stempel-
lösung ausgewählt. Scheitern alle An-
passungsschritte innerhalb des Prüf-
vorgangs besteht immer noch die
Möglichkeit den Input, wie Taktzeit, textiles Halbzeug aber auch Strategie, anzupassen und somit ein Preforminglösung
generieren zu können.

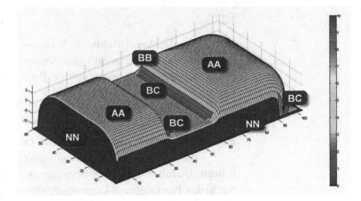

Bild 4
**Analysierte
konvexkonkave
Geometrie mit
Datenbank-
kategorien**

Bild 5
**Preformingstation
für Schalenbauteile**

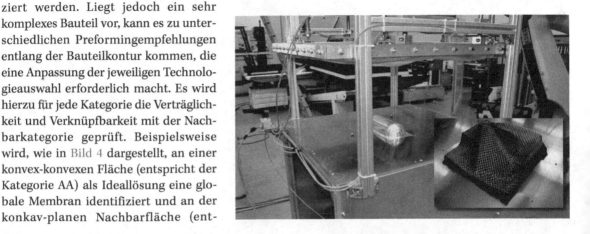

Fazit

Auf Basis des beschriebenen Techno-logieplanungsansatzes soll eine systematische Auswahl bestehender Preforminglösungen ermöglicht und eine Vorgehensweise zum Preforming definiert werden. Beispielsweise sollen die abgeleiteten Ergebnisse zu einer wie in Bild 5 dargestellten Preforminglösung führen. Durch den Ansatz beziehungsweise das Planungstool kann somit eine Beschleunigung der Entwicklungsabläufe für Preforminglösungen erreicht werden.

Literaturhinweise

[1] Fleischer, J.; Lanza, G.; Brabandt, D.; Wagner, H.: Overcoming the challenges of automated preforming of semi-finished textiles. Semat 12 Sampe Europe Symposium, Munich, Germany, Symposium on Automation of Advanced Composites and its Technology, ISBN 978-3-9523565-6-2; 03/2012

[2] Reinhart, G.; Ehinger, C.; Straßer, G.: Der schwere Wege zum Carbon: A & D Antreiben und Bewegen; 11/2010

[3] Schnabel, A.; Grundmann, T.; Kruse, F.; Gries, T.: Serienproduktion von Faserverbundkunststoffen – Automatisiertes textiles Preforming. In: lightweightdesign, 03/2009

Kapazitive Messtechnik zur RTM-Prozessüberwachung

DIPL.-ING. MATTHIAS ARNOLD | DIPL.-ING. (FH) HOLGER FRANZ | DR.-ING. MANFRED BOBERTAG |
DIPL.-ING. (FH) JAN GLÜCK | DR.-ING. MASSIMO COJUTTI | DR.-ING. MARTIN WAHL |
PROF. DR.-ING. PETER MITSCHANG

Neue Fertigungsverfahren wie der Resin-Transfer-Molding-Prozess, in denen kohlenstofffaserverstärkte Kunststoff-Verbunde hergestellt werden können, werden auch im Automobilbau immer bedeutender. Der RTM-Prozess ist dort allerdings eine völlig neue Technologie und erfordert komplett neuartige und bisher bei den OEM unbekannte Werkzeugkonzepte. Durch steigende Stückzahlen sind vor allem die Anforderungen an die Prozessrobustheit stark gestiegen. Für die Prozessüberwachung im RTM-Werkzeug wurde ein neuer, kapazitiver Messsensor entwickelt, der die Matrixankunft sehr genau detektiert und die Anforderungen eines Serienwerkzeugs erfüllt.

Beim RTM-Verfahren werden trockene Verstärkungstextilien in ein Unterwerkzeug eingelegt und durch das Werkzeugschließen kompaktiert. Bei Werkzeugen mit Freiformflächen ist eine Vorhersage der Fließfrontform nicht trivial. Aus diesem Grund gibt es Bestrebungen, während der Injektion des Matrixmaterials in einem Verstärkungstextil (beispielsweise Kohlenstoff-Gelege) das Eintreffen der Fließfront an definierten Stellen im Werkzeug zu detektieren. Die daraus entstehende Erkenntnis des realen Fließfrontverlaufs in der Form dient der Optimierung begleitender Simulationen und ist ein wichtiger Baustein zur Prozessfähigkeit von RTM-Serienprozessen im Automobilbereich. Bei den Projektpartnern Institut für Verbundwerkstoffe GmbH (IVW) und Präzisionsmaschinenbau Bobertag GmbH (PMB) sind aus der gemeinsamen Entwicklung von Permeabilitätsmesszellen bereits sehr gute Erfahrungen mit kapazitiver Messtechnik als Liniensensoren in RTM-Formen vorhanden [1]. Bei diesem neuartigen Projekt in Zusammenarbeit mit dem Audi Werkzeugbau stellte sich allerdings die Frage nach dem Überwachen des Fließfrontverlaufs beim RTM-Prozess auch in Werkzeugbereichen mit Freiformflächen. Hierbei ist der Einsatz von Liniensensoren nicht möglich, da diese nicht in stark gekrümmten Werkzeugbereichen eingesetzt werden können. Daher wurden in diesem Entwicklungsprojekt kapazitive Punktsensoren entwickelt (mittlerweile Baureihe PMB-CASE). Diese neuartigen Messsensoren erfassen kontinuierlich die Änderung der Kapazität von einem Grundwert (Verstärkungstextil eingelegt, Form geschlossen, noch kein Matrixmaterial injiziert, ungesättigt) des Zustandes nach Eintreffen der Fließfront, das heißt das Verstärkungstextil ist im Bereich über dem Sensor vollständig vom Harz gesättigt, Bild 1.

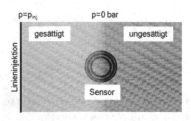

Bild 1
Randbedingungen
durch den RTM-
Prozess an die
Sensortechnik

Nutzen eines Sensors zur Fließfrontdetektion beim RTM-Prozess

Die hohen Materialkosten und die relativ langen Prozesszeiten (im Bereich von Minuten) erfordern beim RTM-Prozess eine sehr hohe Prozessrobustheit, um die Herstellung wirtschaftlich zu gestalten. Durch intelligente Sensortechnik im Werkzeug kann die Prozessrobustheit durch eine angepasste Steuerung des Werkzeugs und der Werkzeugperipherie während des Prozesses gesteigert werden.

Die Anwendungen von Sensoren zur Fließfrontdetektion sind vielfältig; beispielsweise kann ein kapazitiver Messsensor in einem RTM- Werkzeug zur Detektion der Fließfrontankunft unmittelbar vor einer Entlüftung eingesetzt werden, um diese dann automatisch zu schließen und einen Matrixmaterialaustritt zu vermeiden. Außerdem können Referenzpunkte, bei denen zuletzt eine Ankunft des Matrixmaterials innerhalb des Prozesses erwartet wird, mit kapazitiven Messsensoren überwacht und demnach die Injektionsdauer variabel, pro Bauteil, angepasst werden. Ein weiterer Nutzen der kapazitiven Messsensoren liegt in Fragestellungen zur Forschung und Entwicklung. Durch eine intelligente Sensoranordnung können Fließfronten im geschlossenen Prozess sichtbar gemacht werden, wodurch das Prozessverständnis in Abhängigkeit von Betriebsmitteln oder Verstärkungs- und/oder Matrixmaterialien aufgebaut werden

kann. Zudem können mithilfe der Sensorsignale Vergleiche zwischen Realprozessen und Füll- oder Fließsimulationen erfolgen, wodurch die Simulationssoftware validiert werden kann.

Anforderungen an Messtechnik beim RTM-Prozess

Die Anforderungen an RTM-Messsensoren, die mit dem Matrixmaterial in Berührung kommen, sind enorm. Durch das Matrixsystem, das bei Verarbeitungstemperatur Viskositätswerte von unter 50 mPas aufweist, ist das Abdichten eines Sensors immer notwendig. Außerdem sind eine erhöhte Temperatur- und die chemische Beständigkeit gegenüber dem Matrix- und dem Fasermaterial notwendig. Zudem werden in Hochdruck-RTM-Serienprozessen Drücke von bis zu 120 bar erreicht, die eine dementsprechend hohe Druckbeständigkeit des Sensors fordern.

Die Druckbeständigkeit ist auch im Hinblick auf hohe Faservolumengehalte entscheidend, da lokal relativ hohe Kompaktierungsdrücke entstehen können. Zusätzlich muss die Sensoroberfläche zur leitenden C-Faser abgeschirmt werden, da es sonst zum Kurzschluss des Sensors mit der Werkzeugform kommt. Der Sensor darf die Bauteildicke beziehungsweise Kavitätshöhe nicht beeinflussen und muss bündig in die Werkzeugoberfläche eingearbeitet sein, da sonst oberhalb der Sensorfläche höhere oder niedrigere Faservolumengehalte auftreten, was zu Messungenauigkeiten und Fehlern im Bauteil führen kann. Möchte man kritische Bauteilbereiche auf die Matrixtränkung hin untersuchen, liegen diese meist in gekrümmten Bauteilbereichen, da dort die Faservolumengehalte aufgrund von Drapiereffekten höher sind als in ungescherten Bereichen. Dabei muss der Sensor an die meist doppelt gekrümmte Formkontur angepasst werden. Die Größe des Sensors sollte möglichst klein sein, da bei komplexen und für die Forschung bestimmten Werkzeugen oft der zur Verfügung stehende Bauraum sehr klein ist.

Bei vielen Anwendungen ist es günstig, wenn das Sensormaterial aus dem Werkzeugmaterial besteht, um Wechselwirkungen zwischen verschiedenen Materialien auszuschließen. Die Präzision des Sensors muss insbesondere bei Anwendungen zum Abgleich zwischen Fließsimulationen und dem Realprozess hoch sein. In Serienwerkzeugen, in denen mehrere tausend Bauteile produziert werden, spielt zudem die Standzeit der Messsensoren eine entscheidende Rolle.

Grundlagen zur Messtechnik

Der Sensor kann als Teil eines Plattenkondensators beschrieben werden, Bild 2. Eine Hälfte des Plattenkondensators bildet eine in die Unterform des Werkzeugs eingelassene Elektrode, die elektrisch isolierte Messfläche des Sensors. Die Gegenelektrode ist im Falle eines nicht leitfähigen Verstärkungstextils die Oberseite des Werkzeugs. Handelt es sich bei dem Verstärkungstextil um leitfähiges Material (zum Beispiel Kohlenstofffaser), so wird die Gegenelektrode von der Verstärkungsstruktur selbst gebildet.

Die Kapazität dieses Plattenkondensators ändert sich, wenn das Matrixmate-

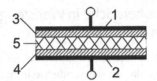

rial das Verstärkungstextil durchdringt und dabei die Sensorfläche (Elektrode in der Unterform) überstreicht [2]. Physikalisch wird die Kapazität des Plattenkondensators durch die drei Parameter Plattenfläche A, Plattenabstand d und die materialabhängige Dielektrizitätszahl ε bestimmt, Gl. (1).

GL. 1 $$C = \varepsilon \frac{A}{d}$$

Da die Plattenfläche und der Plattenabstand konstant sind, erfolgt die Kapazitätsänderung durch die Änderung der Dielektrizitätszahl ε. Diese wird durch die Dielektrizitätskonstante ε_0 und die relative Dielektrizitätszahl ε_r des zwischen den Kondensatorplatten befindlichen Mediums bestimmt, Gl. (2).

GL. 2 $$\varepsilon = \varepsilon_0 \cdot \varepsilon_r$$

Die Detektion der Fließfront basiert also auf der Detektion der sich ändernden relativen Dielektrizitätszahl ε_r.
Die technischen Daten aktueller Sensoren zeigt Tabelle 1.

Bild 2
Schema eines Plattenkondensators mit Isolierschicht und eingelegtem Verstärkungstextil (1, 2 = Kondensatorplatte; 3, 4 = Isolierung; 5 = Verstärkungstextil)

Tabelle 1
Technische Daten aktueller Sensoren

Technische Daten	Aktueller Sensor	Mögliche Ausführungen
Durchmesser Messfläche	5 mm	≥ 5 mm
Einbaudurchmesser	10 mm	≥ 8 mm
Sensormaterial	1.2738 (Formbaustahl)	Stahl oder Aluminium
Druckfestigkeit	< 30 bar	< 120 bar
Einsatztemperatur	< 200 °C	< 600°C
Dauertemperatur	< 165 °C	< 600 °C
Sensorelektronik	Extern	Extern
Messgenauigkeit im RTM-Verfahren	±1,5 mm um Sensormittelpunkt	±1,5 mm um Sensormittelpunkt
Robustheit	> 5.000 Zyklen	Nach Absprache

Sensoroberfläche in Werkzeugform spanend bearbeitbar

Kapazitive Sensoren müssen möglichst gut gegen das zu messende Medium isoliert werden. Das gilt besonders beim Einsatz leitfähiger Verstärkungstextilien aus Kohlenstofffasern. Üblicherweise werden daher Einschraubsensoren mit PTFE- oder anderen Isolierschichten geschützt. Solche Sensoren lassen sich nur sehr eingeschränkt in Freiformflächen von RTM-Werkzeugen einsetzen, da die Sensorkanten sich abbilden und aufgrund der schwankenden Kavitätshöhe den Verlauf der Fließfront verfälschen.

PMB geht mit dem Sensorsystem PMB-CASE einen anderen, zum Patent angemeldeten Weg, der die optimale Anpassung des Sensors an die Form ermöglicht. Die robusten Messflächen werden vor der Schlichtbearbeitung (Fräsen oder Schleifen) mit Überstand in die Form eingebaut und bei der Herstellung der Endoberfläche mit überarbeitet. Die Messflächen werden dann ausgebaut, bei PMB zu Sensoren vervollständigt und mit einem definierten Rückstand wieder eingebaut. Die Sensoren stehen damit minimal unter dem Niveau der RTM-Werkzeugoberfläche, besitzen aber genau den Krümmungsverlauf der Werkzeugwirkfläche. Nun wird eine hochtemperaturfeste Versiegelung auf Keramikbasis aufgetragen und der Rückstand des Sensors damit ausgeglichen. Die ausgehärtete Versiegelung wird beim Politurprozess der RTM-Form oder manuell geglättet. Dadurch ist nicht nur der Sensor perfekt an die Werkzeugoberfläche angepasst, sondern auch die Abschirmung zu einer leitenden Faser gewährleistet, Bild 3. Diese Art des Einbaus und der Versiegelung der Oberfläche ermöglicht ein sehr klares Sensorsignal und damit eine sichere Detektion der Fließfront.

Messsignal und Auswertung

Die Messelektronik lädt den Sensor zwischen zwei bekannten Spannungen kontrolliert um. Wird der Sensor vom Harz überstrichen, vergrößert sich die Kapazität des Sensorsystems wodurch sich der Umladevorgang verlängert. Die Erfassungssoftware ermittelt aus dieser Zeitmessung ein Kapazitätsäquivalent, das proportional zur Sensorkapazität ist, Bild 4. Überstreicht das Matrixmaterial den Sensor, kann dieser Zeitpunkt mit hoher Genauigkeit erfasst werden (in Bild 4 ist die Kapazitätsäquivalenzänderung durch die Injektion markiert).

Die Genauigkeit der Fließfrontdetektion ist abhängig von Verstärkungstextil, Matrix, Kompaktierungsdruck, eingesetzter Sensorgröße und der Geschwindigkeit der Fließfront. In diesem Projekt liegt die Ortsauflösung der Fließfrontbestimmung in einem Fehlerfeld von maximal ± 1,5 mm um den Sensormittelpunkt.

Dieses Messprinzip funktioniert prinzipiell bei allen Verfahren, die einen Fließfrontverlauf zeigen. Bei Verwendung von PMB-CASE-Liniensensoren statt Punktsensoren kann in nur leicht gekrümmten RTM-Formen zusätzlich die Geschwindigkeit der Fließfront auf einem längeren Weg verfolgt werden [3].

Bild 3
Kapazitiver Messsensor in einer doppelt gekrümmten Werkzeugfläche inklusive Versiegelung

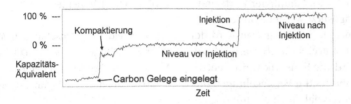

Bild 4
Gemessener
Messwertverlauf
mit Bezeichnung
der Ereignisse
(Einzelsensor)

Erste Anwendungen/ Projektbeschreibung

In Zusammenarbeit der Firmen Präzisionsmaschinenbau Bobertag GmbH, Audi Werkzeugbau und Institut für Verbundwerkstoffe GmbH (IVW) wurde zunächst eine Testform für einen Prototypensensor entwickelt, Bild 5. An diesem Sensor wurden alle wichtigen Funktionstests und mehrere Harzinjektionen in dem Testwerkzeug durchgeführt. Zusätzlich erfolgten mehrere verschiedene Tests zur Temperatur- und Druckbeständigkeit des Sensorsystems.

Nach erfolgreicher Abnahme des Prototypensensors werden die kapazitiven Punktsensoren nun in einem ersten RTM-Injektionswerkzeug, dem Technologieträgerwerkzeug, eingesetzt, Bild 6. Das Technologieträgerwerkzeug dient zum Abgleich zwischen Fließsimulationen mit dem Programm PAM-RTM der ESI-Group und Realversuchen. Dabei wird an definierten Referenzpunkten die Matrixankunft erfasst und mit der Ankunft der Fließfront in der Fließsimulation verglichen. Dadurch kann die Simulationssoftware validiert und demnach virtuelle Prozessentwicklung betrieben werden. Insbesondere die simulativen Kombinationsmöglichkeiten zwischen Material- und Prozessparameter und der erreichbaren Zykluszeit sind dabei von großem Interesse. Eine validierte Simulationssoftware ermöglicht die virtuelle Prozessentwicklung, wodurch bereits in der Entwicklungsphase eines Bauteilprojekts ein optimales Werkzeugdesign gefunden werden kann.

Zusammenfassung und Ausblick

Die kapazitive Messtechnik leistet einen entscheidenden Beitrag, um Prozessverständnis beim RTM-Prozess aufzubauen. Durch das Zusammenspiel aus Simulationen und Beobachtung der Fließfront in der Praxis ergeben sich große Vorteile für Serienprozesse: Es entstehen Detailkenntnisse, die zur Optimierung der Pro-

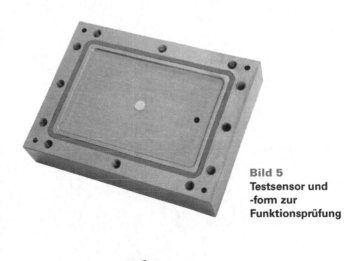

**Bild 5
Testsensor und
-form zur
Funktionsprüfung**

**Bild 6
Unterwerkzeug des
Technologieträger-
werkzeugs**

zessparameter und damit der Wirtschaftlichkeit eingesetzt werden können.

Als zukünftige Entwicklungen wird der Simulationsbereich weiter ausgebaut. Parallel wird die Sensorik weiter entwickelt, besonders die Versiegelungen bieten noch Potenzial für eine Erhöhung der Standfestigkeit. Auch die Handhabung der Sensoren soll vereinfacht werden, sodass die Sensoren durch Formenbauer statt durch PMB-Mitarbeiter eingebaut werden können. Zusammengenommen steht damit die Weiterentwicklung vom Forschungsprojekt zu wichtigen Hilfsmitteln der Serienfertigung an.

Literaturhinweise

[1] Stadtfeld, H. C.; Mitschang, P.; Weimer, C.; Weyrauch: Standardizeable 2D-Permeability Measurement Work Cell for Fibrous Materials. 6. Interantionale AVK-Tagung, Baden-Baden, 2003

[2] Patrick, D.; Christian, K.; Gunther, R.: De10004146C2; 2001

[3] Arnold, M.; Rieber, G.; Mitschang, P.: Permeabilität als Schlüsselparameter für kurze Zykluszeiten. In: Kunststoffe, 3, 2012, S. 45–48

Optimierung der Heizprozesse von CFK- und GFK-Strukturen mit Infrarot-Strahlung

DR. LOTTA GAAB

Um den Einsatz von Faserverbundkunststoffen aus Kohlenstoff- oder Glasfasern (CFK/GFK) aus der Nische in die breite Anwendung voranzutreiben, müssen die Kosten in jedem Produktionsschritt deutlich gesenkt werden. Dies wird momentan zum einen durch einen erhöhten Automatisierungsgrad erreicht. Zum anderen bieten die vielen Erwärmungsprozesse während der Produktion Optimierungsmöglichkeiten im Hinblick auf ihre Energie- und Zeiteffizienz. Der Einsatz von Infrarot-Strahlung weist hier ein großes Potenzial auf.

Der Leichtbau hat in den vergangenen Jahren im Bereich der bewegten Massen deutlich an Bedeutung gewonnen. Eine weitere Vergrößerung der Rotorblätter von Windkraftenergieanlagen wäre ohne Faserverbundbauteile nicht mehr möglich. Während sie in der Luftfahrt schon länger eingesetzt werden, kommen mittlerweile auch in der Automobilbranche immer mehr Bauteile aus Faserverbunden und Hybridmaterialien zum Einsatz. Um die Verwendung zu intensivieren, müssen die Produktionskosten kontinuierlich gesenkt werden. Dies geschieht durch die konsequente Weiterentwicklung der Automatisierung. Weiterhin müssen die thermischen Prozesse innerhalb der Prozesskette gezielt definiert werden, um hier ein Optimum an Zeit und Energieeinsatz zu erreichen.

Heizprozesse bei der Herstellung von CFK- und GFK-Strukturen

Während der Produktion von CFK- und GFK-Strukturen gibt es viele Heiz- und Trocknungsprozesse, die an die jeweiligen technischen Bedürfnisse und Möglichkeiten der speziellen Faser- und Matrixkombinationen angepasst werden müssen:

- Um die textile Verarbeitbarkeit zu verbessern und die Grenzflächenanbindung zwischen Faser und Matrix einzustellen, werden Fasern zunächst mit einer dünnen Schlichte versehen. Wird die Schlichte in einem nachgeschalteten Prozess aufgebracht, muss sie schnell und kosteneffizient getrocknet werden.
- Wird ein duroplastisches Matrixsystem eingesetzt, so muss das flüssige Harz unter Einwirkung von Druck und Temperatur aushärten.
- Bei der Herstellung von Organoblechen mit thermoplastischen Matrixsystemen

Bild 1
Aufwärmung einer CFK-Platte mit Hilfe eines Carbon Infrarot-Strahlers

wird das Polymer aufgeschmolzen, um dann im schmelzflüssigen Zustand die Fasern zu benetzen. Unter Druck werden die Lagen oder das Hybridgewebe dann konsolidiert. Häufig folgt darauf noch ein thermischer Umformprozess, bei dem das Organoblech erneut über die Umformtemperatur der Matrix erhitzt werden muss.

- Je größer und komplexer das Bauteil, desto wichtiger wird auch das Thema Reparatur. Hierbei wird nur ein kleiner Teil des gesamten Bauteils ersetzt und die notwendige Wärmezufuhr soll auch nur lokal erfolgen.

Heißgaslösungen sind an dieser Stelle wenig effizient, da die Wärmeübertragung hierbei über einen Umweg erfolgt: Die Quelle erwärmt die Luft, die Luft erwärmt das Faserverbundsubstrat. Die geringe Wärmekapazität der Luft sowie ihre niedrige Wärmeleitfähigkeit wirken einer effizienten Wärmeübertragung entgegen. Die Energieverluste sind dabei sehr hoch, falls keine geeigneten Gegenmaßnahmen ergriffen werden.

Wärmerückgewinnung aus dem Abgasstrom wäre eine mögliche Abhilfe, diese ist jedoch aufwändig im Hinblick auf Investitionskosten und Raumbedarf. Die notwendige Einhausung der heißen Luftströmung erfordert dann zusätzliche Zeit beim Ein- und Ausschleusen des Substrats. Sowohl bei kontinuierlichen als auch diskontinuierlichen Prozessen muss zwischen langen Prozesszeiten (Ein- und Ausschleusen) oder hohen Energiekosten abgewogen werden.

Erwärmung über Wärmeleitung, zumeist mittels Heizplatten oder Heizdecken, erweist sich meist als aufwändig und träge. Zur Übertragung der Energie benötigt man gute und flächige Kontakte. Dies kann nur für sehr einfache und wiederkehrende geometrische Formen erreicht werden. Ein weiteres Problem der Kontakterwärmung ist, dass die schmelzflüssige Matrix oft stark haftet und dann Rückstände auf den Heizmaterialien zurückbleiben – und die Oberfläche des Bauteils muss dann aufwändig mechanisch nachbearbeitet werden.

Der Einsatz von Infrarot-Strahlung hat bei den genannten Prozessen entscheidende Vorteile. Die Wärmeübertragung erfolgt direkt von der Quelle und ohne Medium. Dadurch ist die Effizienz der Energieübertragung deutlich höher und die Regelbarkeit der Energieübertragungsrate erfolgt um Größenordnungen schneller.

Da Infrarot-Strahlung nur das zu erwärmende Substrat, nicht jedoch die umgebende Luft erwärmt, ist keinerlei Einhausung nötig. In der Folge werden zeitaufwändige Ein- und Ausschleusungsprozesse vermieden. Schnelle Infrarot-Systeme reagieren innerhalb von Sekunden. Somit kann das System immer dann eingeschaltet werden, wenn es benötigt wird und braucht keine Vorlaufzeit zum Aufheizen. Auch das Abschalten (zum Beispiel bei Produktionsstopps) erfolgt innerhalb von Sekunden. Dieses Prinzip der „Wärme auf Knopfdruck" hilft, den Prozess energie- und zeiteffizient zu gestalten. Bild 1 zeigt exemplarisch die Erwärmung eines CFK-Organoblechs mit einem Infrarot-Strahler.

Grundlagen der Energie-übertragung durch Infrarot

Elektromagnetische Strahlung im Infrarot-Bereich regt direkt molekulare Schwingungen im Material an. Diese Schwingungen sind bereits die mikroskopische Form von Wärme. Der für die Wärmeübertragung im industriellen Maßstab relevante Wellenlängenbereich liegt zwischen 1 und 10 μm. Die infrarote Strahlung wird von der Quelle, zumeist einem Filament aus Wolfram, Kohlenstoff oder einem anderen hochschmelzenden Material ausgesandt. In diesem Filament wird elektrische Leistung in Wärme umgesetzt. Abhängig von Temperatur und Material der Quelle weist ein Infrarot-Strahler ein für ihn charakteristisches Spektrum auf, wie in Bild 2 dargestellt. In Abhängigkeit von der Temperatur stellen sich die Leistung der abgegebenen Infrarot-Strahlung und auch das Spektrum des Strahlers ein.

Für eine gute Prozessführung ist es unerlässlich, Leistung und Wellenlängenspektrum des Infrarot-Strahlers gezielt auszuwählen. Je nach Faser- und Matrixkombinationen ergeben sich unterschiedliche Anforderungen hinsichtlich Spektrum, benötigter Flächenleistung und Zeit. Mittelwellige Infrarot-Systeme haben ihr Intensitätsmaximum im IR-B zwischen 2 bis 3 μm. Die hierbei emittierte Strahlung kann sehr gut von den meisten Polymeren, Kohlenstoff- und Glasfasern absorbiert werden. Der Wärmetransport in das Substratvolumen erfolgt dann durch Wärmeleitung. Wärmeleitung ist in Faserverbundkunststoffen aufgrund deren geringer Wärmeleitzahlen im Vergleich zu Strahlungsübertragung ein sehr langsamer Prozess. Dadurch entstehen im Material Temperaturdifferenzen zwischen Oberfläche und Volumen, aus denen thermisch induzierte Spannungen im Material resultieren. Die kurzwellige Strahlung mit einem

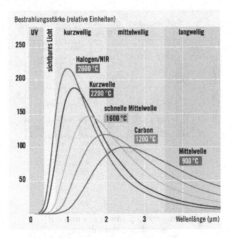

Bild 2
Spektrale Verteilung der unterschiedlichen Infrarot-Lichtquellen der Firma Heraeus, normiert auf die gleiche Leistung der Strahlung

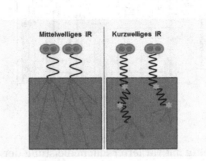

Bild 3
Schematische Darstellung des Wärmetransfers in einer Probe bei mittelwelliger Strahlung (links) und kurzwelliger Strahlung (rechts); die dargestellten IR-Quellen sind Zwillingsrohrstrahler aus Quarz

Intensitätsmaximum im IR-A oder zwischen 1,0 und 1,5 μm hingegen wird von vielen Substraten nicht unbedingt nur an der Oberfläche absorbiert, sondern dringt tiefer in das Material ein. Dadurch wird das Substrat nicht nur von der Oberfläche, sondern auch von innen heraus erwärmt. Bild 3 stellt diesen Unterschied zwischen kurzwelliger IR-A Strahlung und mittelwelliger IR-B Strahlung schematisch dar.

Ergebnisse und Diskussion

Um Parameter für einen im Hinblick auf Zeit und Energieeinsatz optimalen Prozess zu ermitteln, wurden exemplarisch Aufheizversuche an einer C/PPS-Platte (Kohlenstofffaserverstärktes Polyphenylsulfid) durchgeführt. Dafür wurde die CFK-Platte mit konstanter Dicke ein-

Bild 4
Relative Aufheiz-
dauer einer
C/PPS-Platte in
Abhängigkeit von
der Flächenleistung
für mittelwellige
Carbon Infrarot-
Strahler und
kurzwellige
Infrarot-Strahler

Bild 5
Temperaturgradient
per Millimeter
Probendicke bei
einseitiger Bestrah-
lung einer C/PPS-
Platte in Abhängigkeit
der Flächenleistung
für mittelwellige
Carbon Infrarot-
Strahler und kurzwel-
lige Infrarot-Strahler

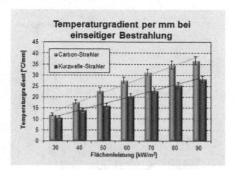

seitig mit variierter Flächenleistung der Infrarot-Strahlung und mit zwei unterschiedlichen Strahlertypen (kurzwelliger Infrarot-Strahler und mittelwelliger Carbon Infrarot-Strahler) erwärmt. Der Carbon Infrarot-Strahler wird hier als ideale mittelwellige Referenz im Vergleich zu dem kurzwelligen Strahler angesehen, da er, ebenso wie die eingesetzten kurzwelligen Strahler, eine sehr schnelle Reaktionszeit im Sekundenbereich aufweist. Während der Bestrahlung wurde die Temperatur zeitaufgelöst auf der bestrahlten Oberseite und an der unbestrahlten Unterseite mit Hilfe von Thermoelementen im thermischen Kontakt mit dem Substrat detektiert. Nach Erreichen der Zieltemperatur an der bestrahlten Oberfläche wurde die Probe aus dem Strahlungsfeld entfernt. Bild 4 zeigt die relative Aufheizdauer der Probenoberseite in Abhängigkeit von der Flächenleistung der Infrarot-Strahler. Hierbei wurde als Referenz die Aufheizdauer mit

einem mittelwelligen Infrarot-System bei einer Leistung von 50 kW/m² gesetzt. Es ist erkennbar, dass die Zeit bis zum Erreichen der Oberflächentemperatur sehr stark von der installierten Leistung abhängt. So ist gerade bei niedrigen Flächenleistungen die Aufheizdauer sehr lang. Je kleiner der Energieeintrag durch Strahlung in das CFK-Material ist, desto mehr spielen Umgebungseffekte wie konvektive Verluste eine Rolle. Je höher jedoch die installierte Leistung pro Fläche ist, desto geringer ist der Umgebungseinfluss und desto geringer ist der Unterschied der Aufheizdauer bei steigenden Flächenleistungen. Was hier auffällt, ist, dass zunächst kein Unterschied in der Aufheizdauer der Oberfläche der C/PPS-Platte zwischen dem mittelwelligen Carbon-System und dem kurzwelligen Strahler zu erkennen ist.

Beim Zeitpunkt des Erreichens der Zieltemperatur auf der bestrahlten Oberfläche wurde die Temperatur an der unbestrahlten Unterseite noch nicht erreicht. Der Unterschied zwischen der bestrahlten Seite und der unbestrahlten Seite ist der Temperaturgradient, der zum genannten Zeitpunkt in der Probe herrscht. Bild 5 zeigt den Temperaturgradienten zwischen Ober- und Unterseite bei einseitiger Bestrahlung einer C/PPS-Probe. Hierbei sind deutliche Trends erkennbar. Zum einen steigt der Gradient zwischen Ober- und Unterseite der Probe mit zunehmender Flächenleistung und damit mit steigender Aufheizgeschwindigkeit der bestrahlten Oberfläche deutlich an. Der Gradient ist weiterhin sehr viel höher bei Verwendung eines mittelwelligen Systems. Dies zeigt, dass bei diesem Substrat die kurzwellige Infrarot-Strahlung viel tiefer in die Probe eindringt. Die Wärmeausbreitung durch Festkörperwärmeleitung in das Volumen ist sehr langsam im Vergleich zur Übertragung durch Strahlungsenergie. Dadurch wird die Probe im Volumen bis an die unbe-

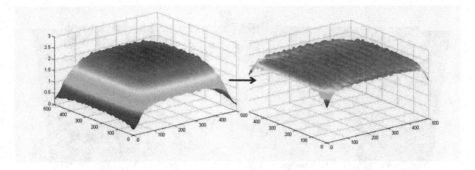

Bild 6
Ray-Tracing
Simulation zur
Optimierung von
Infrarot-Heiz-
prozessen

strahlte Unterseite mit kurzwelliger Strahlung sehr viel schneller erwärmt. Das reduziert den Temperaturgradient zwischen der bestrahlten und der unbestrahlten Seite deutlich im Vergleich zur Verwendung von mittelwelliger Strahlung. Es entstehen durch den geringeren Gradienten weniger Thermospannungen, was für das Material deutlich schonender ist.

Die hier dargestellten Versuche geben erste gute Hinweise, zeigen jedoch noch keinen optimalen Prozess. In einem realen Prozess würde zur verbesserten Homogenität und zur Prozessdauerverkürzung idealerweise ein zweiseitiges Infrarot-System angebracht werden. Das sollte auf jeden Fall entsprechend schnell und präzise steuerbar sein, um eine homogene Erwärmung ohne Oberflächendegradation zu vermeiden.

Um den Prozess für andere Substrate abzustimmen, sollten verschiedene Spektren und Leistungen individuell auf das zu erwärmende Substrat angepasst werden.

Die Nutzung von CAE zur Prozessoptimierung

Ein weiteres Werkzeug zur Optimierung von Erwärmungsprozessen mit Hilfe von Infrarot-Strahlung sind Methoden des Computer Aided Engineering (CAE).

■ Mittels Ray-Tracing wird die auftreffende Flächenleistung der infraroten Strahlung auf einem Substrat berechnet. Hierbei werden die physikalischen Größen der Reflektion, Absorption und Transmission wellenlängenabhängig berücksichtigt. Durch Optimierung des Systems im Computermodell kann eine sehr gute Lösung ermittelt werden. Dies ist sehr viel effizienter als eine zeit- und kostenintensive „Trial-and-Error"-Methode. Bild 6 zeigt exemplarisch einen Ausgangszustand A mit IR-Strahlern gleicher Leistung. Hier ist der Abfall der Intensität am Rand der bestrahlten Fläche deutlich erkennbar. Variante B ist eine prozessoptimierte Variante, bei der durch das Anbringen von Strahlern höherer Flächenleistung am Rand des Strahlerfeldes die Homogenität auf dem Substrat wesentlich verbessert wurde.

■ Mittels Computational-Fluid-Dynamics-Methode (CFD) kann zusätzlich zur Strahlung auch die Konvektion um die Probe herum sowie die Wärmeleitung im Material berechnet werden. Da CFD nicht nur Prozesse im thermischen Gleichgewicht, sondern auch zeitabhängige Systeme simulieren kann, werden hier reale Aufheizverläufe prozessnah dargestellt. Bild 7 zeigt das Aufwärmen einer Faserverbundkunststoffplatte durch ein oberhalb installiertes Infrarot-Modul. Es ist erkennbar, dass sich durch die Energieabgabe des Substrats nach der Erwärmung mit Infrarot auch die Luft er-

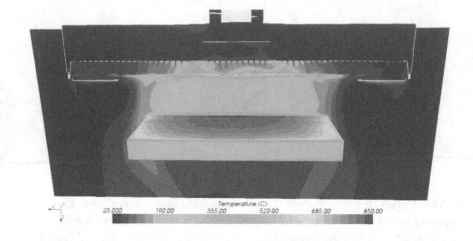

Temperature (C)
25.000   190.00   355.00   520.00   685.00   850.00

Bild 7
CFD-Simulation mit Strahlung, Wärmeleitung und Konvektion; dargestellt ist die Temperatur auf Oberflächen und in der Luft

wärmt. Es stellt damit den Energieverlust durch Konvektion (konvektive Verluste) des aufgeheizten Substrats dar.

Fazit

Die systematische Untersuchung der Effizienzsteigerung von thermischen Prozessen zur Herstellung von Komponenten aus Faserverbundkunststoffen steht erst am Anfang. Zusätzlich zu den Bemühungen, die Automatisierung der Prozesse voranzutreiben, sollte immer auch ein Fokus auf den Heizprozessen während der Produktion liegen. Infrarot-Strahlung kann im Hinblick auf Regelung der Energiezufuhr, räumlicher Anordnung, Spektrum und Flächenleistung sehr flexibel angepasst werden. Hier wurden experimentelle und numerische Methoden dargestellt, mit denen erhebliche technische Verbesserungen im Prozess aufgezeigt werden können. Deswegen zahlt sich gerade im Hinblick auf Durchsatz und Effizienz sich die Abstimmung mit Experten aus: Der „one size fits all"– Ansatz hinsichtlich Spektrum und Leistung ist hier sicherlich nicht die ideale Herangehensweise.

Vergussmassen für die Mikroelektronik – Zuverlässig, flexibel und effizient

Dr. Tobias Königer

Für das anwendungsgerechte Packaging von mikroelektronischen Komponenten in Anwendungen mit aggressiven Umgebungseinflüssen durch Kraftstoffe, Öle oder Vibration und Temperaturbelastung bedarf es des Einsatzes zuverlässiger Vergussmassen. Diesem Anspruch gerecht werden weiterentwickelte Materialien auf Basis säureanhydridvernetzender Epoxidharze.

Die Hauptvorteile der neuen hochzuverlässigen Vergussmassen liegen im optimierten Fließ- und Dosierverhalten sowie in den verschiedenen Aushärtungsmöglichkeiten, sodass der Produktionsprozess schneller und effizienter gestaltet werden kann.

Anwendungsfelder finden sich vor allem in der sogenannten „Chip-on-Board"-Technologie (COB) zum Schutz vor thermischen und mechanischen Belastungen sowie vor aggressiven Medien. Hier werden Halbleiterchips oder Sensorelemente auf einer Leiterplatte vollständig oder partiell vergossen. Weitere Einsatzgebiete finden sich in der Sensorik und Aktorik – beispielsweise beim Abdichten eines Öldrucksensors im Motorraum.

Hoch zuverlässig

Die hier beschriebenen Vergussmassen basieren auf Epoxidharzen, die organische Säureanhydride als Härter enthalten. Über die Abmischung von Grundharzen mit spezifischen Eigenschaften, den Einsatz von Haftvermittlern und den Zusatz von Füllstoffen entstanden neue Materialien mit besonderen Eigenschaften: Säureanhydridhärter ermöglichen über ihre spezielle Ringstruktur eine extrem enge Vernetzung des Polymers und weisen damit Glasübergangstemperaturen von 180 °C sowie niedrige thermische Ausdehnungskoeffizienten im Bereich von 18 bis 25 ppm/K auf, sodass auch bei hohen Temperaturen nur geringe Mengen an Sauerstoff und Chemikalien in das Material eindringen können. Eine Folge daraus sind die geringe Wasseraufnahme von 0,1 Gew. % und die sehr hohe Temperatur- sowie Chemikalienbeständigkeit. In Tabelle 1 sind die grundlegenden Merkmale zusammengefasst.

Sehr gute mechanische Eigenschaften

Bild 1 zeigt die mechanischen Eigenschaften nach thermischer Alterung bei 150°C und 180°C über 1000 Stunden Lagerungsdauer. Dargestellt ist die Veränderung von E-Modul, Zugfestigkeit und Reißdehnung — bezogen auf den Ausgangswert in Prozent. Die nur geringen Abweichungen belegen die hohe

Delo-Monopox	GE725	GE785	GE730	GE765
Einsatzbereich	Fill	Dam	Glob-Top	Glob-Top
Farbe	schwarz			
Viskosität [mPas]	6.500	135.000	9.000	19.000
Verarbeitungszeit [h]	48			
Aushärtungsbedingungen bis zur Endfestigkeit	4,5 h @ + 100°C 1,5 h @ + 125°C 20 min @ + 150°C			
Zugfestigkeit [MPa]	50	55	60	60
Reißdehnung [%]	0,5	0,5	0,7	0,7
E-Modul [MPa]	9.800	11.000	9.000	9.000
Glasübergangstemperatur [°C]	+178	+182	+179	+186
Wärmeausdehnungskoeffizient [ppm/K]	25	22	24	18
Wasseraufnahme [Gew.%]	0,1			

Tabelle 1
Eigenschaften der neuen Verguss-massen auf Basis säureanhydrid-vernetzender Epoxidharze (Delo-Monopox).

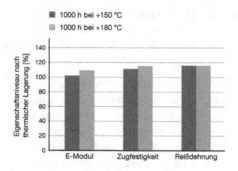

Bild 1
Die mechanischen Eigenschaften der Epoxidharz-Vergussmassen (Beispiel Delo-Monopox GE730) werden bei thermischer Alterung nur geringfügig beeinflusst (Ausgangswerte ohne Alterung).

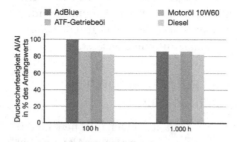

Bild 2
Am Beispiel des Vergussmaterials Delo-Monopox GE785 ließ sich nachweisen, dass Epoxidharz-Vergussmassen auf Basis säureanhydridvernetzender Epoxidharze gegenüber unterschiedlichen Medien beständig sind. Gemessen wurde

Beständigkeit gegen thermische Alterung, wie sie für Elektronikkomponenten typischerweise gefordert wird: Selbst bei Dauerbelastung von 180°C kommt es zu keiner Veränderung der mechanischen Eigenschaften.

Höchste chemische Beständigkeit

Um die universelle Medienbeständigkeit der neu entwickelten Vergussmassen untersuchen zu können, wurden Druck-scherkörper aus Aluminium verklebt und in verschiedenen Chemikalien wie beispielsweise Ad Blue, ATF Getriebeöl, Motoröl oder Dieselkraftstoff 100 und 1000 Stunden lang bei Raumtemperatur eingelagert. Die Lagerungsbedingungen orientieren sich an den Anforderungen aus dem Automobilbau, der typischerweise ein hohes Eigenschaftsniveau der eingesetzten Materialien über eine Zeitraum von 1000 Stunden benötigt. Die Abweichung vom Ausgangswert liegt selbst nach dieser langen Einlagerungsdauer unter 20% und belegt somit die

die relative Druckscherfestigkeit, bezogen auf die Anfangsfestigkeit unter Einfluss verschiedener aggressiver Flüssigkeiten.

hohen Beständigkeiten gegenüber verschiedensten Medien (Bild 2).

Universelle Haftung

Eine weitere Eigenschaft ist die universelle Haftung auf den in der Elektronik und Mikroelektronik häufig eingesetzten Materialen wie beispielsweise FR4 oder auf technischen Kunststoffen wie PA 6.6, PPS oder LCP.
Auf dem Bild 3 sticht das sehr hohe Festigkeitsniveau auf FR4 mit über 40 MPa heraus. Aber auch auf technischen Kunststoffen wie PA, PPS und PBT werden Werte von rund 15 bis 27 MPa erreicht und selbst auf dem schwer zu verklebenden Material LCP lassen sich Werte von mindestens 10 MPa erzielen.

Anwendungsgerechtes Fließverhalten

Die Verarbeitungseigenschaften wurden gezielt für den effizienten Einsatz in der Mikroelektronikfertigung ausgelegt und optimiert. So spielt das Fließverhalten der Vergussmassen für eine sichere Verarbeitung eine entscheidende Rolle. Die als Dam&Fill ausgelegten Systeme (Delo-Monopox GE785 und Delo-Monopox GE725) können nass in nass verarbeitet werden. Eine Zwischenhärtung des Dams

vor der Dosierung des Fills ist nicht notwendig. Der Dam verfließt nicht unter Temperatureinfluss und bildet eine Barriere für den niedrigviskosen Fill. Dadurch können verschiedene Dosiermuster eingestellt und zuverlässig aufgetragen werden. Die Fließeigenschaften eignen sich deshalb auch bestens für den partiellen Verguss, der z. B. bei Sensoranwendungen oft notwendig ist (Bild 4). Die Dam-Klebstoffe ermöglichen eine

Bild 3
Die Druckscherfestigkeit der neuen Vergussmassen als Maß für die universelle Haftung auf verschiedenen Substratmaterialien

Bild 4
Beim partiellen Chipverguss werden nicht alle Teile des Chips mit Klebstoff bedeckt. Hier ist es besonders wichtig, dass der Klebstoff ohne zu verfließen an der vorgesehenen Position aushärtet.

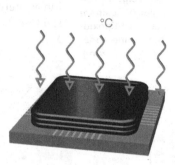

Bild 5
Beim „Dam Stacking" werden mehrere Klebstoffraupen „gestapelt" und bilden dadurch eine Art Wand. Das Volumen innerhalb der Wandung kann mit der niedrigviskosen Vergussmasse (Fill) komplett ausgefüllt und anschließend in einem Schritt ausgehärtet werden.

Bild 6
Die optimierten Glob-Top-Vergussmassen können für den vollständigen (links) und partiellen Verguss (rechts) eingesetzt werden.

besonders schmale und gleichzeitig stabile Wandung, so dass bei Bedarf auch das Stapeln mehrerer Wandungen – das sogenannte Dam Stacking – möglich ist (Bild 5). Die Dosierung der verschiedenen Dam-Lagen kann direkt nacheinander ohne Zwischenhärtung erfolgen. Anschließend wird der vollständige Verguss inklusive Fill in einem Schritt ausgehärtet, sodass sich die Produktionskapazität deutlich erhöht.

Neben den Dam & Fill-Klebstoffen umfasst das Produktportfolio auch zwei Glob-Top-Vergussmassen (Bild 6). Je nach Anwendung kann zwischen einer niedrigviskosen (Delo-Monopox GE730) und einer höherviskosen Variante (Delo-Monopox GE765) gewählt werden. Auch die Glob-Top-Vergussmassen ermöglichen aufgrund des optimierten Fließverhaltens einen partiellen Verguss.

Optimiertes Dosierverhalten

Ein weiterer Vorteil für die Fertigung stellt die lange Verarbeitungszeit dieser Materialien von 48 Stunden bei Raum

temperatur dar. Üblicherweise wird als Kriterium für die Verarbeitungszeit ein Viskositätsanstieg um 50 Prozent – bezogen auf den Ausgangswert – herangezogen. Dies bedeutet allerdings, dass in Abhängigkeit vom Viskositätsanstieg auch die Dosierparameter angepasst werden müssen, um ein möglichst gleichförmiges Dosierbild zu erhalten. Die hier beschriebenen Vergussmassen zeigen über die gesamte Verarbeitungszeit von 48 Stunden bei Raumtemperatur keinen Anstieg der Viskosität, sodass auch ohne ein Nachjustieren der Dosierparameter ein homogenes Dosierbild erreicht wird (Bild 7).

Variable Aushärteparameter

Eine weitere Besonderheit sind die variablen Aushärteparameter. So können die Vergussmassen sehr schnell innerhalb von 20 Minuten bei 150°C ausgehärtet werden, aber auch bei moderaten Temperaturen wie 125°C innerhalb von 1,5 Stunden bzw. bei 100°C in 4,5 Stunden.

Bild 7
Änderung der Viskosität der optimierten Vergussmasse, bezogen auf den Ausgangswert innerhalb der Verarbeitungszeit: Das Dosiermuster bei konstanten Dosierparametern in Abhängigkeit von der Verarbeitungszeit zeigt im Vergleich zu einem Standard-Epoxidharz keine Änderung.

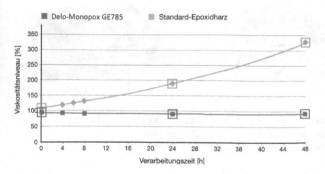

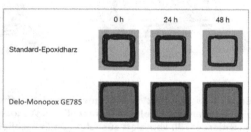

Höchste Zuverlässigkeitsqualifizierung

Zur internen Qualifikation wurde eine definierte Anzahl von sogenannten Daisy Chain Packages (5 mm x 5 mm, 25 µm Au-Draht, FR4) unterschiedlichsten Prüfungen unterzogen. Die auf einer FR4 Leiterplatte aufgeklebten Chips wurden mit den neuen Glop-Top und Dam&Fill-Systemen vergossen und ausgehärtet.

Am Rahmen der Zuverlässigkeitsklassifizierung nach JEDEC MSL I wurden zuerst die Komponenten bei 125 +/-5 °C über 24 Stunden lang in einem Umluftofen getrocknet. Daran schloss sich die Konditionierung der Bauteile über 168 +/-5 Stunden bei 85°C und 85% relativer Feuchte an. Anschließend wurden die Bauteile einer dreimaligen Reflowbelastung unterzogen und nach jedem Durchlauf die Funktionalität überprüft. Das Ergebnis bestätigt das hohe Eigenschaftsniveau der Produkte. Alle geprüften Bauteile funktionieren nach diesen Belastungen einwandfrei.

Auch nach anspruchsvollen Tests wie 3000 Stunden Einlagerung bei 85°C/85% relativer Luftfeuchtigkeit und 1000 Zyklen Temperaturschock –40/+150°C, blieb die Funktionalität der mit Dam&Fill oder Glop-Top vergossenen Bauteile erhalten.

Zusammenfassung

Der zuverlässige Schutz von mikroelektronischen Komponenten, die unter besonders anspruchsvollen Bedingungen funktionieren müssen, stellt hohe Anforderungen an die Klebstoffe. Mit den neu entwickelten Vergussmassen ist es gelungen, besondere Materialeigenschaften wie chemische Beständigkeit, mechanische Eigenschaften, sehr gute Haftung, optimierte Dosier- und Fließverhalten sowie variable Aushärteparameter zu kombinieren. Dadurch lassen sich die Fertigungsprozesse deutlich flexibler und effizienter gestalten. Für den Anwender bedeutet das eine Reduzierung der Produktionskosten und gleichzeitig eine Erhöhung des Outputs bei höchster Produktqualität.

Statorkapselung in Motoren – Epoxid- und PUR-Systeme erfüllen höchste Ansprüche

DR. WERNER HOLLSTEIN

Materialien, die in Elektromotoren oder Generatoren für Industrie- und Automobilanwendungen zum Einsatz kommen, müssen ganz besondere Eigenschaften aufweisen. Für diesen Bereich eignen sich moderne Epoxid- und Polyurethansysteme, die robuste Motordesigns erlauben und einen kosteneffizienten Einsatz ermöglichen.

Zu den zukünftigen Herausforderungen bei der Entwicklung von Motoren und Generatoren für Industrie- und Automobilanwendungen zählen Größenreduktion, höhere Integrationsdichte, höhere Leistungsabgabe, höhere Zuverlässigkeit und Widerstandsfähigkeit, Haltbarkeit in rauen Umgebungen und geringere Geräuschemissionen. Üblicherweise wurden bisher die elektrische Isolierung und die mechanische Befestigung der Rotor- und Statorwicklungen einfach lackiert. Diese Vorgehensweise führt jedoch tendenziell zu:

- elektrischen Verlusten und somit zu hohen Temperaturen sowie Überhitzung,
- Vibrationen, die Verschleiß und Kurzschlüsse in den Wicklungen verursachen, und
- Schädigungen der Wicklungen durch aggressive Öle, Chemikalien, Dämpfe sowie Feuchtigkeit.

Bei steigender Motorlast nehmen außerdem die Leistungsverluste im Betrieb zu. Als Lösung all dieser Probleme empfiehlt sich der Verguss und die Imprägnierung unter Verwendung duroplastischer Harzsysteme.

Eine Option ist ein vollständig vergossener Stator, in dem die Kupferwicklungen, Spalte und Hinterschnitte vollständig imprägniert und mit Polymer gefüllt sind. Auf dem Bild 1 ist ein solcher vollständig vergossener Stator schematisch dargestellt.

In der Statormitte wird ein Dichtungskern platziert, um die Vakuumdichtheit sicherzustellen und zu verhindern, dass das Harz die Ankerbleche aus Metall verunreinigt. Das Flüssigharzsystem wird entgast und vorzugsweise unter Vakuumbedingungen in den Stator vergossen. Entscheidend ist dabei, dass das Harzsystem eine geringe Viskosität und eine ausreichend hohe Latenz für eine schnelle Befüllung und Imprägnierung aufweist. Daran anschließend muss die Ofenhärtung optimiert werden, um Volumenschwund und mechanische Belastungen zu minimieren.

Eine weitere Option ist die Kapselung der Wicklungsköpfe. Im Allgemeinen entstehen mehr als 60 Prozent der Verlustwärme in den Wicklungsköpfen eines

Stators. Die effektivste Methode besteht folglich darin, nur den Spalt zwischen Wicklungsköpfen und Gehäuse zu vergießen. Bild 2 zeigt die schematische Darstellung eines Stators mit gekapselten Wickelköpfen.

Bei der Auswahl eines geeigneten Vergussmaterials ist unbedingt auf hohe Wärmeleitfähigkeit, präzise definierte Fließeigenschaften und kurze Aushärtzeiten zu achten.

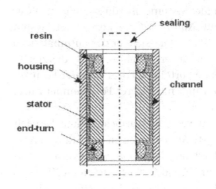

Bild 1
Schema eines vollständig gekapselten Stators mit eingesetzter Abdichtung

Heißhärtende Epoxidharzsysteme

Der Einsatz von Epoxidharzsystemen ist in vielen elektrischen Anwendungen unverzichtbar. Sie weisen eine hervorragende elektrische Isolierung, gute mechanische Eigenschaften sowie eine hohe chemische und thermische Beständigkeit auf. Die Verarbeitung bei Temperaturen zwischen 60 und 80 °C verringert deutlich die Viskosität dieser Systeme, wodurch höhere Füllstoffdosierungen und eine schnellere Befüllung möglich werden. Für die Endaushärtung sind Temperaturen von über 100 °C erforderlich.

Um die Leistungsfähigkeit solcher Systeme nachzuweisen, wurden anhand eines beispielhaften vorgefüllten Harzsystems mit hoher Riss- und Thermoschockfestigkeit (Araldite CW 229-3/Aradur HW 229-1) 20 Temperatur-Wechsel-Testzyklen bei Temperaturen bis –80°C mit einem eingegossenem Metallteil (Kantenradius 1 mm) durchgeführt. Bild 3 zeigt die Resultate.

Das Imprägniervermögen erwies sich als gut, die Wärmeleitfähigkeit betrug 0,7 W/m K.

Die Prüfung der Wärmebeständigkeit in Form langfristiger Alterungstests (IEC 60216) ergab einen thermischen Index von mehr als 180 °C (Klasse H). Nach UL746B wurde sogar ein Wert von 200 °C für den relativen Temperaturindex (RTI)

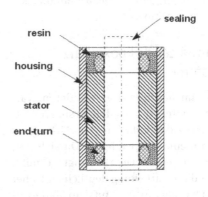

Bild 2
Schema eine Stators mit vollständig gekapselten Wicklungsköpfen

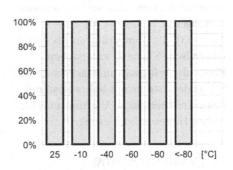

Bild 3
Auf dem Markt verfügbar sind heißhärtende Epoxidharzsysteme, die erfolgreich Temperatur-Testzyklen mit Abkühlung bis hinunter auf -80°C überstehen.

ermittelt. Damit sind eine gute Wärmeableitung, eine zuverlässige elektrische Isolierung und eine hohe Wärmebeständigkeit für unter hoher Last arbeitende Motoren und Generatoren sichergestellt. Für Anwendungen, in denen kurze Zykluszeiten gefragt sind, steht ein Material mit höherer Reaktivität (Araldite CW 229-3/Aradur HW 229-1) zur Verfügung, das die obligatorische Nachhärtung normaler Systeme überflüssig macht. Dieses mit „Non-Post-Cure" bezeichnete System (NPC) eignet sich für das automatisierte Druckgelier-Verfahren (APG), das zusätzliche Vorteile in Form kürzerer Formzeiten und niedrigerer Formtemperaturen bietet.

Und wenn die Wärmeableitung die wichtigste Anforderung an den Statorverguss darstellt, gibt es eine geeignete Vergusslösung (Araldite XB 2710/Aradur XB 2711), die eine sehr gute Rissbeständigkeit und einen niedrigen Wärmeausdehnungskoeffizienten aufweist.

Kalthärtende Epoxidharzsysteme

Die am häufigsten verwendeten Härtungsmittel für Epoxidharze sind Amine, deren Reaktivität auch eine Härtung bei Raumtemperatur erlaubt. Da sich hier der Einsatz von Öfen erübrigt, gestaltet sich die Verarbeitung deutlich einfacher und kostengünstiger. Auf dem Markt verfügbar sind kalthärtende Epoxidharzsysteme mit bestem Fließ- und Imprägniervermögen (z. B. Araldite XB 2252/Aradur XB 2253), die Temperaturen bis 180 °C (thermische Klasse F) widerstehen.

Ebenfalls verfügbar sind elastische, kalthärtende Systeme mit hoher Beständigkeit gegen thermische Alterung und einer hohen Thermoschockfestigkeit.

Polyurethansysteme

Polyurethane (PUR) sind bereits seit Anfang der 1950er Jahre als kostengünstige Rohstoffe im Industriemaßstab verfügbar und werden seither für die elektrische Isolierung verwendet.

Bei der chemischen Reaktion eines Polyols mit einem Isocyanat entsteht bekanntlich ein Polymer mit Urethan-Verbindungen. Erfolgt eine Vernetzung in drei Dimensionen, gehört das resultierende Polymer zur Klasse der Elastomere

und Duroplaste. Die Aushärtungsreaktion bei Raumtemperatur ist schnell und exotherm und kommt ohne Öfen aus. Die große Vielfalt an Polyolen, Isocyanaten, Modifizierern und Füllstoffen erlaubt eine exakte Anpassung an ein breites Anwendungsspektrum, darunter für den Statorvollverguss.

So steht beispielsweise ein System (Arathane CW 5631 / HY 5610) zur Verfügung, das zum einen verarbeitungsfreundlich ist und zudem ein hohes Imprägniervermögen aufweist. Das ausgehärtete Material erfüllt außerdem die Anforderungen an Flammwidrigkeit nach UL94 V-0 und bietet eine Wärmeleitfähigkeit im Bereich von 0,6 W/m K sowie eine hohe Beständigkeit gegenüber thermischer Alterung. Ein weiterer Vorteil der Verwendung dieses Materials ist seine Anpassungsfähigkeit, die durch einfache Änderung des Mischungsverhältnisses eine vollständige Kapselung von Statoren unterschiedlicher Größen und Designs ermöglicht. Mit einem Wert von 100 : 19 pbw wird die Shore-Härte deutlich von D80 auf D55 reduziert, und – was noch wichtiger ist – die Rissfestigkeit wird nicht beeinträchtigt.

1K-Epoxidsystem für den Wickelkopfverguss

Die meisten epoxidbasierten Systeme werden in Form zweier separater Komponenten geliefert, deren Verarbeitung in der Massenfertigung relativ aufwendiger Anlagen bedarf. Einkomponentige Epoxidsysteme sind wesentlich einfacher zu verarbeiten und stehen als Klebstoffe, Dichtmittel, Vergussmaterialien und Imprägnier- sowie Gussharze auf dem Markt zur Verfügung.

Für die Kapselung von Wicklungsköpfen in Motoren und Generatoren wurde zum Beispiel ein „pastöses" Ein-Komponenten-Epoxidsystem entwickelt, das dank eines speziellen Füllstoffs durch eine hohe Wärmeleitfähigkeit von 3,0 W/m K gekennzeichnet ist. Es erfordert keine Vorheizung, Homogenisierung oder Entgasung und das Fließverhalten lässt sich mühelos so anpassen, dass die Freiräume zwischen Drähten und Gehäuse gefüllt werden. Die Ofenhärtung entfällt, sofern die Wärmekapazität der vorgeheizten Statoren hoch genug ist, um die Temperatur eine Stunde lang auf über 150 °C zu halten.

Bild 4 zeigt als Anwendungsbeispiel einen flüssiggekühlten Generator. Eine andere wichtige Materialeigenschaft ist der hohe T_g-Wert von 160 °C, der gleichbleibendes Materialverhalten über den gesamten Betriebstemperaturbereich ermöglicht und eine ausgezeichnete thermische Beständigkeit gewährleistet. Der niedrige Wärmeausdehnungskoeffizient von $20*10^{-6}$ 1/K minimiert thermische Spannungen und verhindert die Rissbildung.

Zusammenfassung

Angesichts der kontinuierlichen Nachfrage nach Motoren und Generatoren mit höherer Leistungsabgabe, Integrationsdichte, Zuverlässigkeit, Widerstandsfähigkeit in rauen Umgebungen und geringeren Geräuschemissionen erweisen sich duroplastische Harzsysteme zum vollständigen Stator- oder Wickelkopf-Verguss als ideale Lösung.

Bild 4
Kapselung der Wicklungsköpfe eines flüssiggekühlten Generators

Moderne Epoxid- und PUR-Systeme bieten die notwendigen Materialeigenschaften, um die gestellten Anforderungen an gute Wärmeableitung, elektrische Isolierung, mechanische Befestigung, Dämpfung und Schutz vor aggressiven Chemikalien, Dämpfen und Feuchtigkeit zu erfüllen.

Die beschriebenen Materialien wurden speziell für unterschiedliche Verarbeitungs- und Anwendungstechniken wie z. B. Vakuumverguss und automatische Druckgelierung entwickelt und ermöglichen kurze Zykluszeiten sowie hohe Durchsätze. Die Verwendung fortschrittlicher Harzsysteme kann erheblich zur Entwicklung neuer Motorkonstruktionen beitragen, bei denen es auf Zuverlässigkeit, hohe Wirtschaftlichkeit und Qualität ankommt.

Gefügtes Fahrwerk – Klebstoffe übernehmen dämpfende Aufgaben

Dipl.-Ing. Anke Büscher | Prof. Dr.-Ing. Christian Schäfers | Prof. Dr.-Ing. Norbert Austerhoff

Im Karosseriebau haben Klebstoffe ihre Leistungsfähigkeit hinsichtlich der geforderten Festigkeitseigenschaften schon lange unter Beweis gestellt. Wie aber steht es mit den mechanisch-dynamischen Eigenschaften, wenn der Klebstoff zum Fügen einer Querblattfeder aus Stahl in einem Fahrwerk zum Einsatz kommt? Diese Querblattfeder soll zum einen radführende Aufgaben übernehmen und zum anderen durch seinen spezifischen Aufbau eine dämpfende Wirkung zeigen.

Was geschieht, wenn sich Ingenieure aus den Bereichen Fahrwerk und Klebtechnik treffen? Es entstehen Ideen, die zu Innovationen führen können – wie im vorliegenden Fall. Es stand die Frage im Raum, ob und inwieweit es möglich ist, die Klebtechnik mit der Fahrwerkstechnik zu kombinieren. Dabei sollte die Haftfestigkeit der Klebstoffe nicht in Frage gestellt und zunächst auch nicht näher untersucht werden – haben doch die Klebstoffe ihre Festigkeitseigenschaften in den zurückliegenden Jahren fortwährend unter Beweis gestellt. Vielmehr war die Frage von Interesse, ob der Klebstoff auch dämpfende Eigenschaften mit sich bringt und ob es überdies möglich ist, eine Fahrwerkskomponente so zu konzipieren, dass durch Kombination von Konstruktion und Klebstoff auf die herkömmliche Feder-Dämpfer-Einheit verzichtet werden kann. In diesem Zusammenhang wurde das Konzept der Blattfeder wieder aufgegriffen. Die Fragestellungen, die sich aus der Idee ableiteten, waren vielfältig: Sie betrafen die Konstruktion der Blattfeder, die Auswahl der Klebstoffe und ihre Charakterisierung sowie ihre anschließende Umsetzung.

Das Trägerfahrzeug

Wie sollte nun das Konzept der Blattfeder konstruktiv aufgegriffen werden? Diesbezüglich entschied man sich schnell für eine Querblattfeder, die im hinteren Achsbereich greifen sollte. Zur Umsetzung der Idee bot sich der Green Emerald an – der Formula Student Rennwagen der Hochschule Osnabrück (Bild 1 a–c). Sein großer Vorteil ist, dass sowohl dessen CAD-Daten als auch die Fahrwerksparameter bekannt sind und er jederzeit an der Hochschule verfügbar ist. So kann konstruktiv schnell an vorhandene Strukturen angeknüpft werden. Ferner bietet er in dem relevanten Bereich der Hinterachse eine sehr gute Zugänglichkeit, die zudem von einfacher Geometrie ist, sodass mit relativ geringem Aufwand das Konzept der Querblattfeder umgesetzt werden kann.

Bild 1 a
Green Emerald,
Formula Student
Rennwagen der
Hochschule
Osnabrück und
Trägerfahrzeug der
Konzeptidee

Klebstoffauswahl und Charakterisierung

Welche der bekannten Klebstoffkennda-ten liefern nun bezüglich des Merkmals Dämpfung einen Hinweis? Wie ist dieses erfass- und messbar? Es ist bekannt, dass sich verschiedenste Faktoren auf die mechanischen Eigenschaften der Kleb-stoffe auswirken, über die sie im Umkehr-schluss auch einstellbar sind. Zu den Ein-flussfaktoren gehören die Monomere oder Oligomere, die Basis der Klebstoffe in Art und Menge, deren Polymerisati-onsart, die Kräftewechselwirkungen innerhalb des Werkstoffes, die Tempera-tur nicht nur während der Polymerisa-tion, sondern auch die Einsatztempera-tur der gehärteten Klebstoffe sowie die Füllstoffe in Art und Menge. Durch die Vielzahl der Einflussfaktoren und deren Variabilität lassen sich unterschiedliche mechanische Eigenschaften ableiten. Ferner ist damit eine dämpfende Eigen-schaft wahrscheinlich und ein Unter-schied in ihrer Auswirkung denkbar.
Da diesbezüglich keine Erfahrungswerte vorlagen, wurden die Klebstoffe zunächst

Bild 1 b
Hinterachse des Green Emerald mit herkömmlicher Feder-Dämpfer-Einheit

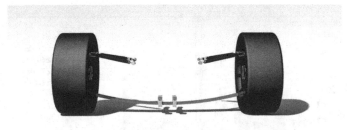

Bild 1c
Hinterachse des Green Emerald mit neu konzipierter Querblatt-feder

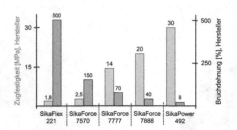

Bild 2
Auswahl an Klebstoffen und ihre Eigenschaften hinsichtlich Zugfestigkeit und Bruchdehnung

so ausgewählt, dass ein weiter Bereich an Zugfestigkeit und Bruchdehnung abgedeckt werden kann (Bild 2). Zu den gewählten Klebstoffen gehören zwei Vertreter der 1K-Systeme – der eine heißhärtend auf Epoxidbasis (SikaPower 492) und der andere feuchtigkeitshärtend auf Polyurethanbasis (SikaFlex 221). Eine hohe Zugfestigkeit (SikaPower 492) steht einer eher geringeren Zugfestigkeit (SikaFlex 221) gegenüber, bezüglich der Bruchdehnung sind die Werte gegenläufig. Weiterhin wurden drei Vertreter der 2K-Systeme auf Polyurethanbasis gewählt (SikaForce 7570, SikaForce 7777, SikaForce 7888), die alle drei bezüglich der Zugfestigkeit und Bruchdehnung im mittleren Bereich angesiedelt sind.

Zur Charakterisierung der Klebstoffe hinsichtlich ihrer elastischen oder eher viskosen Anteile wurde die Dynamisch-Mechanische Analyse (DMA) gewählt. Außerdem ermöglicht sie die Ermittlung des Verlustfaktors (tan δ), der ein relatives Maß für die Dämpfung darstellt und

einen Anhaltspunkt liefert, inwieweit der untersuchte Werkstoff eine von außen aufgebrachte Energie umzuwandeln vermag. Dort setzt die Dämpfung an, soll doch der Klebstoff die von außen aufgebrachte Energie in Form einer Schwingung innerhalb eines möglichst kleinen Zeitfensters auf einen Minimalwert umwandeln und reduzieren. Für die Untersuchungen wurden die Klebstoffe auf eine Dicke von 0,5 mm, 1 mm und 2 mm gerackelt und bei Raumtemperatur im elastischen Bereich mit definierter Kraft und definiertem Weg geschert. Die Versuchsfrequenzen variierten dabei von 1 bis zu maximal 100 Hz.

Die Ergebnisse (Bild 3) zeigen zunächst, dass eine Auswertung hinsichtlich des Verlustfaktors (tan δ) möglich ist. Dieser variiert in Abhängigkeit des Klebstoffes und bestätigt damit die mögliche Dämpfung der Klebstoffe. Der Verlustfaktor scheint – bis auf zwei Ausnahmen – unabhängig von der Probendicke zu sein. Dieser Sachverhalt muss noch eingehender untersucht werden. Möglicherweise liegt ein Optimum außerhalb des hier gewählten Messbereichs. Des Weiteren zeigt der Verlustfaktor eine Abhängigkeit von der Höhe der Frequenz. In jedem Fall fällt der Klebstoff SikaForce 7570 ins Auge, der die höchsten Werte für den Verlustfaktor zeigt.

Die zweite gewählte Charakterisierungsmethode wurde im Zuge der Arbeiten neu konzipiert. Sie sollte möglichst realitätsnah das Verhalten der Klebstoffe erfassen. Dafür wurde ein Versuchsaufbau konstruiert, der ein Lasermesssystem aufnimmt und eine Einspannstelle für die Probe bietet (Bild 4). Die Probe besteht in diesem Fall aus zwei Lagen Stahlblech und einer zentralen Schicht Klebstoff, die einseitig eingespannt und an ihrem freien Ende angeregt wird. Das Messsystem nimmt den Verlauf der Schwingungsamplitude in Abhängigkeit der Zeit auf. Ausgewertet wird der Kur-

Bild 3
Ergebnisse der Dynamisch-Mechanischen Analyse (DMA) hinsichtlich tan δ der Klebstoffe in Abhängigkeit von Probendicke und Frequenz

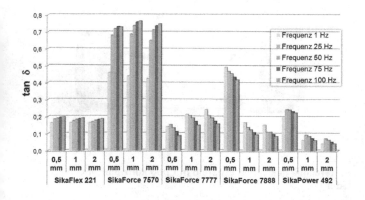

venverlauf hinsichtlich der Dämpfungskonstante β.

Zunächst wurden Proben mit konstanter Klebstoffdicke hergestellt, die – wie dargestellt – gemessen und ausgewertet wurden. Die Auswertung erfolgte hinsichtlich der Dämpfungskonstante β (Bild 5), die in Abhängigkeit des Klebstoffes und der Stahlblechdicke variiert. Inwieweit der Stahlwerkstoff eine Rolle spielt, wird in zukünftigen Versuchen näher untersucht. Wie schon aus den Ergebnissen der DMA bekannt, zeigt auch hier der SikaForce 7570 die höchsten Werte für die Dämpfungskonstante β, weiterhin interessant sein könnte der SikaFlex 221.

In einem zweiten Versuch wurde der Umfang der Klebstoffe auf die zuvor genannten Klebstoffe SikaForce 7570 und SikaFlex 221 reduziert. Variiert wurde die Klebstoffdicke bei konstanter Dicke der Stahlbleche (Bild 6). Die Dämpfungskonstante β fällt, wie erwartet, für den SikaForce 7570 ($β$ = ca. 51 s⁻¹) höher aus als für den SikaFlex 221 ($β$ = ca. 15 s⁻¹). Auch die Dämpfungskonstante β zeigt wie schon der Verlustfaktor tan δ keine signifikante Abhängigkeit von der Klebschichtdicke.

Interessant zu beobachten ist, dass die Ergebnisse zum Versuch der Schwingungsanregung (Bild 5) und der DMA (Bild 3) ein ähnliches Bild liefern. Damit führen zwei voneinander unabhängige Methoden qualitativ zu dem gleichen Ergebnis und erlauben eine genauere Bewertung der Klebstoffe hinsichtlich ihrer dämpfenden Eigenschaften, die je nach Klebstoff unterschiedlich ausgeprägt sind und anscheinend nicht von seiner Dicke abhängen. Aufgrund ihrer unterschiedlichen Ansätze berücksichtigen beide Methoden auf der einen Seite das Verhalten des Klebstoffes als reines Material und auf der anderen Seite den Werkstoff im Verbund mit anderen Materialien, wie es im Anwendungsfall gegeben ist.

Praktische Umsetzung

Unter Berücksichtigung sämtlicher Ergebnisse (DMA, Versuch zur Schwingungsanregung) sowie der allgemeinen Kennwerte wie Zugfestigkeit und Bruchdehnung wurde für eine praktische Umsetzung der Blattfeder der SikaForce 7570 gewählt.

Bezüglich der Blattfeder entschied man sich für eine Querblattfeder, die im Bereich der Hinterachse die übliche Feder-Dämpfer-Einheit ersetzt. Diese wird über zwei zentrale Halter mit dem Gitterrohrrahmen des Green Emerald verbunden. Die Halter sind variabel in ihrer Position und bieten dadurch zusätzlich die Möglichkeit, in einem gewissen Rahmen den Federweg der Querblattfeder einzustellen (Bild 7).

Über zwei Anknüpfungspunkte in Form von Gelenken ist die Anbindung der Querblattfeder an den Radträger gewährleistet. Des Weiteren wird die Querblattfeder laminar aufgebaut. Dabei wird eine zentrale Lage Stahlblech durch vier weitere dünnere Lagen Stahlblech ergänzt und durch vier Lagen Klebstoff vervollständigt.

Erste Berechnungen und FEM-Analysen unter Annahme des Fahrzeuggewichtes als einwirkende Kraft auf die Querblattfeder haben gezeigt, dass es im Bereich der Radanbindung zur maximalen Verformung kommt und der Spannungsverlauf

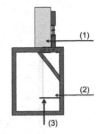

Bild 4
In dieser Versuchsskizze ist dargestellt, wie ein laserbasierendes Messsystem (1) den Verlauf der Schwingungsamplitude in Abhängigkeit der Zeit erfasst ((2): Klebstoff im Verbund mit zwei Lagen Stahlblech der Abmessung 150 x 25 mm, (3): manuelle Anregung).

Bild 5
Dämpfungskonstante b in Abhängigkeit vom Klebstoff bei konstanter Klebstoffdicke und variabler Stahlblechdicke

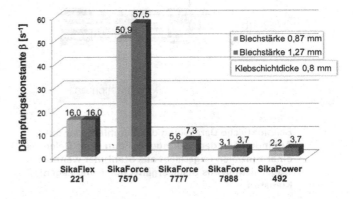

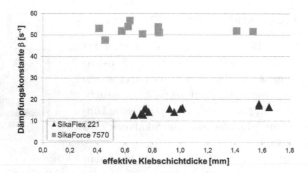

Bild 6
Dämpfungskonstante β in Abhängigkeit von Klebstoff und Klebstoffdicke, Stahlblechdicke konstant bei 1,3 mm

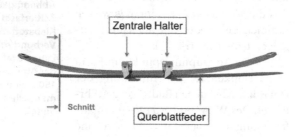

Bild 7
Querblattfeder mit zwei zentralen Haltern

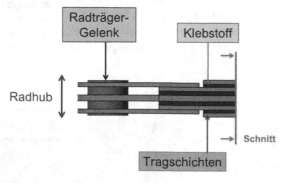

Bild 8
Schematische Darstellung der Querblattfeder mit Anbindung an den Radträger in Form eines Gelenkes, einer zentralen Tragschicht aus Stahl, vier weiteren Tragschichten aus Stahl, ergänzt durch vier Lagen Klebstoff

über das gesamte Bauteil eher unkritisch ist. Im nächsten Schritt muss nun das Bauteil in die Erprobung unter statisch-dynamischer Last geführt werden, sodass seine Funktion und Performance im Vergleich zur herkömmlichen Feder-Dämpfer-Einheit getestet werden kann und sich daraus eine weitere Optimierung des Bauteils ableiten lässt.

Fazit und Ausblick

Im Rahmen des Forschungsvorhabens konnte gezeigt werden, dass ein Klebstoff dämpfende Eigenschaften aufweist, die für eine Fahrwerksauslegung nutzbar sind. Diese lassen sich mit Hilfe dynamisch-mechanischer Analyseverfahren erfassen und auswerten. Weiterhin konnte nachgewiesen werden, dass die dämpfenden Eigenschaften klebstoffabhängig sind, wobei die Klebstoffdicke im relevanten Bereich anscheinend keinen signifikanten Einfluss nimmt. Im Anschluss an die Untersuchungen konnte eine erste Umsetzung der Konzeptidee vorgenommen werden. Dennoch verbleiben eine Reihe offener Fragen und Anknüpfungspunkte für weitere Untersuchungen. So gilt zu klären, welchen Einfluss die Anzahl der Lagen sowohl an Klebstoff als auch an Stahl auf das Bauteil nimmt. Bezüglich des Klebstoffes kann weiterverfolgt werden, welche Komponente die hauptsächliche Verantwortung für die dämpfende Eigenschaft trägt, um mit diesem gewonnenen Wissen gegebenenfalls einen Klebstoff weiter zu optimieren. Auf diese Weise könnte eine Antwort auf die Frage gegeben werden, ob ein bestimmtes Maß an Dämpfung gezielt einstellbar ist. Daran anschließen sollten sich Untersuchungen zum Ermüdungsverhalten und zur Dauerfestigkeit des eingesetzten Klebstoffes – sowohl als reines Material als auch im Verbund. Im günstigsten Fall lässt sich ein Kennwert für den Klebstoff bestimmen, der bezüglich der FEM-Analysen und Berechnungen zu optimaleren Ergebnissen führt. Wird als Konsequenz der Dämpfung Verformungs- oder Anregungsenergie in Wärme umgewandelt, ist die Entwicklung der Wärme und ihr Einfluss ebenfalls genauer zu untersuchen. Hinsichtlich der Verbundpartner bleibt zu klären, welchen Einfluss sie im Detail ausüben und inwieweit dieser durch die Wahl anderer Werkstoffe wie zum Beispiel Aluminium oder Faserverbundwerkstoffe und/oder von Kombinationen variiert werden kann. Des Weiteren ist ein Prozess zur Fertigung des Bauteils zu konzipieren. In dem Zusammenhang sollten ferner die korrosiven Einflüsse auf die Querblattfeder benannt und Gegenmaßnahmen ergriffen werden.

Von Seiten der Fahrwerkstechnik ist schließlich die konstruktive Auslegung der Querblattfeder zu optimieren. Dies betrifft Untersuchungen zum Einfluss der Radhubkinematik, der Krafteinlei-

DANKE

Die Arbeiten an der Konzeptidee wurden im Rahmen des Forschungsvorhaben P 964 „Einsatz der Klebtechnik für Fahrwerkkomponenten mit neuen Bauteileigenschaften" erarbeitet. Das Vorhaben wurde gefördert durch die Forschungsvereinigung Stahlanwendung e.V. (FOSTA), Düsseldorf. Die Autoren danken der FOSTA sowie den beteiligten Indus-triepartnern Kontech GmbH, Osnabrück, der Sika Automotive GmbH, Hamburg, und Salzgitter Mannesmann Forschung GmbH, Salzgitter.

tung sowohl unter statischer als auch statisch-dynamischer Last und die Beschreibung der Querblattfeder in Form von progressiven oder degressiven Kennlinien.

Faserverstärkte Kunststoffe – tauglich für die Großserie

PROF. DR.-ING. CHRISTIAN HOPMANN | DIPL.-ING. ROBERT BASTIAN | DIPL.-ING. CHRISTOS KARATZIAS | DIPL.-ING. CHRISTOPH GREB | DIPL.-ING. BORIS OZOLIN

Wenn man Bauteile aus endlosfaserverstärkten Kunststoffen (FVK) wie CFK herstellen möchte, muss man den Prozess ganzheitlich betrachten. Anhand von lokal angepassten Multiaxialgelegen und biegeschlaffer textiler Preforms zeigt die DFG-Forschergruppe 860 aus IKV und ITA der RWTH Aachen University sowie das Fraunhofer IPT, wie Leichtbau im Automobil kostengünstiger reif für die Großserie werden kann. In Zukunft soll so eine Motorhaube aus CFK möglich werden.

Neue Möglichkeiten eröffnen

Endlosfaserverstärkte Kunststoffe (FVK) eignen sich aufgrund ihres geringen spezifischen Gewichts bei gleichzeitig hohen Steifigkeiten und Festigkeiten für den strukturellen Leichtbau. Daher werden sie in immer mehr Anwendungen eingesetzt. Die herausragenden speziellen mechanischen Eigenschaften und das anisotrope Werkstoffverhalten von FVK eröffnen dem Anwender dabei Möglichkeiten, die gängige metallische Werkstoffe bisher nicht bieten konnten.

In den letzten fünf Jahren wurde in der von der Deutschen Forschungsgemeinschaft (DFG) geförderten Forschergruppe (FOR) 860 die Fertigung von FVK-Bauteilen ganzheitlich vom textilen Halbzeug bis zum Bauteil betrachtet. Ziel war es, eine Serienfertigung von Bauteilen mit einem Faservolumengehalt von mindestens 50 % in einer Taktzeit unter 10 min zu realisieren.

Konstruktionsmöglichkeiten mit FVK

FVK erlauben eine hohe gestalterische Freiheit bei der Auslegung und der Konstruktion. Ähnlich zu Tailored Blanks aus Stahl können bei FVK belastungsgerecht und gewichtsoptimiert lokale Verstärkungen vorgesehen und so an jeden Anwendungsfall angepasst werden. Zudem ist es mit FVK möglich, anisotrope Werkstoffeigenschaften durch die Ausrichtung der Verstärkungsfasern zu erzeugen. So kann eine gezielte Verstärkung in spezieller Belastungsrichtung angestrebt werden.

Durch die Realisierung von integral gefertigten Bauteilstrukturen mit hoher Funktionsintegration, wie zum Beispiel durch eingebrachte Versteifungsstrukturen aus Hartschaum oder metallische Krafteinleitungselemente (Inserts), Bild 1, in einem Fertigungsschritt, lassen sich ferner die Anzahl an Einzelkomponenten und der Montageaufwand von FVK-Bauteilen reduzieren. Dadurch wird es möglich, die Fertigungskosten zu redu-

Textiles Preforming

Um komplexe Geometrien im späteren FVK-Bauteil darstellen zu können, müssen zunächst die Fasern beim textilen Preforming bauteil- und belastungsgerecht angeordnet werden, um die geforderten mechanischen Lasten tragen zu können und die gewünschten Orientierungen zu erzielen. Sogenannte textile Preforms, die aus verschiedenen textilen Produkten wie Geweben, multiaxiale Gelegen oder Geflechten zusammengesetzt sind, weisen dabei eine trockene, endkonturnahe, belastungsgerechte Verstärkungsfaserstruktur auf. Von den textilen Preforms wird zudem eine hohe Drapierbarkeit (geringe Umformkräfte) bei gleichzeitig geringem Verformungswiderstand gefordert, um komplexe Geometrien mit geringem Kraftaufwand abformen zu können. Für eine Serienfertigung von textilen Preforms ist zu-

zieren, die Bauteileigenschaften zu verbessern und die Wirtschaftlichkeit der Fertigung zu steigern.

dem eine lokal angepasste Drapierbarkeit notwendig, um die erforderlichen automatisierten Produktionsprozesse zu erleichtern. Dies kann durch variable und entsprechend lokal angepasste Bindungstypen realisiert werden.

Im Rahmen der Arbeiten der FOR 860 wurde am Institut für Textiltechnik (ITA) die Herstellung von textilen Preforms untersucht. Für die einstufige Fertigung der textilen Preforms wurden Methoden für die Herstellung von lokal angepassten Multiaxialgelegen – sogenannten Tail-

Bild 1
Textile Preforms mit Versteifungsstruktur (links) und integriertem Insert (rechts)

ored NCF (Non-crimp fabrics) – entwickelt und analysiert [1]. Diese Tailored NCF weisen eine lokale Variation des Bindungstyps und des Fadeneinlaufs sowie lokale Verstärkungen beziehungsweise Dickensprünge auf, Bild 2. Damit konnte die Drapierbarkeit speziell an die Bauteilgeometrie angepasst und nachfolgende Prozessschritte vereinfacht oder sogar reduziert werden.

So kann ein Tailored NCF im ebenen Bereich eine hohe Biegesteifigkeit und im Bereich der Kanten eine hohe Drapierbarkeit aufweisen. Damit ist es möglich, den Preform leicht zu handhaben und trotzdem Falten zu vermeiden. Durch zusätzlich eingebrachte Dickensprünge kann ein Handhaben, Positionieren und Fügen im mehrstufigen Preforming entfallen, sodass die Takt- und Durchlaufzeiten reduziert werden. In umfangreichen Experimenten wurde nachgewiesen, dass die Drapierbarkeit lokal eingestellt werden kann und zugleich die mechanischen Eigenschaften nur gering beeinflusst werden.

Für die mehrstufige Herstellung wurde die zum Einsatz kommende Technik für die Prozessschritte Zuschnitt, Handhabung und Fügen weiterentwickelt und in ein Preformcenter in das ITA integriert [2]. Die wirtschaftliche Bewertung der Prozessketten ergab, dass die automatisierte Verarbeitung von Multiaxialgelegen hinsichtlich Stückkosten (von 30,36 auf 8,26 Euro) und Taktzeiten (von 37,8 auf 3,4 min) deutliche Vorteile gegenüber der manuellen Fertigung aufweist.

Handhabung textiler Preforms

Die automatisierte Handhabung biegeschlaffer textiler Preforms stellt derzeit eine der größten Herausforderungen für die großserientaugliche und kosteneffiziente Fertigung von Bauteilen aus FVK dar. Besondere Herausforderungen ergeben sich dabei aufgrund der Eigenschaften der Halbzeuge wie der Biegeschlaffheit, der Verschiebbarkeit der empfindlichen Textilfasern und der Luftdurchlässigkeit des Gewebes. Am Fraunhofer-Institut für Produktionstechnologie (IPT) wurden in der FOR 860 neue Greiferkinematiken und neue Greifmechanismen erforscht und weiterentwickelt, um die Handhabung von biegeschlaffen textilen Preforms zu ermöglichen.

Bild 2
Tailored NCF mit lokaler Verstärkung (oben) und lokal angepasstem Bindungstyp (unten)

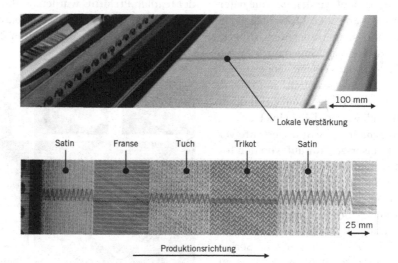

Die entwickelte Greiferkinematik, Bild 3, ermöglicht dabei eine Anpassung an gekrümmte Werkzeugformen. Der Vorteil dieses Prinzips ist, dass keine Aktuatorik mit Regelkreisen benötigt wird. Zudem ist eine selbstständige Anpassung an vorgegebene konkave und konvexe Konturen möglich. Hierdurch kann ein adaptives System aufgebaut werden, das zudem bei wechselnden Geometrien nicht angepasst oder eingestellt werden muss. So können Preformstrukturen zum Beispiel flächig aufgenommen und anschließend konvex wieder abgelegt werden. So können häufig auftretende Werkzeuggeometrien zur Herstellung von FVK-Bauteilen in einer automatisierten Prozesskette genutzt werden.

Neben Greiferkinematiken zur Anpassung an gekrümmte Werkzeugformen wurden auch Greifermechanismen, wie der elektrostatische Greifer, untersucht. Dieser Greifer polarisiert das aufzunehmende Halbzeug und induziert hierdurch eine Greifkraft. Dieses neu entwickelte elektrostatische Greifsystem ermöglicht erstmals die zuverlässige und beschädigungsfreie Handhabung von luftdurchlässigen sowie von leicht deformierbaren textilen Preforms.

Imprägnierung und Formgebung textiler Preforms

Am Ende der Prozesskette für FVK müssen die textilen Preforms mit funktionsintegrierten Elementen imprägniert und entsprechend ihrer Form ausgehärtet werden. Für die Imprägnierung muss das Harz den gesamten Preform in Dickenrichtung durchströmen. Aufgrund der dünnwandigen Bauweise der Preforms soll das Harz nur kurze Fließwege innerhalb des Preforms zurücklegen, sodass eine Imprägnierung sehr schnell erfolgen kann.

Die Imprägnierung von Preforms mit integrierten Inserts stellt besondere Anforderungen an die eingesetzte Werkzeugtechnik. Die Inserts müssen während des Imprägnier- und Formgebungsprozesses derart abgedichtet werden, dass Funktionsflächen nicht mit Harz kontaminiert werden. Des Weiteren darf insbesondere im Bereich der Insertanbindung bei der Imprägnierung keine Luft eingeschlossen werden, um eine hohe Laminatqualität im Bereich der höchsten Lastaufnahme zu erzielen. Dies lässt sich beispielsweise durch das Einbringen von Bohrungen in den Auflage-

Bild 3
Selbstadaptive
Greiferkinematik

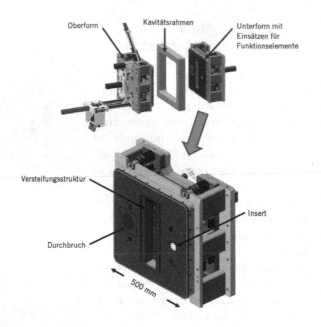

Oberform   Kavitätsrahmen   Unterform mit Einsätzen für Funktionselemente

Versteifungsstruktur

Insert

Durchbruch

500 mm

struktur mit Harz imprägniert werden. Dies gilt im Besonderen, wenn FVK-Bauteile in Sandwichbauweise gefertigt werden.

Im Rahmen der FOR 860 wurden am Institut für Kunststoffverarbeitung (IKV) drei verschiedene Prozessketten (Spaltimprägnierverfahren [3], Resin Spray Prepregging (RSP) [4] und Resin Transfer Prepregging (RTP) [5]) mit unterschiedlichen Imprägnier-, Formgebungs- und Vernetzungsstrategien betrachtet. Bei den Nasspressverfahren (RSP und RTP) wurden die Prozessschritte „Imprägnieren" und „Formen und Vernetzen" anlagentechnisch und räumlich getrennt, sodass eine Parallelisierung der beiden Prozesse möglich wurde.

Beim Spaltimprägnierverfahren handelt es sich um ein Verfahren, bei dem sich durch eine spezielle Werkzeugtechnik und Prozessführung die Vorteile des Harzinjektionsverfahrens und des Harzinfusionsverfahrens kombinieren lassen. Hier wurde die Integration von Funktionselementen durch ein modulares Werkzeug, Bild 4, realisiert. Die entwickelte integrierte Preformfixierung stellt eine Kombination aus weggesteuerten Fixierhilfen für die exakte Positionierung des Preforms während des Imprägnierprozesses und Auswerfern für die Entformung des Bauteils aus der Kavität dar. Dies erlaubt es, auf beiden Seiten des Pre-

tellern realisieren. Dadurch kann das Harz aus dem Fließspalt durch die Auflageteller des Inserts hindurchströmen und so die unter den Auflagetellern liegenden Verstärkungsfasern imprägnieren.

Eine weitere Herausforderung besteht in der exakten Positionierung und zuverlässigen Fixierung sowohl der Inserts als auch der Versteifungsstrukturen in der Kavität des Werkzeugs. Bei den Versteifungsstrukturen ist es zudem erforderlich, dass sowohl die Fasern des Laminats unter dem Schaumkern als auch die Fasern der Decklagen der Versteifungs-

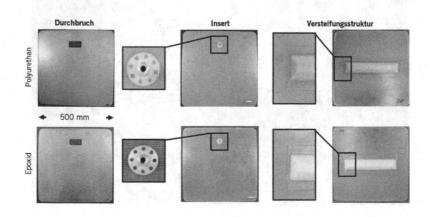

Durchbruch   Insert   Versteifungsstruktur

Polyurethan

500 mm

Epoxid

forms einen Fließspalt mit definierter Höhe einzustellen, um eine vollständige Imprägnierung des Bauteils mit Versteifungsstruktur zu gewährleisten.

In allen drei Prozessketten konnte eine Bauteilfertigung in unter 5 min ermöglicht werden. Bild 5 zeigt entsprechende funktionsintegrierte Demonstratoren mit Polyurethanmatrix im RSP-Verfahren und mit Epoxidmatrix im RTP-Verfahren. Im Rahmen eines durch das Land NRW geförderten Programms soll zukünftig eine im Spaltimprägnierverfahren hergestellte CFK-Motorhaube in Integralbauweise realisiert werden, Bild 6. Neben Versteifungsstrukturen und gekrümmter Bauteilkontur werden verschiedene Anbindungselemente für die Montage der Motorhaube an die Karosserie in diesem Bauteil umgesetzt.

CFK-Motorhaube

Crashtest (ika) Werkzeug- und Anlagenkonzept (Breyer)

Fazit

Durch die interdisziplinäre Entwicklung neuer, großserienfähiger Prozessketten für die Fertigung endlosfaserverstärkter Strukturbauteile mit funktionsintegrierten Elementen konnte ein Beitrag zur Qualitätsverbesserung und Kostensenkung bei FVK-Bauteilen wie CFK-Motorhauben erzielt werden. Die dargestellten Fertigungsverfahren ermöglichen dabei eine Erhöhung der Serientauglichkeit und können damit den Einsatz von FVK-Bauteilen im Automobilbereich entscheidend steigern.

dustry: Technological Advances and Future Challenges. Oxford: Woodhead, 2012, S. 171–195

[3] Hopmann, C.; Fischer, K.; Bastian, R.: Analysis of the Production of Composite Parts with Functional Elements Using the Gap Impregnation Process. 28th Annual Meeting of the Polymer Processing Society, Pattaya, Thailand, 11 to 15 December 2012

[4] Hopmann, C.; Pöhler, M.: Resin Spray Prepregging – Structural Parts with Non-foaming Polyurethane Matrix. Sampe Conference 2012, Baltimore, Maryland, USA, Mai 2012

[5] Michaeli, W.; Winkelmann, L.; Pöhler, M.; Wessels, J.: New Process Technology for Highvolume Production of Composites. In: Journal of Polymer Engineering (2011), Nr. 4, S. 63–68

Bild 6
Umsetzung eines seriennahen Werkzeug- und Anlagenkonzepts

Literaturhinweise

[1] Greb, C.; Schnabel, A.; Kruse, F.; Linke, M.; Gries, T.: Cost Efficient Preform Production for Complex FRP Structures. Sampe Conference 2011, Long Beach, California, USA, Mai 2011

[2] Linke, M.; Greb, C.; Klingele, J.; Schnabel, A.; Gries, T.: Automating Textile Preforming Technology for Mass Production of Fibre-reinforced Polymer (FRP) composites. In: Shishoo, R. (Ed.): The Global Textile and Clothing Industry: Technological Advances and Future Challenges. Oxford: Woodhead, 2012, S. 171–195

[3] Hopmann, C.; Fischer, K.; Bastian, R.: Analysis of the Production of Composite Parts with Functional Elements Using the Gap Impregnation Process. 28th Annual Meeting of the Polymer Processing Society, Pattaya, Thailand, 11 to 15 December 2012

[4] Hopmann, C.; Pöhler, M.: Resin Spray Prepregging – Structural Parts with Non-foaming Polyurethane Matrix. Sampe Conference 2012, Baltimore, Maryland, USA, Mai 2012

[5] Michaeli, W.; Winkelmann, L.; Pöhler, M.; Wessels, J.: New Process Technology for Highvolume Production of Composites. In: Journal of Polymer Engineering (2011), Nr. 4, S. 63–68

DANKE

Die vorgestellten Arbeiten wurden von der Deutschen Forschungsgemeinschaft (DFG) im Rahmen der Forschergruppe 860 finanziell gefördert. Ihr gilt der ausdrückliche Dank der Autoren.

Teil 2

Fertigung

Inhaltsverzeichnis

Zur Philosophie des Klebens

PROF. DR. RER. NAT. BERND MAYER | PROF. DR. RER. NAT. ANDREAS HARTWIG | DR. RER. NAT. MARC AMKREUTZ | DR. RER. NAT. ERIK MEISS | PROF. DR.-ING. HORST-ERICH RIKEIT

Der Leichtbau bedeutet im Betrieb gesteigerte Effizienz und damit Ressourcenschonung. Der damit verbundene Einsatz von Funktionsmaterialien, dem optimalen Werkstoff am richtigen Ort, erfordert die Kombination von zum Teil sehr unterschiedlichen Materialien, bei deren Zusammenfügen klassische Fügeverfahren nicht möglich oder Materialschwächung durch Bohren für beispielsweise gewichtserhöhende Schraub- oder Nietverbindungen prohibitiv sind. Das Fügeverfahren der Wahl ist das Kleben [1]. Dieser Beitrag gibt einen Überblick über einige aktuelle Aspekte dieser Technologie.

Auf dem Markt sind Tausende von Klebstoffen verfügbar, daher drängt sich die Frage auf, ob wirklich noch weitere benötigt werden. Dennoch gibt es zahlreiche Fälle, in denen kommerziell verfügbare Klebstoffe nicht geeignet sind: Sie genügen beispielsweise nicht der geforderten Alterungsbeständigkeit, sie ermöglichen nicht die benötigte Produktivität, zum Beispiel aufgrund einer zu langsamen Härtungsgeschwindigkeit, oder sie weisen nicht die geforderten mechanischen Eigenschaftsprofile auf. Oftmals erfüllen die etablierten Klebstoffe die meisten Anforderungen, aber ihnen fehlt die eine, die entscheidende Eigenschaft. Und gerade in der Kombination ungewöhnlicher Merkmale liegt neben einer detaillierten Kenntnis der Oberflächenbeschaffenheit sowie der Prozess- und Life-cycle-Bedingungen oft der Schlüssel zur Einsatzfähigkeit in der Produktion. Gerade für den effektiven Leichtbau sind auch völlig neue Wege und Konzepte gefordert. Unabhängig davon, ob es sich um eine konkrete Produktentwicklung oder das Aufzeigen eines neuen allgemeiner einsetzbaren Wegs handelt – im Mittelpunkt steht meist die Verbesserung der Produktivität bei der klebtechnischen Fertigung. Ein Beispiel dafür ist die Klebstoff-Schnellhärtung mit modifizierten Klebstoffen.

Klebstoff-Schnellhärtung mit modifizierten Klebstoffen

Im Fertigungsprozess soll die Härtung reaktiver Klebstoffe unter milden Bedingungen, das heißt bei möglichst niedriger Temperatur, erfolgen. Gleichzeitig soll der Härtungsprozess so schnell wie möglich ablaufen, ohne dabei die Lagerstabilität der ungehärteten Klebstoffe zu beeinträchtigen. In nahezu idealer Weise werden diese Forderungen von photohärtenden Klebstoffen erfüllt. Daher sind derartige Systeme seit Langem ein Entwicklungsschwerpunkt; sie sind aber nur für eine begrenzte Zahl von Anwendungen geeignet, da wenige zu fügende Substrate hinreichend transparent sind, um die härtende Strahlung zum Klebstoff durchzulassen.

Bei den konventionell thermisch härtenden Klebstoffen sind Möglichkeiten gefragt, die Wärme rasch, zielgerichtet und selektiv in Bauteile und Klebstoff einzubringen. Geeignete Methoden hierfür sind etwa Induktion, Mikrowellen, Heißluft oder IR-Strahler. Die Identifizierung der optimalen Methode zum schnellen Erwärmen auf eine für die chemische Vernetzung notwendige Temperatur ist aber nur eine der Herausforderungen. Problematisch sind auch die Materialeigenschaften des gehärteten Klebstoffs. Bei den meisten kommerziellen Klebstoffen erhält man ein schaumiges, mechanisch instabiles Polymerisat, wenn diese innerhalb weniger Sekunden gehärtet wurden; die Ursache für das Aufschäumen sind verdampfende oder sich zersetzende Komponenten. Für gute mechanische Eigenschaften ist hingegen eine

definierte Morphologie erforderlich, die sich jedoch in der kurzen Härtungszeit oft nicht ausbilden kann.

Um dennoch die erforderlichen mechanischen Eigenschaften erzielen zu können, müssen Reaktivsysteme ausgewählt werden, die in der Lage sind, hinreichend schnell miteinander zu reagieren und zugleich auch eine definierte Heterogenität aufweisen [2]. Da sich Letztere nicht durch Entmischungsvorgänge ausbilden kann, müssen die Domänen etwa in Form von Nanopartikeln oder mikroskaligen Elastomerpartikeln vorgegeben werden. Ein Anwendungsbeispiel für die thermische Schnellhärtung ist der Einsatz von Bauteilen, die mit Klebstoff vorbeschichtet wurden. Bei ihnen würde der aus der Vorbeschichtung resultierende Produkti-

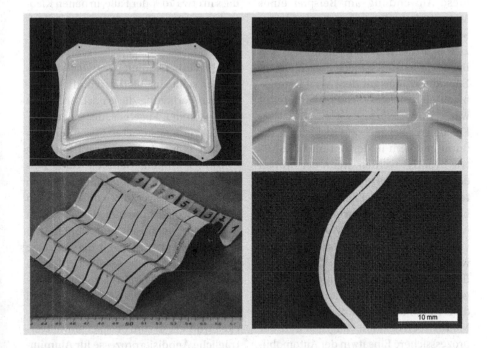

Bild 1
Motorhauben-Innenteil mit aufgeklebter lokaler Schlossverstärkung (oben links); die mit PASA-Technologie aus dem Fraunhofer IFAM aufgebrachte Schlossverstärkung im Detail nach Beschichtung durch kathodische Tauch-Lackierung (KTL) und KTL-Ofen (oben rechts); Probenpräparation (unten links) und Detailansicht der Schlossverstärkung im Querschliff (unten rechts) zur Visualisierung der Homogenität der Klebfuge (alle Bilder: © Fraunhofer IFAM)

vitätsvorteil ohne Einsatz der Schnellhärtung oftmals zunichte gemacht.

PASA-Technologie – mit Kleb-stoff vorbeschichtete Bauteile

Die Montage und klebtechnische Verbindung von Bauteilen kann beschleunigt
werden, wenn kein Klebstoff aufgetragen
werden muss, sondern dieser sich bereits
als trockene Schicht auf dem Bauteil
befindet. Das ist besonders dann sinnvoll, wenn die Applikation des Klebstoffs
unter den gegebenen Produktionsbedin-
gungen ungünstig ist. Ein Beispiel hierfür
ist die lokale Verstärkung von Blechbau-
teilen im Presswerk in der Automobilindustrie – eine Arbeitsumgebung, in der
der Umgang mit flüssigen Klebstoffen
schwerlich vorstellbar ist. Bild 1 zeigt
diese Anwendung am Beispiel eines
Motorhaubeninnenteils mit aufgeklebter
Schlossverstärkung, bei der ein vorapplizierbarer Klebstoff zum Einsatz kam [3].
Bei dem Klebstoff handelt es sich um ein
Epoxidharz, das auf dem Verstärkungs-
blech als trockene Schicht vorbereitet
war.
Ein anderes Beispiel sind Klebbolzen, die
unter anderem in der Automobilindustrie benötigt werden, wenn der Aufbau
der Karosserie aus carbonfaserverstärkten Kunststoffen (CFK) erfolgt und deshalb die üblichen Schweißbolzen nicht
mehr verwendbar sind. Wenn nicht mit
vorbeschichteten Bolzen gearbeitet
würde, müsste eine extrem kleine Menge
flüssigen Klebstoffs auf die Bolzen aufgetragen werden. Die hierfür notwendige Applikationstechnik ist aus dem
Mikrokleben bekannt, hingegen wäre der
prozesssichere Einsatz in der Automobil-
rohbaufertigung eine besondere Herausforderung.
Die Einsatzbereiche vorapplizierbarer
Klebstoffe erstrecken sich über alle Bereiche der modernen Klebtechnik, und es
wurde für diese Technologie aus dem

Fraunhofer IFAM die Marke PASA – für
Pre-Applicable Structural Adhesives –
eingetragen.

Oberflächenvorbehandlung vor dem Kleben

Da die Festigkeit einer Klebung nicht nur
von der Kohäsion des Klebstoffs, sondern
auch von der Adhäsion abhängt, ist es
besonders wichtig, dass die zu verklebenden Fügeteile entsprechend vorbehan-
delt werden. Es genügt dabei nicht
immer, die Fügeteiloberflächen von Fett
oder Schmutzresten zu befreien. Vielmehr muss besonders dann, wenn hohe
Festigkeiten verlangt werden, neben dem
Entfetten eine mechanische oder eine
chemische Vorbehandlung der Oberflächen erfolgen. Denn die Erfahrung zeigt,
dass in etwa 70 % der Fälle, in denen Klebverbindungen aufgrund mangelnder Haftung versagen, die Oberflächen verunreinigt sind.
Für die Vorbehandlung der Fügeteiloberflächen steht eine Vielzahl von Technologien zur Verfügung, die je nach Art des zu
behandelnden Fügeteils, des gewünschten Behandlungsresultats sowie der Möglichkeit einer Prozessintegration zum
Einsatz kommen. Generell kann zwischen nasschemischen und trockenen
Vorbehandlungsverfahren unterschieden
werden, wobei in beiden Fällen neben
den oben genannten Funktionalitäten
die Umweltverträglichkeit der Prozesse
eine wichtige Rolle spielt. In diesem
Zusammenhang sind in den zurückliegenden Jahren eine Reihe neuer und
innovativer Behandlungsprozesse entwickelt worden, so zum Beispiel umweltver-
trägliche Anodisierprozesse für Alumini-
umwerkstoffe und Plasmaverfahren, die
bei Atmosphärendruck arbeiten. Gerade
Letztere eignen sich besonders gut zur
lokalen Vorbehandlung von Oberflächen,
das heißt genau an den Positionen, an
denen später geklebt werden soll, Bild 2.

Vorhersage von Eigenspannungen

Neben der Entwicklung von Oberflächen-behandlungsprozessen und Klebstoffen ist die Betrachtung von Einflüssen des Produktions- beziehungsweise Fertigungsprozesses von besonderer Bedeutung für die erzeugten Produkte. Die in der Entwicklungsphase eines Produkts hergestellten Muster bieten nur einen begrenzten Einblick in die komplexen Vorgänge, die im späteren industriellen Herstellungsprozess auftreten können. Ein Beispiel ist das Härten reaktiver Klebstoffe, bei denen während der Fertigung eine chemische Vernetzung und somit eine Reduktion des Volumens auftreten. Dieser „Härtungsschrumpf" lässt sich bisher nicht voraussagen, die Auswirkungen auf die Bauteileigenschaften müssen durch aufwendige und zeitintensive Messreihen bestimmt werden. Durch eine Berücksichtigung schon beim Design der Klebungen würde eine Kompensation der beim Härten auftretenden Spannungen im Fügeteil beziehungsweise Verschiebungen der geklebten Komponenten relativ zum restlichen Bauteil möglich.

Derartige Fragestellungen und damit der Bedarf für entsprechende Simulationsverfahren bestehen etwa beim positionsgenauen Kleben von Linsen in optischen Geräten oder von Sensoren im Messtechnikbereich, bei denen eine hohe Präzision oder Zuverlässigkeit der Hochleistungsklebstoffe essenziell sind. In diesem Zusammenhang konnte durch Verknüpfen verschiedener Analyse- und Simulationsmethoden ein Simulationstool zur Vorhersage der Volumenänderung entsprechender Klebstoffe entwickelt werden [4]. Dazu wurde ein makrokinetisches Reaktionsmodell für die Beschreibung der im Klebstoff ablaufenden Vernetzungsreaktionen erstellt. In Kombination mit thermokinetischen Messungen lässt

Bild 2
Reinigung und Aktivierung von komplexen Faserverbund-Kunststoff-Oberflächen durch Atmosphärendruck-Plasma

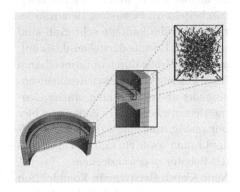

Bild 3
Der aus dem atomaren Strukturmodell des Klebstoffs (oben rechts) berechnete Volumenschrumpf geht direkt als Parameter in die Auslegung des Bauteils (unten links) ein; so lassen sich Volumenänderung des Klebstoffs in der Klebfuge (Mitte) und die sich aufbauenden Eigenspannungen im Bauteil vorhersagen

sich mit diesem Modell zu jedem Zeitpunkt die Zahl der vorhandenen reaktiven Gruppen und damit der Reaktionsumsatz berechnen.

Molecular-Modelling-Verfahren ermöglichen die Simulation der Polymernetzwerke auf molekularer Ebene und die Berechnung der zugehörigen Dichte sowie des Polymervolumens. Bei einem Klebstoff bekannter Zusammensetzung lässt sich so die härtungsbedingte Volumenänderung zu jedem beliebigen Zeitpunkt voraussagen. Durch Integration dieser molekular bestimmten Kenngrößen in Finite-Elemente-Methoden können die Auswirkungen des Härtungsschrumpfs bei der Auslegung realer Bauteile berücksichtigt werden, Bild 3.

Automatisierte Prozesse

Montageprozesse lassen sich nicht nur durch das schnelle Härten von Klebstoffen beschleunigen, sondern auch durch das Automatisieren der entsprechenden Fertigungsschritte. Dies gilt insbesondere für solche Industriezwiege, in denen Prozesse heute noch im Wesentlichen manuell ablaufen – etwa im Flugzeugbau. Zeitintensive Aufgaben, die derzeit noch nacheinander erfolgen, können durch Voll- und Teilautomatisierung zusammengefasst werden. Im Flugzeugbau besteht die besondere Herausforderung, dass die Bauteile sehr groß sind und jeweils Unikate darstellen, da sie aufgrund der Größe durch unvermeidbaren Bauteilverzug geometrisch deutlich voneinander abweichen. Eine präzise Geometrievermessung jedes Bauteils ist hier notwendig, um eine exakte Klebstoffapplikation sowie ein exaktes Fügen mittels Roboter zu gewährleisten.

Neue Klebstoffsysteme in Kombination mit automatisierten Applikationstechniken werden auch im Bereich der Elektromobilität benötigt. Die serielle Fertigung von Fahrzeugen mit Elektroantrieb stellt völlig neue Anforderungen an die Verbindungstechnik. Gerade im Bereich der Antriebs- und Speichertechnik werden neuartige Klebstofflösungen gesucht, um den Betrieb der Fahrzeuge mit hoher Effizienz zu ermöglichen. Als Beispiele seien wärmeleitfähige oder elektrisch leitfähige Klebstoffe genannt.

Qualitätssicherung beim Kleben

In vielen Bereichen, insbesondere in der Mikrosystemtechnik und im Motorenbau, müssen Klebverbindungen gegen Medien und Umweltbedingungen beständig sein, die weit über die üblichen Prüfbedingungen hinausgehen. Beispielhaft seien hier neue Motoren- und Getriebeöle genannt, die in zunehmendem Umfang Rohstoffe auf nachwachsender Basis enthalten, oder Sensoren, die in heißen Ölen oder beim „Structural Health Monitoring" (SHM) von Großanlagen über lange Zeit zuverlässig funktionieren müssen. Hinzu kommt, dass bei solchen Anwendungen oftmals nur Klebfugendicken von wenigen Mikrometern gewünscht sind und die Fügeteile häufig sehr unterschiedliche Wärmeausdehnungskoeffizienten aufweisen. In Kombination mit den auftretenden Temperaturwechseln resultieren hieraus erhebliche mechanische Spannungen. Um diese Herausforderungen zu lösen, sind neue Wege zur Zähelastifizierung von Klebstoffen ein Schwerpunkt bei der Entwicklung neuer Produkte.

Kleben ist nach ISO 9000 ff. ein „spezieller Prozess". Dies bedeutet, dass wichtige Eigenschaften einer Klebung wie die Verbundfestigkeit oder die Verformungsfähigkeit nicht zu 100 % zerstörungsfrei überprüft werden können. Aus diesem Grunde ist ein Qualitätsmanagementsystem für die entsprechenden Fertigungsschritte unbedingt nötig [5]. Alle qualitätsbestimmenden Faktoren müssen identifiziert, kontrolliert und dokumentiert werden. Hierdurch wird es möglich, einen reproduzierbaren und rückverfolgbaren Fügevorgang hoher Qualität zu etablieren. Personalqualifizierung ist hier der Schlüssel zum Erfolg, da jeder Beteiligte – vom Konstrukteur bis zum Werker – über eine entsprechende Qualifikation verfügen muss, um den vom ihm bearbeiteten Prozess verstehen und beherrschen zu können. Das zertifizierende Personalqualifizierungsangebot des Fraunhofer IFAM spricht die verschiedenen Ebenen in den Anwenderbetrieben an [6]–[8]. In einigen Industriezwiegen ist die klebtechnische Personalqualifizierung bereits durch eine Norm verbindlich geregelt [9].

Schlussfolgerung

An die Prozesssicherheit bei der Einführung neuer Technologien beziehungsweise bei der Modifizierung bereits genutzter Technologien werden hohe Anforderungen gestellt. Der Einsatz multifunktioneller Materialien, Materialien mit den optimalen Charakteristika und dem besten Leichtbaupotenzial am richtigen Ort macht das Fügeverfahren Kleben unverzichtbar. Neben der optimalen Materialentwicklung und -auswahl spielen Fertigungstechniken und damit auch die Qualifikation des Personals eine immer wichtigere Rolle, da hohe Qualität sowie Reproduzierbarkeit der Fertigungsprozesse wesentliche Voraussetzungen für den Markterfolg sind.

Literaturhinweise

[1] Gerd Habenicht, A.: Kleben, 3. Aufl. Springer Verlag, Heidelberg 1997

[2] Hartwig, A.: Nicht aus einem Guss, Nachrichten aus der Chemie 58 (2010) 523 –525

[3] Lühring, A.; Peschka, M; Behrens, B.-A.; Rosenberger, J.; Pielka, T.: Herstellung partiell verstärkter Blechstrukturen: Strukturell kleben ohne Klebstoffverarbeitung?, Adhäsion – kleben & dichten 55, 10/2011 37–41

[4] Kolbe, J.; Wirts-Rütters, M.; Amkreutz, M.; Hoffmann, M.; Nagel, C.; Knaack, R.; Schneider, B.: Volumenschrumpf vorhersagen und rechtzeitig einplanen, Adhäsion – kleben & dichten 09, 38–42 (2009)

[5] DVS°- Richtlinie 3310: Qualitätsmanagement in der Klebtechnik

[6] DVS°-EWF-Richtlinie 3305: Klebpraktiker

[7] DVS°-EWF-Richtlinie 3301: Klebfachkraft

[8] DVS°-EWF-Richtlinie 3309: European Adhesive Engineer

[9] DIN 6701-2: Kleben von Schienenfahrzeugen und -fahrzeugteilen – Teil 2: Qualifikation der Anwenderbetriebe, Qualitätssicherung

Verarbeitung von rezyklierten Carbonfasern zu Vliesstoffen für die Herstellung von Verbundbauteilen

Dipl.-Ing. (BA) Marcel Hofmann | Dipl.-Ing. Bernd Gulich

Textilabfälle sind Rohstoffe, die im Sinne des nachhaltigen Wirtschaftens einer stofflichen Wiederverwertung zuzuführen sind. Sie fallen überwiegend als getragene Bekleidung oder als Produktionsabfälle bei der Herstellung von Textilien an. Abfälle aus der Herstellung technischer Textilien, darunter Carbonfaserabfälle, werden dabei sehr oft als Sonderabfälle klassifiziert, für die es heute aus unterschiedlichen Gründen kaum stoffliche Verwertungswege gibt. Eine Möglichkeit zur stofflichen Verwertung ist die Verarbeitung wieder gewonnener Fasern zu Vliesstoffen – ein Weg, der am Sächsischen Textilforschungsinstitut näher untersucht wurde.

Eine vergleichsweise junge und damit weitgehend unerforschte Abfallgruppe stellen die Carbonfaserabfälle dar. Auf Grund der hervorragenden mechanischen Eigenschaften bei geringer Dichte finden Carbonfaserstoffe vor allem im Verbundwerkstoffsektor Anwendung [1]. Carbonfilamente werden derzeitig unter

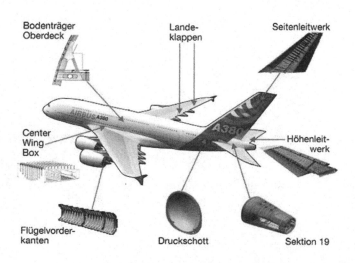

Bild 1
CFK-Bauteile in der Primärstruktur eines Großraumflugzeugs [10]

Bodenträger Oberdeck

Landeklappen

Seitenleitwerk

Center Wing Box

Höhenleitwerk

Flügelvorderkanten

Druckschott

Sektion 19

Nutzung verschiedenster textiler Herstellungsverfahren zu textilen Halbzeugen (Gewebe, Gelege) verarbeitet.

Diese textilen Halbzeuge werden nachfolgend durch Einbettung in ein duroplastisches oder thermoplastisches Matrixsystem zu carbonfaserverstärkten Kunststoffen (CFK) weiterverarbeitet. CFK-Materialien finden gegenwärtig hauptsächlich in den Bereichen Luftfahrt, Bild 1, und Windenergie Anwendung, machen jedoch auch im Automobilsektor verstärkt auf sich aufmerksam [2]. Perspektivisch wird der Einsatz von CFK-Strukturen im Fahrzeugbau, insbesondere in der Sparte Elektromobilität, auf Grund des enormen Leichtbaupotenzials im Vergleich zu herkömmlichen Materialien wie Stahl und Aluminium weiter stark zunehmen [3]. Analysten schätzen den CFK-Markt als solide und vor allem als einen Markt mit hohem Wachstumspotenzial ein. Man geht von mindestens 13 % jährlichem Wachstum aus [4]. Eine Abschätzung der Entwicklung in den einzelnen Marktsegmenten zeigt Bild 2.

Carbonfaserabfälle fallen in den aufgeführten Anwendungsbereichen sowohl als Verschnittabfälle der textilen Halbzeuge als auch bei der Aufbereitung zurückgenommener CFK-Strukturen (End-of-life-Abfälle) an. Vor allem bei der Herstellung kleiner oder komplex geformter Bauteile, die zudem eventuell mit großen Ausschnitten versehen sind, zeigen sich die Nachteile der Verwendung von textilen Halbzeugen, denn der Verschnitt der Halbzeuge kann dann mit 30 bis 50 % verhältnismäßig hoch sein [5].

Aufbereitung/Verwertung von Carbonfaserabfällen

Für den Großteil der gegenwärtig bekannten Carbonfaserabfälle ist die energetische Verwertung Stand der Technik. Kritisch zu hinterfragen ist hierbei die

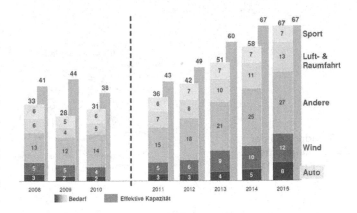

Vernichtung der energieintensiv produzierten Fasern, die in keiner Relation zu einer ökoeffizienten, stofflichen Verwertung stehen. Auch die derzeitig in begrenztem Maßstab durchgeführte stoffliche Verwertung durch die Verarbeitung von Carbonfaserabfällen zu Mahlgut oder Kurzschnittfasern stellt durch das bewusste extreme Downsizing keine hochwertige stoffliche Verwertung dar. Weitere gegenwärtig bekannte Verfahren zur stofflichen Verwertung von trockenen, harzfreien Carbonfaserabfällen sind durch den Einsatz einer speziellen Mühlentechnik [6] und der Herstellung von Organofolien [7] beschrieben. Die Aufbereitung verharzter Carbonfaserabfälle, wie End-of-life-Abfälle, kann mittels der Pyrolyse [8] oder der Solvolyse von CFK-Strukturen unter Normaldruck [9] erfolgen.

Eine Möglichkeit zur stofflichen Verwertung unter dem Aspekt der bestmöglichen Nutzung der den Carbonfasern innewohnenden Eigenschaften ist die Verarbeitung wieder gewonnener Fasern zu Vliesstoffen – ein Weg, der am Sächsischen Textilforschungsinstitut e. V. (STFI) näher untersucht wurde.

Bild 2
Abschätzung der Entwicklung des Carbonfasermarktes (Angaben in kt) [11]

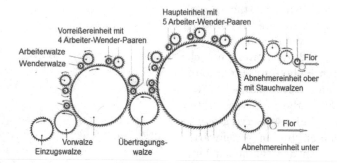

Eingesetzte Fasermaterialien und Verfahren

Während der Projektarbeiten am STFI wurde in einem ersten Schritt geprüft, ob langstapelige Primär-Carbonfasern nach dem mechanischen Kardierverfahren mittels Walzenkrempel, Bild 3, generell zu einem Vlies geformt werden können. Das eingesetzte Fasermaterial zeichnete sich durch einen hohen Kohlenstoffanteil aus und hatte eine Länge von 50 mm sowie 100 mm – ein Maß, auf das die als Ausgangsmaterial verwendeten Rovings durch Schneiden per Breitschneidwerk (Chopper) gebracht wurden.

Die Herstellung von Flächengebilden aus Carbonfasern mit einem Kohlenstoffanteil über 95 % auf trockenem Wege in einem mechanisch arbeitenden Vliesbildungsverfahren ist mit einigen Besonderheiten verbunden. Der Prozess erfordert Aufwendungen zum Schutz der Gesundheit der Beschäftigten sowie zur Kapselung der Antriebe und Steuerungen der Anlagen zur Vermeidung elektrischer Kurzschlüsse. Der Einsatz von Walzenkrempeln ist deshalb nur für rezyklierte Carbonfasern, im Allgemeinen aber nicht für Carbon-Primärfasern wirtschaftlich vertretbar.

Bei der Verarbeitung von Primärfasern sind Fasern der Vorstufen (PreOx-PAN-Fasern) für die Vlies- und Flächenbildung einsetzbar und deren Carbonisierung in der Fläche realisierbar. Damit kann der hohe Aufwand für den Gesundheits- und Technikschutz bei der Flächengebildeherstellung umgangen werden. Zudem besteht die Möglichkeit, anfallende Produktionsabfälle aus PreOx-PAN-Fasern mittels klassischer Textilrecyclingverfahren aufzuarbeiten und wieder in den Produktionsprozess einzuspeisen. Dies leistet durch optimale Materialausnutzung einen nicht unerheblichen Beitrag zur Kostensenkung.

Aus diesem Grund wurde in einem zweiten Schritt untersucht, inwieweit sich auch rezyklierte Carbonfasern auf Basis des mechanischen Kardierverfahrens zu einem Vlies verarbeiten lassen. Die Faserlänge ergibt sich dabei durch die Ausgangsabmessungen des eingesetzten Materials. Für die Untersuchungen wurden neben aufbereiteten Gewebesten mit einer Faserlänge von circa 30 mm auch rezyklierte Carbonfasern mit einer mittleren Faserlänge von circa 100 mm eingesetzt. Diese lassen sich beispielsweise durch den Pyrolyse-Prozess gewinnen. Laut Aussage der CFK Valley Stade Recycling GmbH & Co. KG sind derzeit Längen im Bereich von bis zu einem Meter möglich. Per Zuschnitt können anschließend aus den erhaltenen Rovingabschnitten definierte Faserlängen umgesetzt werden, Bild 4. Die folgenden Ausführungen berichten über die Erfahrungen beim Einsatz von Primär-Carbonfasern und rezyklierten Carbonfasern.

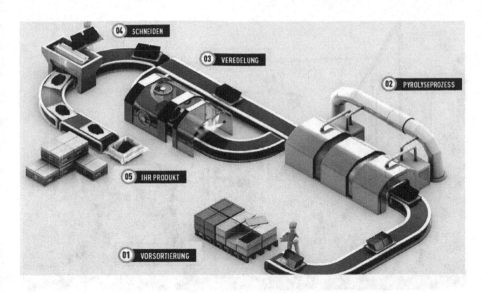

Bild 4
Verfahrensschema
Pyrolyseprozess [8]

Ergebnisse zur Verarbeitbarkeit

Generell ist eine Vliesbildung auf trockenem Wege unter Einsatz von 100 % Primär-Carbonfasern mit einer endlichen Länge von 50 mm und 100 mm unter Nutzung des mechanischen Kardierverfahrens möglich. Auch die rezyklierten Carbonfasern mit einer Faserlänge von circa 30 mm sowie etwa 100 mm ließen sich zu einem Vlies formen.

Zur anschließenden Verfestigung der Carbonfaservliese wurde das Vlies-Nähwirkverfahren Maliwatt, Bild 5, sowie die Vernadelungstechnologie erprobt. Hierzu steht im Sächsischen Textilforschungsinstitut eine Anlage zur Verfügung, die speziell auf die Verarbeitung von leitfähigen Carbonfasern ausgelegt ist.

Erste grobe Abschätzungen lassen erwarten, dass die Verfahren zur Herstellung der Verstärkungstextilien aus rezyklierten Carbonfasermaterialien und zur Produktion daraus resultierender CFK-Strukturen jeweils wirtschaftlich sind. Die gefertigten Carbonfaservliesstoffe besitzen ein Eigenschaftsprofil, das sie für einen Einsatz in CFK-Strukturen mit mittleren Festigkeitsanforderungen qualifiziert. Insbesondere hervorzuheben ist das hohe Umformvermögen der hergestellten Carbonfaservlies-Nähgewirke. Prädestinierte Einsatzmöglichkeiten sind aus heutiger Sicht hauptsächlich im Bereich des funktionsintegrierten Leichtbaus, der Sport- und Rehatechnik und dem Freizeitbereich (zum Beispiel Camping) sowie dem allgemeinen Bauwesen und der Architektur zu finden. Auf Grund der Verwendung von rezyklierten Carbonfasern wird der Einsatz im Fahrzeugbau zunächst auf nicht sicherheitsrelevante Bauteile, wie Sitzschalen oder Verkleidungen im Innen- oder Kofferraumbereich, beschränkt bleiben.

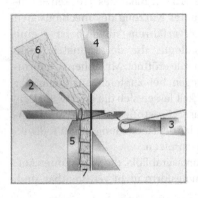

1 - Schiebernadel
2 - Schließdraht
3 - Grundlegebarren
4 - Gegenhalteplatine
5 - Abschlagbarre
6 – zugeführtes Vlies
7 - Maliwatt-Nähgewirke

Bild 5
Arbeitsstelle einer
Vlies-Nähwirk-
maschine [12]

Pilot- und Forschungsanlage im STFI
Die installierte Anlagentechnik im Sächsischen Textilforschungsinstitut e. V. an der Technischen Universität Chemnitz mit einer Arbeitsbreite von 1,0 m ermöglicht die Aufbereitung und Verarbeitung von elektrisch leitfähigen Carbonfasern. Das Verfahrenskonzept besteht aus:

- Fallmesser – Schneidmaschine
- Reißmaschine
- Krempel
- Kreuzleger
- Einbrett-Nadelmaschine
- Nähwirkmaschine Typ Maliwatt

Bild 6
Pilot- und Forschungsanlage im STFI e.V.

Schlussbemerkung

Die Untersuchungen zeigten, dass die Vliesbildung aus 100 % Primär-Carbonfasern sowie aus 100 % rezyklierten Carbonfasern auf Basis des Trockenverfahrens unter Nutzung des mechanischen Kardierverfahrens möglich ist – eine Technologie, die der Industrie neue Potenziale eröffnet. Mit hohem Umformvermögen bei zugleich ausreichender Festigkeit lassen sich die gefertigten Carbonfaservliesstoffe sehr gut als Halbzeuge bei der Herstellung von CFK-Strukturen einsetzen.

Carbonfaserabfälle, die wegen ihrer Aufmachungsform nicht verarbeitbar sind, können damit künftig unter weitestgehendem Erhalt ihrer qualitativ hochwertigen Eigenschaften einer hochwertigen stofflichen und zugleich wirtschaftlichen Wiederverwertung zugeführt werden.

Die generellen Kostenvorteile durch das Recycling eröffnen den hochleistungsfähigen Carbonfasern neue Einsatzgebiete, insbesondere solche, die bisher den günstigeren, aber schwereren Glasfasermaterialien vorbehalten waren. Auch die Anwendung in Mischbauweise beider Rohstoffe und die Vliesverfestigung nach anderen Verfahren sind denkbar und bieten gefragtes Potenzial.

Einschlägige Unternehmen wie zum Beispiel Recyclingunternehmen, Halbzeugproduzenten und Hersteller von CFK-Strukturen zeigen reges Interesse an der Verwertung der Forschungsergebnisse. Deshalb erfolgte im Jahr 2012 die dauerhafte Installation einer Pilot- und Forschungsanlage für die Herstellung von unterschiedlich verfestigten Carbonfaservliesstoffen auf trockenem Wege nach dem Kardierverfahren im STFI e. V., Bild 6.

Literaturhinweise

[1] Cherif, Ch. (Hrsg.): „Textile Werkstoffe für den Leichtbau" Springer Verlag 2011, S. 82

[2] Anonym: „In fünf Schritten zum perfekten CFK-Dach". In: K-Zeitung, Ausgabe 16/2011, S. 10–11

[3] Gojny, H.: „Carbon Fibers & Composites - Ascent to Industrial Engineering Materials". Vortrag im Rahmen des Cluster-Treffs „Carbonfasern Herstellung – Technische Möglichkeiten – Marktpotentiale", Meitingen, 05. Mai 2011

[4] Jahn, B.; Karl, D.: „Der globale CFK-Markt". In: Composites-Marktbericht 2012, 06. November 2012, S. 11

[5] Rüger, O.; Fröhlich, F.: „Endkonturnahe Fertigung von CFK-Bauteilen". In: lightweightdesign, Ausgabe 04/2011, S. 55 ff.

[6] Ortlepp, G.; Lützkendorf, R.: „Lange Carbonfasern aus textilen Abfällen". In: Technische Textilien, Ausgabe 03/2006, S. 153 ff.

[7] Fischer, H.; Bäumer, R.: „Organofolien aus rezyklierten Kohlenstofffasern – neue Wege für CFK-Halbzeuge in der Serienproduktion". Vortrag im Rahmen der Fachtagung des Innovationsforum ThermoComp, Chemnitz, 30. Juni 2011

[8] Rademacker, T.: „CFK Recycling Center für Europa". Vortrag im Rahmen des 10. STFI-Kolloquiums „recycling for textiles", Chemnitz, 01. Dezember 2011

[9] Shibata, K.: „FRP recycling technology by dissolving resins under ordinary pressure". In: JEC Composites Magazine No. 66, July–August 2011, S. 50–52

[10] Jäger, H.; Hauke, T.: „Carbonfasern und ihre Verbundwerkstoffe". Verlag Moderne Industrie 2010, S. 48/49

[11] Jäger, H.: „Carbonfasern erobern die Märkte". Vortrag im Rahmen des ITCF-Hochleistungsfaser-Symposiums, Denkendorf, 10. Juni 2011

[12] Albrecht, W.; Fuchs, H.; Kittelmann, W.: „Vliesstoffe – Rohstoffe, Herstellung, Anwendung, Eigenschaften, Prüfung". Verlag WILEY-VCH Heidelberg, 2000, S. 302–324

DANKE

Die dieser Veröffentlichung zugrundeliegenden Vorhaben wurden durch das Bundesministerium für Wirtschaft und Technologie aufgrund eines Beschlusses des Deutschen Bundestages unter den Förderkennzeichen VP2034018VT0 sowie VF120003 gefördert. Die Verantwortung für den Inhalt dieser Veröffentlichung liegt beim Autor.

Verfahren für die Fertigung komplexer Faserverbund-Hohlstrukturen

PROF. DR.-ING. HABIL PROF. E.H. DR. H.C. WERNER HUFENBACH | DIPL.-ING. ANDREAS GRUHL | DR. MARTIN LEPPER | DIPL.-ING. OLE RENNER

Hohlstrukturen aus Faserverbundwerkstoffen sind aus dem Fahrzeug- und Anlagenbau, dem allgemeinen Maschinenbau sowie dem Sportgerätebau nicht mehr wegzudenken. Das Flechten derartiger Hohlstrukturen ist eine noch junge Technologie mit großem Potenzial, das noch nicht voll ausgeschöpft ist. Das Dresdner Institut für Leichtbau und Kunststofftechnik (ILK) hat es sich gemeinsam mit der Leichtbau-Zentrum Sachsen (LZS) GmbH zur Aufgabe gemacht, die Anwendbarkeit der Flechttechnologie in der Industrie weiter zu verbessern. In diesem Beitrag werden die aktuellen Entwicklungsergebnisse auf diesem Gebiet vorgestellt.

Das Leichtbaupotenzial faserverstärkter Kunststoffe ist längst kein Geheimnis mehr. In der Luftfahrt hat der junge Werkstoff den Durchbruch bereits geschafft. In anderen, kostensensitiveren Branchen wird fieberhaft am großflächigen Einsatz von Faserverbundwerkstoffen gearbeitet. Der Schlüssel zum Erfolg führt über intelligente Fertigungsverfahren, die es erlauben, Leichtbaustrukturen schnell und reproduzierbar herzustellen. Konventionelle Verfahren, bei denen etwa Prepreg-Laminate in Handarbeit gelegt werden, kommen überwiegend in Kleinstserien oder für Showteile zum Einsatz.

Eine besondere Herausforderung stellt die Herstellung von komplexen Hohlkörpern wie Antriebswellen und Profilstrukturen dar, da hier konventionelle Preform- und Pressverfahren in der Regel scheitern oder zu hohen Kosten führen.

Produktive Verfahren zur Ablage der Verstärkungsfasern mit möglichst wenig Verschnitt sind hier gefragt.

Das Flechten hat sich in den letzten Jahren als eines der effizientesten Preformverfahren für Hohlstrukturen aus Faserverbundwerkstoff etabliert. Wo bis vor Kurzem noch vorgeflochtene Schläuche mühevoll und per Hand auf formgebende Kerne gezogen wurden, wird heute zunehmend direkt auf die Kerne geflochten, das sogenannte Direktflechtverfahren. Die so entstehenden Preformen können anschließend in einer geschlossenen Form mit Harz zum Beispiel im RTM-Verfahren infiltriert werden. Das Geflecht wird dabei zwischen Kern und Außenform verpresst, wobei eines der Formelemente oftmals auch beweglich ist und somit die Verpressung gesteuert werden kann.

Vor allem Automobilhersteller setzen auf diese Technik. Beim Flechtverfahren entsteht kaum Verschnittabfall, wodurch nahezu jede der teuren Fasern im Bauteil landet. Weitere Vorteile sind die kurzen Zykluszeiten, der geringe Nachbearbeitungsaufwand, die gezielte Einstellbarkeit der Faserorientierung und das große Potenzial zur Prozessautomatisierung. Auch die guten Oberflächenqualitäten werden gerade von der Automobilindustrie sehr geschätzt.

Um den Flechtprozess weiter an die industriellen Bedürfnisse anzupassen, wird am Leichtbaustandort Dresden an verschiedenen Entwicklungsschwerpunkten gearbeitet.

Realisierung variabler Querschnitte

Gemeinsam mit den Forschern des ILK haben Experten der LZS GmbH ein variables Flechtauge entwickelt, Bild 1. Damit sind Antriebswellen und Profile aus Faserverbundwerkstoffen mit variablen Querschnitten wirtschaftlich realisierbar. Besonders faserverstärkte Profilbauteile mit komplexen Geometrien und stark variierenden Querschnitten können dadurch effizient hergestellt werden.

Das variable Flechtauge zieht die Fasern selbst in Bereichen großer Durchmessersprünge gleichmäßig an den Flechtkern heran. So ist es möglich, die Verstärkungsfasern auch in komplexen Strukturbereichen genau mit der richtigen Faserorientierung abzulegen. Dies ist eine wesentliche Voraussetzung für die spätere Belastbarkeit der Bauteile, da eine genaue Einstellung der Faserrichtung Grundlage einer effizienten Faserausnutzung ist.

Am ILK wurden mit der automatisierbaren Einbindung des variablen Flechtauges in die Steuerung eines Flechtrades Teststrukturen und Prototypen unter seriennahen Bedingungen geflochten und die Veränderungen der Bauteileigenschaften untersucht. Es zeigte sich, dass das neue Flechtauge durch die besser steuerbare Geflechtablage eine erhebliche Massereduktion möglich macht. Dabei kommt das Flechtauge mit einem einzigen Antrieb aus. Dessen Drehbewegung wird über einen raffinierten Koppelmechanismus in die kontrahierende Bewegung der Iriselemente übertragen, die das Geflecht an den Kern anlegen.

Das variable Flechtauge ist zum Patent angemeldet und wird bereits vom LZS für neue Bauteilentwicklungen genutzt. Die geometrische Vielfalt flechtbarer Strukturen hat sich durch die Entwicklung des variablen Flechtauges stark erhöht, so dass aufwendige Bauteile, die bisher nur in manuellen Verfahren gefertigt werden konnten, zukünftig automatisiert hergestellt werden können.

Herstellung verzweigter Strukturen

Durch den Einsatz des variablen Flechtauges gelingt es, auch stark verzweigte Hohlstrukturen mit definiertem Faserwinkel herzustellen. Die verschiedenen Arme der Verzweigung werden dazu durch das Flechtauge geführt und die Fasern um diese herum abgelegt.

Beim konventionellen Flechtprozess mit starrem Flechtauge besteht das Problem

Bild 1
Variables Flechtauge zur Herstellung von Bauteilen mit großen Durchmessersprüngen (Fotos 1 bis 6: ILK)

darin, dass durch den großen Abstand des faserführenden Auges zum Flechtkern die Fasern an den Armen hängen bleiben, Bild 2. Die Wahl eines kleineren Flechtauges ist nicht möglich, da die Seitenarme ebenfalls dort durchgeführt werden müssen.

Das variable Flechtauge ermöglicht es, die Fasern auch bei verzweigten Profilen eng am Flechtkern zu führen und bis kurz

Bild 3
Geflochtenes Profil
mit Mehrfachver-
zweigung

Bild 4
Faserverlauf im
Kaktus „Corryocac-
tus brachypetalus"

vor die Verzweigung beliebig flache Winkel abzulegen, wie sie bei Zug-/Druck- als auch bei Biegebelastungen notwendig sind. Die Öffnung des Flechtauges wird im Prozess im Bereich der Verzweigungsarme gezielt gesteuert und variiert. Nach der Verzweigung wird das Flechtauge wieder geschlossen und die Verzweigung ist ohne wesentliche Störung des Faserverlaufes mit eingeflochten, Bild 3.

Am ILK konnten im Rahmen des Schwerpunktprogrammes SPP1420 (siehe Kasten) Mehrfachverzweigungen bereits erfolgreich geflochten werden. Als Vorbild für die Gestaltung an einer Verzweigung dient dabei die optimierte Faserausrichtung aus der Natur am Beispiel Kaktus, Bild 4. Die Fasern werden im Kaktus so vom Hauptast in die Verzweigung geführt, dass diese bei hoher Festigkeit einen geringen Bauraum benötigen. Damit steht dem Kaktus möglichst viel Volumen zur Speicherung von Wasser zur Verfügung. Die Tragstruktur besteht ähnlich wie bei Geflechten aus faserverstärktem Material, das an gewissen Kontaktpunkten miteinander verknüpft ist und damit eine hohe Stabilität und Bruchdehnung – ähnlich den Geflechten mit den typischen Kreuzungspunkten – erhält.

Die Verbesserung von geflochtenen Verzweigungen aus faserverstärkten Kunststoffen in Anlehnung an natürliche Vorbilder wird auch in den kommenden Jahren ein wichtiger Punkt in der Entwicklung von Faserverbundbauteilen sein. Dabei können besonders komplexe Rahmenstrukturen belastungsgerecht gestaltet und wirtschaftlich gefertigt werden.

Herstellung hochfester Strukturen durch Anpassung des Ondulationsgrades

Bild 5
Flechtstrukturen mit unterschiedlichem Ondulationsgrad

Geflochtene Bauteile haben bis heute den Ruf, vergleichsweise schlechte mechanische Eigenschaften zu besitzen. Durch die gewebeartige Struktur liegen die Fasern „gewellt" im Laminat vor und nicht gestreckt, wie es für optimale Festigkeit und Steifigkeit ideal wäre. Diese Wellen im Faserverlauf werden als Ondulation bezeichnet. Die Wissenschaftler von ILK und LZS fanden nun heraus, dass sich der Ondulationsgrad durch spezielle Anpassungen des Flechtprozesses nahezu beliebig reduzieren lässt. Dadurch gelingt die Herstellung extrem steifer und fester Bauteile, Bild 5. Im Umkehrschluss führt die Erhöhung des Ondulationsgrades zu einer Erhöhung des Energieabsorbtionsvermögens, was für Crash-beanspruchte Strukturen von Vorteil sein kann.

Besonders stark wirkt sich der Einfluss der Ondulation bei torsionsbeanspruchten Hohlstrukturen aus, wohingegen er bei Druckbehältern nur von geringer Bedeutung ist. Die Erklärung hierfür ist in der Mikrostruktur des Faserverbundes

zu finden: Bei torsionsbeanspruchten Bauteilen gibt es gleichermaßen Fasern, die auf Zug und Fasern, die auf Druck beansprucht werden. „Druckfasern" neigen im Bereich der Ondulierung zum Ausknicken, wodurch die Bauteilfestigkeit stark beeinträchtigt werden kann. Bei Druckbehältern hingegen werden alle Fasern in Zugrichtung beansprucht. Der Einfluss von Störstellen ist hier deutlich geringer, weshalb auch stark „verflochtene" Bauteile hohe Festigkeiten erreichen.

Die genaue Untersuchung dieser Problematik erfolgt in Dresden inzwischen meist virtuell. Mit Hilfe von Einheitszellen, in denen die Modellierung jeder einzelnen Verstärkungsfaser möglich ist, können verschiedene Flechtmuster realitätsnah simuliert und so das mechanische Verhalten präzise vorhergesagt werden. Bild 6 zeigt eine solche Einheitszelle, mit einem Druckversagen an den Kreuzungspunkten der Verstärkungsfäden, wie es für torsionsbeanspruchte Wellen

Das Schwerpunktprogramm SPP1420
Das von der Deutschen Forschungsgemeinschaft (DFG) geförderte SPP1420 „Biomimetic Materials Research: Functionality by Hierarchical Structuring of Materials" hat zum Ziel, durch die Kombination der natürlichen Vielfalt hierarchischer Strukturierungen mit der Gestaltungsvielfalt von Ingenieurwerkstoffen, Werkstoffklassen mit neuartigen Eigenschaften und Funktionen zu entwickeln. Das ILK konnte hier gemeinsam mit dem Institut für Botanik der TU Dresden, dem Botanischen Garten der Universität Freiburg und dem Institut für Textil- und Verfahrenstechnik, Denkendorf, unter Einsatz der Computertomographie Leichtbauprinzipien der Natur prinzipiell auf neuartige Leichtbaustrukturen übertragen und am Beispiel erster verzweigter Stabtragwerkselemente in Faserverbundbauweise technologisch umsetzen.

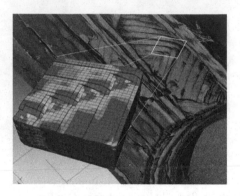

Bild 6
**Druckversagen an
den Kreuzungs-
punkten bei einer
torsionsbean-
spruchten Struktur
(Vordergrund:
Einheitszelle,
Hintergrund:
CT-Aufnahme nach
Torsionstest)**

typisch ist. Im Hintergrund ist eine Computertomografie-(CT-)Aufnahme einer Antriebswelle dargestellt, die zuvor mit dem simulierten Lastfall getestet wurde. Das in der Simulation vorhergesagte Druckversagen ist dabei auch im Realversuch eingetreten. Mit der entwickelten Simulationstechnik gelingt es den Dresdnern, die komplexen Zusammenhänge

Bild 7
**Geflochtene
Struktur mit 25 mm
Wandstärke vor der
Infiltration (Fotos 7
und 8: LZS)**

Bild 8
**Struktur nach der
Infiltration mit
Epoxidharz**

zwischen textiler Architektur und Bauteileigenschaften mit einem Minimum an meist aufwändigen und teuren Realversuchen zu erforschen.

Herstellung dickwandiger Bauteile

Im Gegensatz zum Nasswickeln ist es beim Flechten nicht sinnvoll, die Fasern „nass" zu verarbeiten. Auf dem Markt sind zwar flechtbare Prepregs erhältlich, jedoch sind diese sehr teuer und nur für wenige Anwendungen geeignet. Die Faserablage erfolgt somit meist trocken. Das Matrixharz muss in einem weiteren Verarbeitungsschritt injiziert werden. Mit Hilfe moderner Infusionstechnik können heute auch sehr dickwandige Strukturen zügig infiltriert werden. Als besonders geeignete Technologien sind hier das Hochdruck-RTM-Verfahren (HD-RTM) sowie als Alternative mit deutlich geringeren Werkzeugkosten das VAP-Verfahren zu nennen. Das VAP-Verfahren kommt zunehmend bei der Herstellung für Rotorblätter von Windkraftanlagen zum Einsatz, da hier die geringe Zykluszeit sowie die geringen Porenanteile im Laminat besonders geschätzt werden.

Am ILK durchgeführte Permeationsuntersuchungen bestätigen, dass sich die Viskosität der verwendeten Harze überproportional auf die Infusionszeit auswirkt. Mit Harzen ab einer Viskosität von <100 mPas können auch dickwandige Faserpreforms zügig durchtränkt werden. Die mit Hilfe von Computertomographien am ILK ermittelten Porengehalte weisen dabei erstaunlich geringe Werte auf, die mit alternativen Herstellungsverfahren nur schwer zu erreichen sind.

Bild 7 und Bild 8 zeigen eine Antriebswelle mit 25 mm Wandstärke vor und nach der Infiltration mit einem niedrigviskosen Epoxidharz. Die Infiltration verlief zügig und mit sehr guter Qualität.

Zusammenfassung

Das direkte Flechten von Bauteilen ist eine junge Technologie mit großem Potenzial, die Herstellungskosten der bislang recht teuren Hohl- und Profilstrukturen zu senken. Dadurch wird das Flechten zunehmend auch für die Automobilindustrie interessant, in der bislang eher schalenförmige Bauteile zum Einsatz kommen.

Durch die intensiven Entwicklungsbemühungen am Dresdner Leichtbaucampus konnten in den letzten Jahren große Fortschritte auf dem Weg zur Industrialisierung des Direktflechtverfahrens gemacht werden: Die geometrische Vielfalt flechtbarer Strukturen hat sich durch die Entwicklung des variablen Flechtauges stark erhöht, so dass aufwendige Bauteile, für die bisher nur manuelle Verfahren zur Verfügung standen, zukünftig automatisiert hergestellt werden können. Dieses Flechtauge hilft auch bei der Herstellung verzweigter Strukturen, die in Anlehnung an erfolgreiche Konzepte aus der Natur ebenfalls in Dresden realisierbar sind.

Das Direktflechtverfahren ermöglicht es, durch die gezielte Einstellung der Faserondulation hochfeste und hochsteife Strukturen herzustellen. Eine weitere Leistugssteigerung des Flechtprozesses wird durch automatisierte Sensorintegration erreicht. Mit dem Flechtverfahren können zukünftig echte High-Tech-Bauteile im industrialisierten Massenprozess hergestellt werden. Die großflächige Verbreitung der Technologie in der Automobilindustrie hängt nun von der Preisentwicklung der Verstärkungsfasern und der zukünftigen Akzeptanz von Faserverbundstrukturen im automobilen Massenmarkt ab.

Herstellung von belastungs-optimierten thermoplastischen Faserverbundbauteilen

PROF. DR.-ING. CHRISTIAN BRECHER | DR.-ING. MICHAEL EMONTS | DIPL.-ING. DIPL.-WIRT.-ING. ALEXANDER KERMER-MEYER | DIPL.-ING. DIPL.-WIRT.-ING. HENNING JANSSEN | DIPL.-ING. DANIEL WERNER

Das Fraunhofer IPT hat Produktionspfade zur Herstellung, lokalen Verstärkung und Funktionalisierung von thermoplastischen Organoblechen mittels laserunterstütztem Thermoplast-Tapelegen entwickelt und umgesetzt. Durch die Verarbeitung von Tapes mit thermoplastischem Matrixsystem entfällt im Vergleich zu Duroplast-Prozessen eine energie- und zeitintensive Aushärtung im Autoklaven. So lassen sich vollständig konsolidierte Bauteile mit hoher Schlagzähigkeit in kurzer Taktzeit flexibel und ohne Kontamination der Produktionsanlage großserientauglich herstellen.

Die Kernherausforderung zur nachhaltigen Etablierung von Faserverbundkunststoffen (FVK) im großserientauglichen Leichtbau ist die Wettbewerbsfähigkeit gegenüber am Markt befindlicher gereifter Technologien der Metallverarbeitung. Im Bereich der Kunststoffverarbeitung werden sowohl Thermoformen als auch Spritzgießen in der Großserienproduktion wirtschaftlich angewendet. Dabei kommen hauptsächlich unverstärkte und kurz- oder langfaserverstärkte Kunststoffe zum Einsatz. Zunehmend werden endlosfaserverstärkte thermoplastische Halbzeuge, sogenannte Organobleche, in der Großserienproduktion eingesetzt.

Eine Steigerung der Wirtschaftlichkeit und Ressourceneffizienz lässt sich durch die Verwendung von an das Bauteil angepassten, belastungsoptimierten Halbzeugen erreichen. Zusätzlich können verschiedene Materialien, insbesondere CFK und GFK bauteilspezifisch zu einem hybriden Halbzeug kombiniert werden. Darüber hinaus können durch belastungsoptimierte lokale Verstärkung Wandstärke, Materialeinsatz und Zykluszeiten minimiert werden. Überdimensionierung in lastunkritischen Stellen wird so vermieden.

Die Verwendung von Hybrid- oder Multimaterialsystemen führt weiterhin zu einer gewichts- und kostenoptimierten Bauteilstruktur und somit zur optimalen Ausnutzung des Leichtbaupotenzials bei gleichzeitig gesteigerter Wirtschaftlichkeit. Am Fraunhofer IPT wurden die in Bild 1 dargestellten Produktionspfade zur Herstellung, lokalen Verstärkung und Funktionalisierung von thermoplastischen Organoblechen mittels laserunterstütztem Thermoplast-Tapelegen entwickelt und umgesetzt [1, 2].

Durch die Verarbeitung von Tapes mit thermoplastischem Matrixsystem ent-

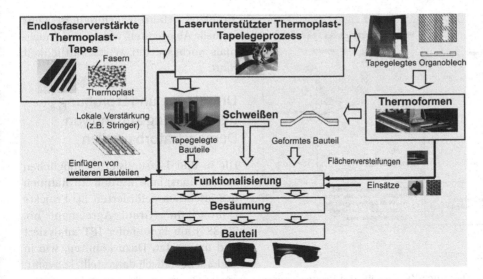

**Bild 1
Mögliche Produktionspfade zur Herstellung von belastungsoptimierten FVK-Bauteilen**

fällt im Vergleich zu Duroplast-Prozessen eine energie- und zeitintensive Aushärtung im Autoklaven. So lassen sich vollständig konsolidierte Bauteile mit hoher Schlagzähigkeit in kurzer Taktzeit flexibel und ohne Kontamination der Produktionsanlage großserientauglich herstellen.

Belastungsoptimierung mittels lokaler Verstärkung

Optimale Leichtbaueigenschaften lassen sich realisieren, wenn die Orientierung der Fasern an die Lastfälle des Bauteils angepasst ist. Die Verwendung nicht lastangepasster Halbzeuge, zum Beispiel konventioneller Organobleche, die zumeist aus Geweben bestehen und eine konstante Dicke besitzen, führen zu einer Überdimensionierung außerhalb der höchst beanspruchten Bauteilbereiche. Dies führt zu erhöhtem Materialbedarf und Bauteilgewicht, Bild 2 (links).

Das laserunterstützte Thermoplast-Tapelegen eignet sich hervorragend zum lokalen Einbringen einer Verstärkungsstruktur [3, 4]. Bei dem generativen Verfahren werden durch Ablage mehrerer endlos und unidirektional faserverstärk-

ter Bändchen (UD-Tapes) in beliebiger Faserausrichtung Bauteile mit Faservolumengehalten bis zu 65 % erzeugt. Durch die stetige Weiterentwicklung derartiger Tapelegesysteme am Fraunhofer IPT seit über 15 Jahren wurde die exakte Regelbarkeit der Wärmeeinbringung durch Laserstrahlung und die daraus resultierende hohe Prozessstabilität und Wirtschaftlichkeit insbesondere gegenüber anderen Möglichkeiten zur Wärmeeinbringung nachgewiesen. Da Ablegen, Aufschmelzen, Andrücken und Konsolidieren in einem Prozessschritt erfolgen („In-situ-Konsolidierung"), lässt sich mit dem Tapelegeverfahren eine vollständige Automatisierung realisieren. Der Thermoforming-Prozess ermöglicht die großserientaugliche Herstellung von FVK-Bauteilen aus Organoblechen [1, 2].

Eine belastungsoptimierte Struktur, Bild 2 (rechts) setzt lokale Verstärkungen voraus. Dabei werden das Einbringen von Material, die Ausrichtung der Verstärkungsfasern und somit die Anpassung der Wandstärke entsprechend dem vorliegenden Belastungsfall vorgenommen. Wandstärke und Materialverbrauch werden auf ein Minimum reduziert. Aufgrund der Wandstärkenreduktion wer-

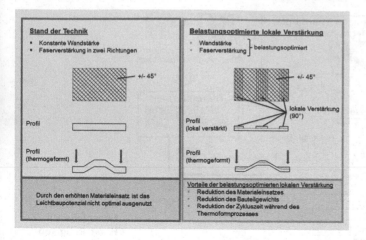

Bild 2
Vorteile eines belastungsoptimierten Bauteils im Vergleich zu herkömmlichen Bauteilen

Bild 3
Durch Thermoformen hergestellte lokalverstärkte Profile sowie Hybridmaterialprofile (oben) und Darstellung des Schliffbilds (unten)

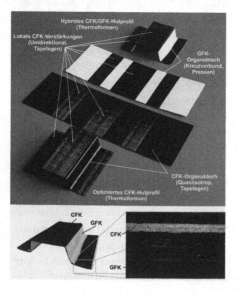

Tapelegeverfahren ermöglicht sehr schnelle Ablegeraten, was zu einer nochmals verbesserten Wirtschaftlichkeit führt.

Umsetzung und Erprobung der Fertigung anhand von Demonstratorbauteilen

Die in Bild 1 visualisierten möglichen Produktionspfade werden im Rahmen des öffentlich geförderten EU-Projekts „FibreChain" (Grant Agreement no. 263385) am Fraunhofer IPT analysiert und umgesetzt. Dazu konnten, wie in Bild 2 schematisch dargestellt, konventionelle Organobleche durch laserunterstütztes Tapelegen lokal verstärkt und anschließend thermogeformt und so lokal verstärkte thermogeformte Profile sowie Hybrid- oder Multimaterialprofile hergestellt werden, Bild 3.

Es wurde demonstriert, dass sich im laserunterstützten Thermoplast-Tapelegen FVK-Laminate herstellen lassen, welche die Kombination verschiedener Fasertypen (zum Beispiel Kohlenstoff, Glas), Verstärkungsarten (zum Beispiel Gewebe, UD) und Matrixsysteme (zum Beispiel PA 12, PA 6, PA 66) sowie Materialien mit stark variierenden optischen Absorptionseigenschaften oder Farben ermöglicht.

Die Qualität der Fügezone zwischen den thermoplastischen CFK-Tapes und den CFK- sowie GFK-Organoblechen wurde untersucht, Bild 4. Die Organobleche wurden dabei mit einer Ablegegeschwindigkeit von 300 mm/s verstärkt.

Bild 4 zeigt die lokale Verstärkung eines kohlenstoff- beziehungsweise glasfaserverstärkten Grundkörpers durch Aufbringen von Kohlenstofffasertapes. Untersucht werden Halbzeuge aus den thermoplastischen Matrixmaterialien PA12 und PA66, die mit T300 Kohlenstofffaser und S2 beziehungsweise E6 Glasfaser verstärkt sind. Die Grundkörper

den auch Zykluszeit und Prozessenergie minimiert, da sich die benötigte Heiz- und Kühlzeit bis zur Entnahme des Bauteils aus dem Formwerkzeug quadratisch zur Wandstärke verhält.

Eine Wirtschaftlichkeitsbetrachtung eines ähnlichen Fertigungskonzepts zeigt auf, dass sich die belastungsoptimierten Organobleche im Vergleich zu konventionellen Organoblechen mit konstanter Dicke bereits bei einer Seriengröße von 4500 Stück rechnen [5, 6]. Das am Fraunhofer IPT entwickelte laserunterstützte werden durch Aufbringen von Kohlenstofffasertapes (PA12/AS4, PA6/T700, P66/T700) lokal verstärkt und die Verbindungsqualität der Fügezone durch einen Schälversuch ermittelt, Bild 4 (unten). Ein Auszug der ermittelten Prüfergebnisse ist in Tabelle 1 zusammengefasst.

Die Kennzeichnung „++" weist auf eine sehr gute Anhaftung innerhalb der Fügezone hin, die die interlaminaren Eigenschaften des Tapes übersteigt, sodass durch die Abzugsbeanspruchung, Bild 4, nicht die Fügezone sondern das Tape beschädigt wurde.

Bei einem Versagen der Materialverbindung sowohl in der Fügezone, als auch im Tape, wird dies mit „+" gekennzeichnet. Die Kennzeichnung „−" bedeutet, dass die Verbindung nur innerhalb der Fügezone versagte. Zusätzlich sind die gemessenen mittleren spezifischen Bindeenergien vermerkt.

Die Kombination von Halbzeugen mit identischen Matrixmaterialien führte erwartungsgemäß zur höchsten Schälfestigkeit. Dies liegt an den vorteilhaften gleichen chemischen, thermischen und optischen Eigenschaften der Fügepartner. Beim Fügen verschiedener Matrixmaterialien ist darauf zu achten, dass die Prozesstemperatur an beide Matrixsysteme angepasst wird. Die thermisch stabilere Komponente muss aufgeschmolzen werden, ohne dabei die thermisch instabilere zu schädigen. Verschiedene Faserverstärkungen, die zum Beispiel stark unterschiedliche optische Absorptionsgrade zur Folge haben können, las-

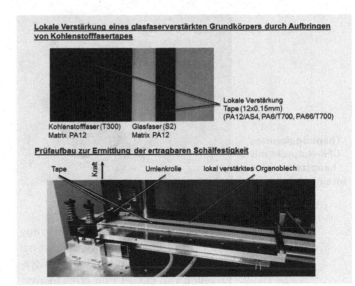

sen sich qualitativ hochwertig fügen, indem zum Beispiel das Einstrahlverhältnis zwischen Tape und Substrat entsprechend angepasst wird. In den Untersuchungen hat sich die schnelle, effiziente und präzise Wärmeeinbringung des Diodenlasersystems sowie die einfache Variationsmöglichkeit des Einstrahlverhältnisses als vorteilhaft erwiesen.

Formgebung und Funktionalisierung in einem Prozessschritt

Die mit dem laserunterstützten Tapelegen hergestellten belastungsoptimierten, hybriden Organobleche werden in einem Thermoformingprozess auf Endkontur umgeformt. Das Thermoformen, bei dem die Organobleche aufgewärmt und an-

Bild 4
Lokale Verstärkung eines glasfaserverstärkten Grundkörpers durch Aufbringen von Kohlenstofffasertapes (oben), Prüfaufbau zur Ermittlung der ertragbaren Schälfestigkeit (unten)

Grundkörper / Tapes	PA12/ Kohlenstofffaser	PA 6/ Kohlenstofffaser	PA66/ Kohlenstofffaser
PA 12/ Kohlenstofffaser	++ (Abschälen nicht möglich, durchgehend >8 N/mm)	− (max. 1,7 N/mm)	− (max. 1,6 N/mm)
PA12/ Glasfaser	+ (max. 4,4 N/mm)	− (max. 1,5 N/mm)	− (max. 1,7 N/mm)
PA 66/ Kohlenstofffaser	− (max. 2,1 N/mm)	+ (max. 7,3 N/mm)	++ (Abschälen nicht möglich, durchgehend >8 N/mm)

Tabelle 1
Experimentell ermittelte spezifische Bindeenergie der in Bild 4 gezeigten Strukturen

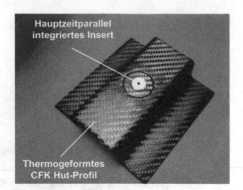

Bild 5
Thermogeformtes
CFK-Hutprofil mit
hauptzeitparallel
integriertem Insert

schließend in einem Formwerkzeug unter Druck umgeformt werden, ist ein großserientaugliches Verfahren, da Zykluszeiten von circa 1 min erreicht werden können. Am Fraunhofer IPT wurde zusätzlich die Funktionalisierung des Bauteils mit Inserts und Verbindungselementen hauptzeitparallel in den Thermoformingprozess integriert, Bild 5.

Da die Matrix zu Beginn des Umformverfahrens schmelzförmig ist, lassen sich die Inserts durch einen lokalen Umformprozess in das Bauteil integrieren. Zum einen entfällt somit ein zusätzlicher Prozessschritt, da die Funktionalisierung hauptzeitparallel während des Umformvorgangs geschieht. Zum anderen lassen sich deutlich gesteigerte Verbindungsfestigkeiten im Vergleich zu herkömmlichen Verbindungsverfahren erzielen.

Im Gegensatz zum Spritzgießen oder Kunststoffschweißen, bei dem allein der Matrixwerkstoff die Kraft überträgt, wird die Kraft direkt von der Faser in das Insert eingeleitet. Im Vergleich zu Niet- oder Schraubverbindungen, bei denen das Verbindungselement in ein gebohrtes Loch eingebracht wird, werden die Fasern beim funktionalisierenden Thermoforming nicht durchtrennt, sondern an den Rand der Verbindungszone verdrängt, sodass es zu einer Festigkeitssteigerung kommt. Dies konnte am Frauhofer IPT experimentell für gewebeverstärkte Organobleche sowie für Organobleche aus unidirektionalen Tapes nachgewiesen werden. Zusätzlich lassen sich beim Thermoformen Hinterschneidungen realisieren, sodass durch entsprechend gestaltete Inserts die Tragfähigkeit der Verbindung zusätzlich gesteigert werden kann, Bild 6.

Im Anschluss an die Funktionalisierung kann optional ein Besäumen des Bauteils erfolgen, um genaue Abmaße und Toleranzen zu gewährleisten, Bild 1.

Zusammenfassung und Ausblick

Durch Wandstärkenminimierung im Bereich geringerer Belastung und lokales Verstärken der lastkritischen Bereiche wird das Leichtbaupotenzial faserver-

Bild 6
Schematische
Darstellung (links)
und Querschliff
(rechts) eines
hauptzeitparallel
integrierten Inserts
mit Hinterschnei-
dungen in einem
Organoblech mit
unidirektionaler
Faserorientierung

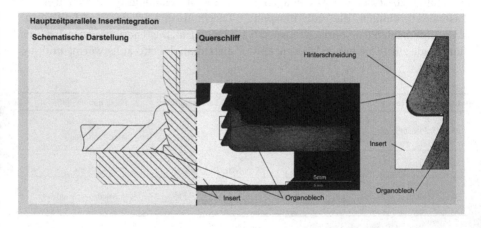

stärkter Kunststoffe optimal genutzt. Durch eine geschickte Kombination verschiedener Verstärkungsfasern, wie Kohlenstofffasern und Glasfasern wurden am Fraunhofer IPT erstmals belastungsoptimierte Hybrid- oder Multimaterialsysteme großserientauglich hergestellt. Mit dem Fokus auf eine großserientaugliche Produktion mit kurzen Zykluszeiten und vollständiger Automatisierbarkeit ermöglicht die Kombination der vorgestellten Produktionsprozesse, laserunterstütztes Tapelegen und Thermoformen mit hauptzeitparalleler Insert-Integration, einen wirtschaftlichen Ansatz zur Herstellung funktionsintegrierter Leichtbauteile.

Die beschriebenen Prozessschritte sind übergreifend durch eine automatisierte Handhabung miteinander verknüpft. Auch zur Handhabung werden am Fraunhofer IPT neuartige Lösungen entwickelt und deren Kinematiken analysiert. Eine neuartige Lösung zur Handhabung ist der Elektrostatik-Greifer [7].

In verschiedenen internationalen und nationalen Forschungsvorhaben werden am Fraunhofer IPT fortlaufend innovative Verfahren und Systeme entwickelt und optimiert, um eine automatisierte Produktion von Leichtbauprodukten zu ermöglichen. Die Herstellung von strukturellen Leichtbaukomponenten ist unter anderem Gegenstand des EU Large-Scale-Forschungsprojektes „FibreChain" (Grant Agreement no. 263385).

Literaturhinweise

[1] Brecher, C.; Kermer-Meyer, A.; Dubratz, M.; Emonts, M.: Thermoplastische Organobleche für die Großserie, ATZ, Special Karosserie und Bleche, Oktober 2010, S. 28–32

[2] Brecher, C.; Stimpfl, J.; Kermer-Meyer, A.; Dubratz, M.; Emonts, M.: Load-optimised tailored thermoplastic FRP blanks for mass-production, JEC Composites Magazine, No. 64, April 2011, pp. 95–97

[3] Brecher, C.; Werner, D.; Kermer-Meyer, A.; Emonts, M.: Laserunterstütztes Fiber Placement, Lightweight Design 04/2012, S. 20–25

[4] Brecher, C.; Kermer-Meyer, A.; Werner, D.; Stimpfl, J.; Janssen, H.; Emonts, M.: Customized solutions for laser-assisted tape placement, JEC Composites Magazine, No. 76, October 2012, pp. 70–73

[5] Mitschang, P.; Holschuh, R.; Becker, D.: Verfahrenskombination für mehr Wirtschaftlichkeit des FVK-Einsatzes im Automobilbau, Lightweight Design 04/2012, S. 14–19

[6] Mitschang, P.; Holschuh, R.: Innovatives Fertigungskonzept zur Herstellung lokaler lastgerechter verstärkter FKV-Bauteile, CCeV News, 12. Ausgabe, 2. Halbjahr 2012, S. 18 f.

[7] Brecher, C.; Ozolin, B.; Emonts, M.: Elektrostatische Greifer für textile Halbzeuge, Maschinen Markt Composite World, März 2012, S. 24–26.

Laservorbehandlung – Langzeitstabiles Kleben von Metallteilen

DIPL.-ING. DIPL.-KFM. EDWIN BÜCHTER

Während das Reinigen und Entschichten per Lasereinsatz mittlerweile einen breiten Einsatz gefunden hat, wird das Anwendungspotenzial dieses Verfahrens im Bereich der Klebflächenvorbehandlung bei Weitem noch nicht ausgeschöpft. Dabei lassen sich damit bei gezielter Modifikation beispielsweise von Leichtmetalloberflächen besonders langzeitstabile und reproduzierbare Klebverbindungen erzielen.

Lasersysteme bieten die Möglichkeit, Schmutz- und Deckschichten nur mit Hilfe von gebündeltem Licht zu entfernen. Dabei treffen innerhalb einer Sekunde bis zu 50.000 Laserpulse auf die Oberfläche. Da der Laserstrahl linienförmig abgelenkt (gescannt) wird, ist die Einwirkzeit des Laserlichts sehr kurz und das Grundmaterial bleibt „kalt", wird also nicht beschädigt. Nur wenn die Laserparameter entsprechend intensiver eingestellt werden, lassen sich metallische Materialien in der obersten Grenzschicht (typischerweise bis zu 5 µm) „modifizieren", um Strukturen oder Rauigkeiten zu erzeugen – zum Beispiel zur Verbesserung des Korrosionsverhaltens bei Leichtmetallen und zur Vergrößerung der Oberfläche durch Aufrauen (Bild 1). Beim Laserverfahren sind weder Reinigungsmedien noch Strahlmittel erforderlich. So lassen sich große Mengen an Chemikalien oder anderen Fertigungshilfsmitteln einsparen.

Wie alles begann

Die Vorbehandlung von Klebflächen per Lasertechnik wurde bereits Ende der 1990er Jahre untersucht und patentiert. Dabei ging es in erster Linie darum, mit Hilfe von Lasertechnik eine chemische Reaktion der Oberfläche mit Silanen zu gewährleisten. In der Industrie konnte sich diese Methode allerdings nicht durchsetzen, da der Primerauftrag mit anschließender Laserbearbeitung oder die Prozessführung unter Schutzgas bei Zugabe von Silan nicht effizient und somit nicht kostengünstig darstellbar waren.

Bild 1
Mikromodifizierte Klebfläche nach der Laserbehandlung

Zu Beginn des Jahres 2000 startete dann das BMBF-geförderte Projekt INTLASKLEB (www.intlaskleb.de), in dem sich ein Konsortium aus Industriepartnern und Forschungseinrichtungen aus dem Bereich Laser- und Klebtechnik engagierten. Ziel war es, eine integrierte Laservorbehandlungs- und Auftragseinheit zum Reinigen und Konditionieren von Oberflächen sowie zum Auftragen des Klebstoffes zu entwickeln.

Dabei wurde zunächst die Verklebung unterschiedlicher Werkstoffe, d. h. diverser Metalle und Kunststoffe, genauer untersucht. Anschließend erfolgte die Konstruktion und Entwicklung einer angepassten Bearbeitungsoptik.

Besonders hervorzuheben sind die erzielten Ergebnisse im Bereich der Oberflächenvorbehandlung von Leichtmetallen. Vor allem bei Aluminiumwerkstoffen zeigte sich eine deutliche Verbesserung der Langzeitstabilität.

Das Laserlicht entfernt die Oxidschichten einschließlich möglicher aufliegender Kontaminationen. Die oberflächennahe Zone wird in wenigen Nanosekunden umgeschmolzen und die Schmelze gleichzeitig schnell wieder abgekühlt (Wärme-Einwirktiefe im Bereich von ≈ 1 μm), (Bild 2).

Dadurch kommt es zu einer neuen mikrokristallinen bis amorphen und zugleich rauen Grenzschicht, die eine deutlich geringere Elementkorrosion aufweist (Bild 3).

Da der Modifikationsprozess an der Luft ohne Schutzgasatmosphäre abläuft, entsteht eine neue passivierende Oxidschicht auf der Schmelze, die eine sehr stabile Brücke zum Klebstoff bildet (Bild 4). In Kombination mit der Absenkung des elektronischen Potenzials bei gängigen Aluminium- und Magnesiumlegierungen resultieren daraus langzeit- und alterungsbeständige Klebungen. Im Rahmen öffentlich geförderter, bilateraler Projekte wurden die Anwendungen

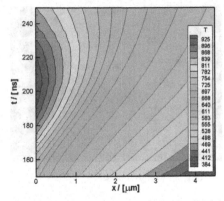

Bild 2
Dargestellt ist der Verlauf der Oberflächentemperatur bei Einwirkung eines Laserpulses zur Laser-Vorbehandlung von Aluminium. Bei der Erwärmung der oberflächennahen Zone auf die Schmelztemperatur des Aluminiums in einer Tiefe von ca. 200 nm für einen Zeitraum von ca. 30 ns wird das Gefüge gezielt verändert.

Bild 3
Durch die Laserbearbeitung bildet sich an der Oberfläche des gereinigten Leichtmetallbauteils eine mikrokristaline/amorphe Grenzschicht aus, die ein verringertes elektrochemisches Potenzial aufweist und gleichzeitig vollständig von Kontaminationen befreit ist.

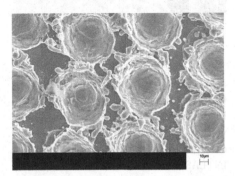

Bild 4
Diese Raster-Elektronenmikroskop-Aufnahme einer mittels Laser mikrostrukturierten Aluminium-Oberfläche zeigt eine erhöhte Rauheit und Passivierung durch vollflächige Umschmelzung der Oberfläche und gezielte Einbringung von Mikro-Poren/Schmelzkratern.

Bild 5
Präziser Lackabtrag
per Laser vor dem
Kleben auf Metall

Bild 6
Nicht nur der
Abtrag von Lack
und Farbe ist
möglich, sondern
auch die präzise
Entfernung von
kaschierten Elasto-
meren. Dabei hängt
die Prozessge-
schwindigkeit linear
vom abzutragenden
Volumen ab.

Bild 7
Kombinierte
Laserbearbeitungs-
optik mit integrier-
ter Klebstoff-
Auftragsdüse

bietet sich beim Laserverfahren die Kombination aus Vorbehandlung und Prozessüberwachung in einem Arbeitsgang an.

Im Rahmen des Projektes konnte gezeigt werden, dass bei Anwendung geeigneter Parameter der Festigkeitsrückgang nach zehn Wochen VDA-Wechseltest weniger als 15 % betrug. Das Bruchbild war nach wie vor kohäsiv, es trat also kein Versagen der Grenzschicht ein.

Vergleichbare Untersuchungen, wie sie zum Beispiel mit dem Fraunhofer-Institut für Werkstoff- und Strahltechnik (FhG-IWS) durchgeführt wurden, zeigen vergleichbare Resultate bei der Anwendung auf Magnesium-Guss-Bauteilen.

Entlacken und Entschichten

Während es bei INTLASKLEB weitgehend um die Bearbeitung von blanken Metallen ging, wird das Laserverfahren heute für lackierte Metalle ebenso eingesetzt wie für beschichtete. Mit Laserlicht entlackte Oberflächen eignen sich besonders gut zum direkten Kleben auf dem Substrat – zum Beispiel für Befestigungspunkte. Die Schwachstelle „Lackoberfläche", die Zug- und Scherkräfte nur sehr begrenzt übertragen kann, wird entfernt, sodass direkt auf die Metalloberfläche geklebt werden kann (Bilder 5 und 6).

Selektives Entschichten

Des Weiteren bestehen Potenziale in der selektiven Entschichtung von lackierten Oberflächen. Ein typisches Beispiel ist das selektive (schichtweise) Entlacken von Karosserien im Bereich des Frontscheibenflansches vor dem Verkleben der Windschutzscheibe (Bild 7).

Prinzipiell ist das Entlacken „bis zur Primerschicht" beim Laserverfahren über eine Kontrolle der Laserparameter möglich. Anders als beim Entlacken „bis zum metallischen Grundmaterial" stoppt der

erprobt und nach wissenschaftlichen Untersuchungen praktisch umgesetzt.

In der Praxis hat sich trotz des – aus werkstofftechnischer Sicht – überaus erfolgreich umgesetzten Projektes INTLASKLEB die Kombination aus Vorbehandlung und Klebstoffauftrag nicht durchgesetzt. Aus technischen und integrativen Gründen ist eine direkt verkettete Installation dieser zwei Prozessschritte in der Linie üblich. Allerdings

Abtrag mit Licht jedoch nicht an der reflektierenden Metallschicht. Infolge unterschiedlicher Schichtdicken und Absorptionseigenschaften der verschiedenfarbigen Decklacke kann es zu einer Schädigung der KTL-Schicht oder einem nicht vollständigen Abtrag der Decklacke kommen. Der Einsatz des Lasers zur Klebflächenvorbehandlung beim selektiven Abtrag für das „Kleben auf Lack" ist daher derzeit nur bei gleichmäßigen Schichten mit identischer Farbe prozesssicher einsetzbar. Derzeitige Forschungsbemühungen zielen allerdings darauf ab, auch in diesem Bereich zuverlässige Lasertechnik für zukünftige Anwendungen zu entwickeln. Darüber hinaus werden weitere Anwendungen wie zum Beispiel die Klebflächenvorbehandlung von Faserverbundwerkstoffen mittels Laser untersucht.

Bild 8
Bei diesem Getrieberad lässt sich eine gute Benetzung im laserstrahlgereinigten Fügebereich durch Testtinte nachweisen.

Bild 9
Mit Laserstrahlung vorbehandelter Flansch eines Tiefziehbauteils vor dem Kleben

Einsatzpotenziale

Generell bietet sich die partielle Klebflächenvorbehandlung bei allen größeren Bauteilen mit relativ kleinen strukturellen Fügebereichen (z. B. Profile, Träger, Türverstärkungen, Aufpralltöpfe) an.
Bei herkömmlichen Verfahren bilden sich beim Guss- und Walzprozess immer wieder inhomogene und teilweise instabile Oxidschichten, die ggf. mit Trennmitteln durchsetzt und kontaminiert sind. Diese Schichten werden bisher meist abgebeizt und vollflächig chemisch gereinigt. Das Beizen bereits umgeformter und beim Umformen wieder verschmutzter Bleche ist zudem technisch aufwendig und erfordert große Bäder.
Die Laserreinigung hingegen ist extrem präzise. Es reicht aus, nur die Fügezone mit Laserlicht zu reinigen. Das schont im Gegensatz zur großflächigen Reinigung die Umwelt und ermöglicht eine überwachbare Qualität (Bild 8 bis 10).

Bild 10
Robotergeführte Fügeteilvorbehandlung eines umgeformten Blechs

Bild 11
Durch den Einsatz des Plasmasensors lässt sich die per Laser erzielte Reinigungsintensität messen.

Prozessüberwachung

Der gereinigte Bereich ist visuell meist gut erkennbar. In vielen Fällen ist eine Prozessüberwachung per Kamerasystem möglich. Zudem steht heute ein einfaches und sehr robustes Messsystem zur Verfügung, das die Helligkeit des beim Laserreinigen entstehenden Plasmaleuchtens detektiert und unabhängig von der Strahlungsintensität des Bearbeitungslasers erfasst.

Dadurch kann die beim Reinigen erzielte Wirkung auf die Materialoberfläche bzw. Schmutzschicht ermittelt werden. Der Plasmasensor kompensiert zunächst die Hintergrundbeleuchtung, filtert die Laserstrahlung des Reinigungslasers und misst dann die Helligkeit des generierten Plasmas. Die Helligkeit verläuft proportional zur Strahlungsintensität des Lasers und wird maßgeblich durch den Ausgangszustand der Oberfläche beeinflusst. Durch den Vergleich des beim Reinigen gemessenen Pegels mit einem Referenzpegel lässt sich somit hinreichend genau die Wirksamkeit des Reinigungsprozesses determinieren.

Neben der Hardware zur Messsignalerfassung, Hintergrundkompensation und der rauscharmen Verstärkung des Signalpegels liefert cleanLASER eine grafisch konfigurierbare Software, die den zeitlichen Verlauf des Soll- und Ist-Signals darstellt und innerhalb bestimmter Bereichsgrenzen qualitätsrelevant interpretiert (Bild 11).

Durch den Einsatz des Plasmasensors lässt sich zum Beispiel bei der Klebflächenvorbehandlung von metallischen Bauteilen die optimale Reinigungsintensität auf einer Bearbeitungsfläche nachverfolgen und damit ohne Eingriff in den Reinigungsprozess eine 100%ige inlinebasierte Teileüberwachung und Qualitätsprüfung ermöglichen.

Mikrostrukturierung und Reinigung von Edelstählen

Neben der Bearbeitung von Leichtmetallen gibt es auch zahlreiche Anwendungsmöglichkeiten bei Edelstählen. Durch den etwas anderen Wirkmechanismus eignet sich der Laser hier vor allem zur Mikrostrukturierung von Oberflächen. Dabei wird die Oberfläche vergrößert, sodass höhere Kräfte übertragen werden können (Bild 12).

Darüber hinaus lassen sich Edelstahloberflächen durch Laserlicht leicht von Fetten, Ölen und Oxiden befreien.

Bild 12
Präzise Klebflächenvorbehandlung eines polierten Edelstahlzylinders durch Lasertechnik

Modulares System

Angeboten werden diese Laser in unterschiedlichen Leistungsklassen mit bis zu 1000 Watt mittlerer Laserleistung. Der modulare Aufbau ermöglicht größtmögliche Flexibilität. Je nach Kundenspezifikation sind auch vollautomatische Fertigungszellen oder In-Line-Verkettungen als Komplettlösungen realisierbar. So ist beispielsweise ein Modul erhältlich, das als vollautomatische Fertigungsanlage mit Rundschalttisch zur Teilebestückung und Bearbeitung von rotationssymmetrischen Bauteilen einsetzbar ist. Dabei handelt es sich um eine kompakte Fertigungszelle, die manuell bestückt oder direkt in die Linie integriert wird. Auf Wunsch lässt sich diese Zelle auch an ein bestehendes Werkstückträger- und Transfersystem koppeln.

Darüber hinaus stehen für die Klebflächenvorbehandlung spezielle Optiken zur Verfügung (Bild 13) — so zum Beispiel eine Optik zur Bearbeitung von Nut-Feder-Geometrien, die mit Hilfe einer einfachen Linearachsenführung automatisch arbeitet. Dieses System befindet sich bereits in der Automobil-Zulieferindustrie im Einsatz und substituiert dort die nass-chemische Reinigung zur Klebflächenvorbehandlung von Steuergeräten. Eine andere ebenfalls verfügbare Optik wurde speziell für die Innen- sowie Außenbearbeitung von Rohren entwickelt und empfiehlt sich zum Beispiel zum Vorbehandeln von Wellen oder Rohren.

Schlussbemerkung

Für die Klebflächenvorbehandlung kleiner Fügeflächen eignet sich bereits ein Low Power Laser, der Investitionskosten ab 30.000 Euro verursacht. Damit lassen sich zum Beispiel Getriebebauteile mit mehr als 5 cm^2 pro Sekunde entfetten. Ist eine schnellere Bearbeitung erforder-

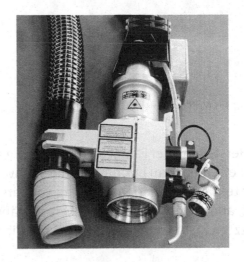

Bild 13
Spezielle Laseroptik mit hoher Intensität zur präzisen Klebflächenvorbehandlung rotierender Teile

lich, werden Mid und High Power Systeme mit bis zu 30 cm^2 pro Sekunde eingesetzt. Der Mid Power Laser erzielt zum Beispiel im automobilen Karosseriebau eine Nahtvorbehandlungsgeschwindigkeit von bis zu 6 Meter pro Minute bei einer Reinigungsbreite von 20 mm.

Alle Systeme lassen sich schnell in die Linie integrieren, sind bei Bedarf automatisierbar und werden schlüsselfertig entsprechend den industriell gängigen Ausführungsrichtlinien geliefert.

Nicht zu unterschätzen ist bei der Wahl der Vorbehandlungsmethode schließlich der ökologische Aspekt: Das Laserverfahren ersetzt die konventionellen nass-chemischen Wasch- und Beizprozesse. Das spart Energie, Ressourcen und somit Kosten. Während ein Lasersystem beim Betrieb je nach Leistung nur ca. 1 bis 2 kWh elektrische Energie verbraucht, beträgt der Energieverbrauch von nass-chemischen Reinigungsanlagen aufgrund der installierten Heiz- und Pumpleistungen oftmals mehrere zehn bis 100 kWh.

Sandwichtechnik im Reisemobilbau – Stabile Klebprozesse

Oest GmbH & Co. Maschinenbau KG

Bei der Herstellung der Fahrzeug- und Zwischenböden, Seitenwände und Dächer wird im Reisemobilbau bekanntlich die Sandwichtechnik angewandt. Um in diesem Kontext bei der Serienfertigung von First-Class-Mobilen höchstmögliche Qualität, aber auch Wirtschaftlichkeit gewährleisten zu können, muss bei der eingesetzten Klebtechnik großer Wert auf die Prozesssicherheit gelegt werden.

Premium-Qualität zu versprechen ist eine Sache – sie in Serie zu fertigen, eine andere. Beim Betreten eines Reisemobils der Marke Morelo wird sofort klar, dass hier höchster Anspruch auf brilliante Ausführung trifft. Hier erwartet den Mobilisten eine Wellness-Oase anstatt gewöhnlicher Nasszelle, Satelliten-TV-System mit elektrisch versenkbarem Flachbildschirm und Surround-Sound sowie ein Bettensystem mit höchstem Liegekomfort – um nur einige der Highlights zu nennen.

Jochen Reimann, Geschäftsführender Gesellschafter des erst im Februar 2010 gegründeten Unternehmens Morelo, erläutert die Firmenphilosophie wie folgt: „Unsere Reisemobile setzen neue Maßstäbe am Markt. Die Grundlage für erstklassigen Komfort und edles Design sind Top-Verarbeitung, hochwertige Technik sowie Qualität bis ins kleinste Detail."

Neue Maßstäbe setzte Morelo auch mit der Investition in eine komplette Paneel-Fertigungsstraße. Bestehend aus einer Klebstoffauftragsanlage mit automatisierter Materialzuführung, einer hydraulischen Presse sowie einer CNC-Fräsanlage erlaubt sie die Herstellung von

Voraussetzung für die Top-Qualität dieses First-Class-Reisemobils ist ein stabiler Klebprozess und eine exakte Reproduzierbarkeit des Klebstoffauftrags.

Wand-, Dach- und Bodenelementen bis zu einer Größe von 12,5 x 3,05 Metern.

Große Variantenvielfalt

Nach Abschluss einer umfassenden Testphase ging Morelo Anfang Januar 2011 auf einer Fertigungsfläche von 8.800 Quadratmetern in Serienproduktion. Inzwischen sind es insgesamt 142 Mitarbeiter, die am Standort Schlüsselfeld für die Entwicklung, Herstellung und den Vertrieb von Reisemobilen der Luxusklasse sorgen. Die Fertigungskapazität liegt bei durchschnittlich einem Fahrzeug pro Tag. Während in der Baureihe Manor vier Grundrisse angeboten werden, sind in der exklusiveren Baureihe Palace neun Varianten erhältlich. Die Sonderausstattungs-Liste umfasst pro Baureihe mehr als 50 Positionen – von der vergrößerten Dachluke bis zur Kleinstwagen-Garage im Heck. Damit deckt das Unternehmen einen breiten Liner-Bereich im Preissegment von 153.000 bis 266.000 Euro ab. Mittelfristig sind noch weitere Modelle geplant, die bei einem Einstiegspreis von etwa 100.000 Euro liegen sollen.

Eng definierte Toleranzen

Die Fertigungsphilosophie des fränkischen Herstellers lässt sich am besten als Kleinserienfertigung mit hoher Fertigungstiefe beschreiben. Die mit Abstand größten Anlagen mit entsprechend hohem Automatisierungsgrad befinden sich bei Morelo innerhalb einer Fertigungsstraße, auf welcher die Seitenwände sowie die Paneelen für das Dach und die Böden hergestellt werden. Diese Sandwichelemente bestehen je nach Anforderung aus RTM-Schaum, glasfaserverstärktem Kunststoff (GFK) und Aluminium – in jeweils spezifischen Kombinationen. Der Klebprozess ist in jedem Fall der anspruchsvollste und deshalb auch entscheidende Prozessschritt",

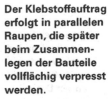

Der Klebstoffauftrag erfolgt in parallelen Raupen, die später beim Zusammenlegen der Bauteile vollflächig verpresst werden.

Die Paneel-Fertigungsstraße mit integriertem Klebprozess erlaubt die Herstellung von Sandwichelementen mit Abmessungen von bis zu 12,5 x 3,05 Metern.

Spülen mit der Komponente A: Die Klebstoffdosieranlage ist mit einer automatischen Topfzeitüberwachung ausgerüstet.

erklärt Karl-Heinz Pohl, Leiter Wandfertigung bei Morelo: „Voraussetzung für Top-Qualität ist neben einer optimalen Prozessstabilität die exakte Reproduzierbarkeit des Klebstoffauftrages. Gemäß unseren Anforderungen muss ein homogenes Beleimbild bei stabilen Mischungsverhältnissen im Rahmen eng definierter Toleranzen erreicht werden – bei jedem

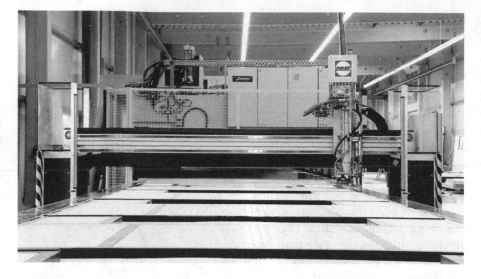

Für die spezifische Applikation bei Morelo wurde ein kleiner Auftragskopf an ein Dreiachs-Portal montiert, welches über das Bauteil fährt und dieses mit parallelen Klebstoffraupen „abzeilt".

Bauteil, an jeder Stelle, auf der gesamten Oberfläche." Bei den eingesetzten Anlagen gewährleistet dies eine intelligente Dosierüberwachung. Hochdynamische Antriebe in Verbindung mit einer intelligenten Steuerung sorgen dafür, dass sowohl die Klebstoffauftragsmenge als auch die Prozessdrücke während des Auftrags automatisch nachgeregelt werden. Die Auswahl der Dosierpumpen richtet sich nach dem jeweils verwendeten Klebstoffsystem. Im vorliegenden Anwendungsfall kommt ein speziell entwickeltes Regelsystem auf Basis von Hochdruck-Membranpumpen zum Einsatz. Als Lösung für die spezifische Applikation bei Morelo wurde ein kleiner Auftragskopf an ein Dreiachs-Portal montiert, welches über das Bauteil fährt und dieses mit parallelen Klebstoffraupen „abzeilt". Besonderheit ist darüber hinaus ein Netzwerkanschluss zur Fernwartung, so dass von Seiten des Anlagenherstellers die Möglichkeit besteht, schnell und unkompliziert diverse Parameter wie z.B. Grundeinstellungen der Pumpe oder Dosierdrücke einzusehen bzw. anzupassen.

Wirtschaftlich und effizient

Automatische Klebstoffauftragsanlagen bieten neben ihren technologischen Verbesserungen auch wesentliche Vorteile in punkto Wirtschaftlichkeit und Effizienz. Durch die Verwendung eines Statikmischers im Auftragskopf beispielsweise lässt sich der beim Reinigen entstehende Klebstoffverlust deutlich verringern. So wird immer nur eine relativ geringe Menge an Klebstoff und Härter gemischt, die unmittelbar auf das Bauteil dosiert wird. Eine automatische Topfzeitüberwachung garantiert außerdem das rechtzeitige Spülen des Mischers bei ungeplanten Standzeiten und verhindert so das Verstopfen der Leitungen. Gleichzeitig fällt weniger Reinigungsmittel an, das entsorgt werden muss.

Je nach Automatisierungsgrad der Gesamtanlage lassen sich außerdem signifikante Kosteneinsparungen im Personalbereich realisieren. So reichen bei Morelo zwei Mitarbeiter, um die Beleimungsanlage komplett zu bestücken bzw. zu bedienen. Im Vergleich dazu wäre bei manuellem Klebstoffauftrag mindestens der doppelte Personalaufwand erforderlich.

Kleben von Composites mit 2K-PU-Klebstoffen – Sicher und wirtschaftlich verbunden

Dr. Stefan Schmatloch | Dr. Andreas Lutz

Multi-Material-Design mit dem Ziel einer optimalen Gewichtsstruktur und Gestaltungsfreiheit bei gleichzeitiger Erfüllung gesetzlich vorgeschriebener Sicherheit im Crashfall ist in der Automobilproduktion ein klarer Trend. Zum Fügen von Verbundwerkstoffen – insbesondere von kohlefaserverstärkten Composites – sind auf dem Markt neue zweikomponentige PU-Klebstoffe verfügbar, die die gestellten Anforderungen erfüllen.

Strukturklebstoffe ebnen den Weg für den wachsenden Einsatz von Verbundwerkstoffen, besonders kohlefaserverstärkter Composites. Für Anwendungen außerhalb des Fahrzeugrohbaus – zum Beispiel beim Verkleben von Anbauteilen aus Faserverbundwerkstoffen – eignen sich vorzugsweise Zweikomponenten-Systeme auf Basis von Polyurethan, aber auch Zweikomponenten-Epoxidsysteme kommen gelegentlich zum Einsatz. Diese PU-Klebstoffe und ihre unterschiedlichen Varianten sind durch wichtige Parameter wie E-Modul, Bruchdehnung, Festigkeit und Aushärtungszeit gekennzeichnet. Die über einen breiten Temperaturbereich stabilen Eigenschaften sorgen für eine langzeitbeständige Klebung. Die Kombination von unterschiedlichen Offenzeiten mit schneller Aushärtung ermöglicht darüber hinaus Freiheiten im Montageprozess. Während sich langsam aushärtende Materialien für die Montage großer Bauteile im manuellen Prozess eignen, werden schnell aushärtende Materialien, denen noch zusätzlich Wärme zugeführt wird, zum Beispiel in Montageprozessen mit kurzen Taktzeiten bei den OEMs eingesetzt. Durch ergänzende Vorbehandlung der Fügeoberflächen gelingt es, auch schwer zu fügende Composites zu verkleben.

Allgemeines Eigenschaftsprofil

Für die Verklebung von Anbauteilen in der Montage eignen sich Zweikomponenten-Polyurethan-Strukturklebstoffe, die nach Bedarf mit unterschiedlichen E-Modulen und Bruchdehnungen erhältlich sind. Tabelle 1 zeigt Eigenschaftsprofile zweier verschieden schnell aushärtender 2K-PU-Strukturklebstoffe. Für strukturelle Klebungen stehen Klebstoffe mit relativ großen Elastizitätsmodulen und hohen Bruchdehnungen zur Verfügung. Die relativ hohen Module resultieren aus einer stärkeren Klebstoffvernetzung und einer Balance von polymeren Weich- und Hartsegmenten. Daraus resultieren relativ hohe statische Festigkeiten bei gleichzeitig hoher Dehnung. Da die applizierte Klebschicht im Normalfall mit circa 1 bis 3 Millimetern

	niedrigmoduliger 2K-PU langsam reagierend	hochmoduliger 2K-PU schnell reagierend
E-Modul [MPa]	17	250
Zugfestigkeit [MPa]	10	15
Bruchdehnung [%]	250	130
Zugscherfestigkeit [MPa], 2 mm, *1,4 mm Klebhöhe		
nach 1 Stunde	0	*1,4
nach 2 Stunde	0,1	5,7
nach 4 Stunde	0,2	11,2
nach 24 Stunde	0,3	15,9
nach 3 Tagen	5	16,5
nach 7 Tagen	7,4	17,4
Energie [J], 2 mm Klebhöhe	12,8	14,6
Zugscherfestigkeit [MPa], 0,2 mm Klebhöhe		
nach 24 Stunden	10,5	
nach 7 Tagen	11,3	
Energie [J], 0,2 mm Klebhöhe	5,9	

Tabelle 1
Physikalische Kenndaten niedrigmoduliger und hochmoduliger 2K-Polyurethan-Klebstoffe

deutlich dicker ist als die Klebschicht der im Rohbau verwendeten Epoxid-Strukturklebstoffe, kann der Klebstoff selbst unter mechanischer Belastung Energie absorbieren. Die Adhäsion zu verschiedenen Oberflächen wie lackierten metallischen Substraten oder Verbundwerkstoffen ist allgemein sehr gut und lässt sich bei Bedarf durch Primer oder durch die Applikation von Oberflächenaktivatoren sogar noch optimieren.

Fügen ohne Primern

Als Alternative zu herkömmlich eingesetzten Klebstoffsystemen für Verbundwerkstoffe wurden nun Klebstoffe entwickelt, die eine Verbindung unterschiedlicher Materialien wie zum Beispiel von SMC oder kohlefaserverstärkten Kunststoffen mit beschichteten Metallsubstraten ohne zusätzliches Primern erlauben. Diese neue Generation von Klebstoffsystemen zeichnet sich durch eine erhöhte Stabilität von Modul- und Festigkeitswerten über einen weiten Temperaturbereich aus. Das Abfallen des Moduls mit steigender Temperatur fällt im Vergleich zu herkömmlichen Produk-

ten deutlich flacher aus. Bild 1 zeigt das Schubmodulverhalten in Abhängigkeit von der Temperatur.

Diese Klebstoffe sind derartig katalysiert, dass Offenzeiten und Reaktivitäten variabel eingestellt werden können. Dadurch lassen sich Fügezeiten je nach Anforderungen entsprechend verkürzen oder verlängern. In der Bild 2 ist der Aufbau der Viskosität zweier unterschiedlich schneller Systeme über die Zeit dargestellt.

Mit Hilfe thermischer Verfahren – zum Beispiel durch Infraroterwärmung – lassen sich die Klebungen bei Temperaturen zwischen circa 60 und 120 °C innerhalb von Minuten flächig oder punktuell vorhärten.

CFK- und SMC-Klebungen

Für die Verklebung kohlefaserverstärkter Kunststoffe eignen sich insbesondere neue hochfeste 2K-Polyurethansysteme, die besonders durch die Zielsetzung der Gewichtsreduzierung im Fahrzeugbau wachsende Bedeutung erlangen. Kohlefaserverstärkte Kunststoffe werden in der Endfertigung für den Aufbau von Modulen wie z. B. Heckklappen oder Dachmodulen verwendet, empfehlen sich aber auch für den Einsatz als verstärkende Materialien im Rohbau und werden als Komplettlösungen teilweise im Rohbauaufbau verwendet. Zielsetzung bei Klebanwendungen ist generell die Reduzierung von Prozessschritten: einerseits wegen der Verkürzung von Prozesszeiten, andererseits wegen der Verbesserung der Prozesssicherheit. Konventionelle Klebanwendungen bedürfen teilweise einer prozessaufwendigen und kostenintensiven physikalischen Vorbehandlung (z. B. Plasmavorbehandlungen) oder der Anwendung chemisch aktiver Haftvermittler, die eine Emissionskontrolle bzw. die Installation von Abluftsystemen erforderlich machen. Mit neuen hochfesten Klebstoffen (Betaforce) können vorbehandlungsfrei robuste Verklebungen auf Faserverbundstoffen erzielt werden. Auf unterschiedlichen kohlefaserverstärkten Kunststoffen werden mit 2K-Polyurethanklebstoff nach der endgültigen Aushärtung Zugscherspannungen von ca. 18 MPa erzielt – und zwar unabhängig davon, ob das Substrat nach erfolgter physikalischer Reinigung zusätzlich mechanisch angeschliffen oder chemisch aktiviert wurde (Bild 3).

Wie bereits erwähnt, können die Klebprozesse trotz vergleichsweise hoher Module und Endfestigkeiten ohne Beeinträchtigung der Qualität zusätzlich über Temperatureintrag beschleunigt werden. Der Temperatureintrag lässt sich über Durchlaufofenprozesse, Induktion, Mikrowellen, IR-Technologie oder konventionelle bead-bead Verfahren realisieren. Ähnliches gilt für die Verklebung von glasfaserverstärkten SMC, die kostengünstigere Varianten für gewichtseinsparende Mischbauweise darstellen. So können auf verschiedenen Faserverbundstoffen schon nach wenigen Minuten kohäsive Bruchbilder und Festigkeiten von 1 bis 5 MPa erreicht werden (Bild 4).

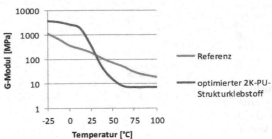

Bild 1
Temperaturabhängigkeit des Moduls konventioneller und optimierter 2K–Polyurethan-Klebstoffe.

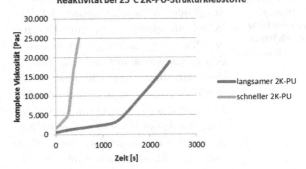

Bild 2
Festigkeitsaufbau von 2K-Polyurethan-Klebstoffen mit unterschiedlich eingestellter Reaktionskinetik

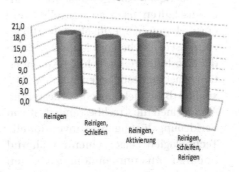

Bild 3
Endfestigkeiten von Verklebungslösungen bei Einsatz hochfester 2K-Polyurethan-Klebstoffe auf kohlefaserverstärkten Kunststoffen in Abhängigkeit unterschiedlicher Vorbehandlungen

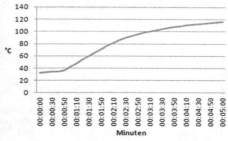

Bild 4
Kohäsives Bruchbild (Faserausriss) einer vorbehandlungsfreien SMC-Verklebungslösung bei Verwendung moderner hochfester 2K-Polyurethan-Klebstoffe nach fünfminütigem Temperatureintrag (links), Temperaturprofil der beschleunigten Aushärtung (unten)

Bei Einsatz entsprechender Vorbehandlungsmethoden kann auch bei schwer verklebbaren Oberflächen wie z. B. Polyolefinen (nach Beflammung oder entsprechender physikalischer Vorbehandlung) oder unbeschichteten Metallen (Stahl, Aluminium) eine gute Haftung erzielt werden. Hochfeste Klebstoffe werden vorzugsweise mit nicht-filmbildenden Aktivatoren und mittelfeste Klebstoffe vorzugsweise mit filmbildenden Haftvermittlern kombiniert. In Verbindung mit den erwähnten Vorbehandlungen besteht die Möglichkeit, die Designvarianten für den Mischbau noch zu erweitern.

Klebstoffe nach Maß

Die Verwendung von neuen Faserverbundwerkstoffen, Verklebungsdesigns mit speziellen Prozessvorgaben sowie die Notwendigkeit, die gewünschten Endeigenschaften nach strukturellen und crashrelevanten Spezifikationen erfüllen zu müssen, machen das Maßschneidern der Klebstoffe erforderlich. Die Kombination hoher Endfestigkeiten mit hoher Flexibilität (Bruchdehnungen) verbessert im Allgemeinen die Crashbeständigkeit von Verklebungslösungen. Konventionelle Technologien zeigen einen annähernd linearen Zusammenhang zwischen Modul und Bruchdehnung. Steigende Festigkeiten und Module korrelieren generell mit abnehmenden Bruchdehnungen und Elastizitäten. Neu entwi-

ckelte Klebstoffsysteme erreichen zudem überdurchschnittliche Dehnungen trotz hoher Festigkeiten.

Vollautomatisierter Klebstoffauftrag

Neue Generationen von 2K-Polyurethanklebstoffen zeichnen sich des Weiteren durch Verarbeitungsvorteile aus. Bei 2K-Applikationen werden die Komponenten A und B grundsätzlich unabhängig voneinander aus getrennten Vorlagen gefördert und in statischen oder auch dynamischen Mischköpfen miteinander vermischt. Die Mischerstandzeit ist durch die Zeit definiert, während der die gemischten Komponenten im Mischer verweilen können, ohne dass der Viskositätsanstieg so hoch wird, dass eine Verarbeitung nicht mehr möglich wäre. Bei Anwendungen, bei denen die Mischerstandzeiten wegen Taktzeitvorgaben oder des Verklebungsdesigns überschritten werden, mussten die Mischköpfe bisher oft gewechselt oder zwischen den einzelnen Applikationen mit den Einzelkomponenten gespült werden. Moderne 2K-Polyurethanklebstoffe auf Basis neuentwickelter Katalysatortechnologien weisen dagegen lange Latenzzeiten von 5 bis 10 Minuten auf, in denen sich die Viskosität nur unwesentlich erhöht (Bild 2). Da Vernetzungsreaktionen erst verzögert auftreten, können längere Mischerstandzeiten und somit ein robuster automatisierter Klebstoffauftrag realisiert werden.

Fazit

Die neuen Generationen von 2K-Polyurethanklebstoffen mit optimierter latenter Katalysatortechnologie, robuster und vorbehandlungsfreier Substrathaftung und ausgewogenem Verhältnis zwischen Festigkeit und Bruchdehnung ermöglichen solide Verklebungslösungen für die Mischbauweise im Automobilbau.

Thermisches Direktfügen von Metall und Kunststoff – Eine Alternative zur Klebtechnik?

DIPL.-ING. SVEN SCHEIK | DR. MARKUS SCHLESER | PROF. UWE REISGEN

Im Rahmen des Exzellenzclusters „Integrative Produktionstechnik für Hochlohnländer" der RWTH-Aachen University werden derzeit alternative Verfahren zur Herstellung von Metall/Kunststoff-Verbindungen untersucht. Eines davon ist das thermische Direktfügen, das eine stoffschlüssige Verbindung zwischen Kunststoff und Metall ermöglicht und ohne die Verwendung von Klebstoffen, Haftvermittlern oder mechanischen Verbindungshilfen auskommt.

Den Herausforderungen des Leichtbaus wird unter anderem durch den Einsatz von Materialmischbauweisen begegnet. Hierbei gewinnen Kunststoff/Metall-Verbindungen an Bedeutung [1]. Insbesondere faserverstärkte Kunststoffe bieten aufgrund ihrer auf das Gewicht bezogenen exzellenten mechanischen Eigenschaften ein hohes Potential, bisher in rein metallischer Bauweise hergestellte Bauteile stellenweise durch Kunststoffe zu substituieren.

Im Zuge des Trends zur Materialmischbauweise gewinnt die Frage nach einer geeigneten Fügetechnologie an Bedeutung. Bereits die stark unterschiedlichen Schmelzpunkte von Metallen und Kunststoffen schließen ein Verschweißen der beiden Materialien aus. Zum Verbinden von Kunststoff- und Metallhalbzeugen werden aktuell insbesondere mechanische Methoden und die Klebtechnik eingesetzt.

Bei den mechanischen Verfahren kommen unter anderem Niet-, Clinch- und Bolzenverbindungen zum Einsatz. Die Vorteile dieser Verfahren begründen sich insbesondere in den niedrigen Investitionskosten, den kurzen Prozesszeiten und der hohen Prozesssicherheit. Im Gegenzug erfolgt bei den meisten Verfahren eine Schädigung der Materialien durch die Penetration eines Fügehilfsmittels, so dass durch Faserschädigung und hohe Spannungsspitzen das Potential der beiden Werkstoffe nicht vollständig ausgenutzt werden kann. Weiterhin besteht aufgrund unterschiedlicher Materialkombinationen und der entstehenden Spalte ein erhöhtes Korrosionspotential. Beim Einsatz der Fügetechnologie Kleben kann bekanntlich durch eine stoffschlüssige, flächige Verbindung eine sehr gleichmäßige Spannungsverteilung senkrecht zur Belastungsrichtung geschaffen werden. Ferner ist es möglich, aufgrund der Vielzahl der zur Verfügung stehenden Klebstoffsysteme annähernd alle Materialien sicher zu verbinden. Nachteilig sind die zum Teil langen Prozesszeiten, die insbesondere durch den Aushärteprozess und die Bauteilfixierung, aber auch den Vorbehandlungsprozess entstehen.

Vor dem Hintergrund einer Großserienfertigung bestimmt so in der Regel der Klebprozess die Taktzeit der Fertigung. Als Konsequenz wird daher häufig das Kleben in Kombination mit mechanischen Fügeverfahren verwendet [2], wodurch die Kosten steigen und die diskutierten Nachteile beim Einsatz mechanischer Verbindungen bleiben.

Theoretischer Hintergrund

Abhilfe schafft das thermische Direktfügen – ein stoffschlüssiges, an die Klebtechnik angelehntes Verfahren, bei dem der Kunststoff selbst im Prinzip als Klebstoff fungiert.

Zwischen zwei Körpern bzw. dessen Molekülen können sich jederzeit Bindungskräfte auf Basis von elektromagnetischen Dipolen ausbilden. Die Bindungsenergien zwischen den Molekülen wirken allerdings nur bei einem sehr geringen Abstand und liegen im Bereich von 0,1–50 kJ/mol [3]. Wirken sie alleine und in geringer Zahl, spielen sie für strukturelle Verbindungen keine große Rolle. Wird eine großflächige Anbindung zweier Bauteile über zwischenmolekulare Kräfte erreicht, so können die summierten Dipolwechselwirkungen aber ausreichend sein, um nachhaltige Verbindungen zu erzeugen. Prominentes Beispiel aus der Tierwelt ist der Gecko, der aufgrund einer Vielzahl von feinen Härchen (Spatulae), welche sich an die Oberfläche annähern und dort Dipolwechselwirkungen erzeugen können, ein Vielfaches seines Körpergewichts tragen kann.

Auf den zwischenmolekularen Kräften basieren zu einem großen Teil auch die Verbundfestigkeiten von Klebverbindungen – insbesondere bei Kunststoffklebungen – sowie der Zusammenhalt der Polymerketten untereinander innerhalb thermoplastischer Polymermatrizes.

Beim thermischen Direktfügen wird die Eigenschaft von thermoplastischem Kunststoff genutzt, wiederaufschmelzbar zu sein. Im flüssigen Zustand steigt die Benetzungseignung des Kunststoffes auf metallischen Körpern stark an, sodass sich die Kunststoffmoleküle dem Metallgitter nähern können.

Die Stärke der sich ausbildenden Dipolkräfte ist neben dem Abstand der beteiligten Wechselwirkungspartner insbesondere durch den chemischen Aufbau des Kunststoffes bestimmt. Kunststoffe, die durch eine unsymmetrische Molekülanordnung oder aufgrund unsymmetrischer Elektronegativitäten der beteiligten Atome bereits permanente Ladungsverschiebungen in der Strukturformel aufweisen, haben ein erhöhtes Potential, im metallischen Bauteil starke Dipole zu induzieren und damit Bindungskräfte auszubilden.

Auszüge aus den Projektergebnissen

Um die Leistungsfähigkeit dieses Fügeprinzips an praxisrelevanten Materialien bewerten zu können, wurde ein Versuchsstand konstruiert, mit dem Scherversuchsprobekörper in Anlehnung an die Klebtechniknorm DIN EN 1465 herstellbar sind (Bild 1).

Die Art der Wärmeeinbringung ist zunächst für das theoretische Prinzip des thermischen Direktfügens nicht entscheidend. Vor dem Hintergrund einer industriellen Umsetzung wurde die Induktionstechnik und damit eine indirekte Erwärmung des Kunststoffes über das Metall verwendet (Bild 2). Durch die Induktionstechnik sind hohe Aufheizgeschwindigkeiten möglich. Weiterhin ist die Wärmeeinbringung durch entsprechende Spulenformung und angepasste Flusskonzentratoren sowie durch eine physikalische Beschränkung der Induktionswirkung auf die Oberfläche bzw. die Oberflächenschicht des Metallbauteils (Skin-Effekt) örtlich gut einstellbar. Der

Aufbau des Versuchstandes ist in Bild 3 dargestellt.

Zu Beginn des Prozesses wird das eingespannte Kunststoffbauteil (1) über einen Zylinder (2) auf das Metallbauteil in der unteren Einspannvorrichtung (3) verfahren. Die unter der Einspannvorrichtung befindliche Induktionsspule, welche von einem Flusskonzentrator (4) umschlossen wird, heizt das metallische Bauteil auf Temperaturen oberhalb des Schmelzpunktes des zu fügenden Kunststoffbauteils, sodass ein Schmelzbad aus Kunststoff entsteht. Der flüssige Kunststoff benetzt den metallischen Fügepartner in Abhängigkeit der entsprechenden Oberflächenenergien der beteiligten Fügepartner. Nach Abschluss der Heizphase bleibt ein Nachdruck bis zur Abkühlung aus der Schmelze bestehen. Zu diesem Zeitpunkt sind bereits hohe Anfangsfestigkeiten zwischen Kunststoff und Metall gegeben.

Neben dem naheliegenden Einfluss des Fügedrucks und der Fügetemperatur sind insbesondere die mechanischen, physikalischen und chemischen Eigenschaften der Fügepartneroberfläche entscheidend für die Höhe der sich ausbildenden Verbundfestigkeit.

Parallel zur Klebtechnik sind generell auch beim thermischen Direktfügen Oberflächenvorbehandlungsmethoden einsetzbar, um die Haftungsbedingungen zwischen Kunststoff und Metall zu verbessern. Da die Kunststoffoberfläche im Prozessablauf allerdings umgeschmolzen wird, ist eine gezielte Oberflächenvorbehandlung des Kunststofffügepartners nur begrenzt möglich.

Im Rahmen des Projektes wurden unterschiedliche mechanische, physikalische und chemische Oberflächenvorbehandlungen des metallischen Fügepartners für das thermische Direktfügen qualifiziert und anhand von Zugscherversuchen, auch nach harten Alterungsbedingungen, bewertet. Die Ergebnisse wurden

Bild 1
Geprüfte Zugscherprobe, die im Grundwerkstoff versagte

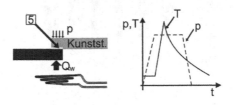

Bild 2
Prinzipielle Darstellung des thermischen Direktfügens

1 - obere Probenaufnahme (Kunststofffügepartner)
2 - Druckzylinder
3 - untere Probenaufnahme (metallischer Fügepartner)
4 - Induktionsspule und Flusskonzenztrator
5 - Schmelzbad des Kunststoffes

Bild 3
Versuchsaufbau zur Herstellung von Zugscherproben

konsequent mit parallel geklebten Zugscherproben verglichen. Einen Auszug aus den Alterungsversuchen gefügter Zugscherproben zeigen Bild 4 und Bild 5. Es wurden Probekörper aus Polyamid 6 mit einem Anteil von 30 Prozent Kurzglasfasern und rostfreiem Stahl (1.4301) bzw. Aluminium (3.3457) unter Einsatz des thermischen Fügens hergestellt. Für vergleichende Untersuchungen mit Klebstoff kam ein zweikomponentiges Epoxidharz zum Einsatz. Die Vorbehandlung der Metallseite bestand aus einer Entfettung und anschließender Sandstrahlung. Das Kunststoffbauteil wurde entfettet und bei den vergleichenden Klebversuchen zusätzlich mit Atmosphärenplasma behandelt. Die Probekörper haben die Maße 2 x 20 x 80 mit einer Überlappungslänge von 20 mm.

Als Alterungsversuch wurde der VW PV 1200 Klimawechseltest durchgeführt. Hierbei wird das Klima von –40 °C auf 80 °C und 95 % r. F. innerhalb von zwei

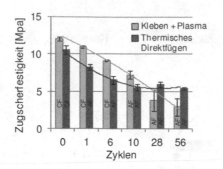

Bild 4
Zugscherfestigkeiten 1.4301/PA6GF30 nach unterschiedlichen Zyklen im Klimawechseltest

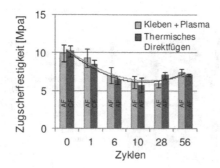

Bild 5
Zugscherfestigkeiten 3.3457/PA6GF30 nach unterschiedlichen Zyklen im Klimawechseltest

Bild 6
Zugscherfestigkeiten thermisch gefügter 1.4301/PA6 Proben in Abhängigkeit von der Oberflächenvorbehandlung

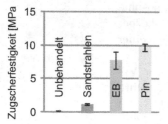

Bruchfläche pinstrukturierter Proben (PIN)

Bruchfläche elektronenstrahlstrukturierter Proben (EB)

Stunden bei einer Haltezeit von 4 Stunden gewechselt. Ein Zyklus umfasst somit 12 Stunden.

Polyamid induziert durch seine chemische Struktur starke Wasserstoffbrückenbindungen in der Metalloberfläche, sodass bei den eingesetzten Materialien zunächst die erreichten Zugscherfestigkeiten des thermischen Fügens gegenüber dem Kleben konkurrenzfähig sind.

Der Verlauf der erreichbaren Zugscherfestigkeiten bei der Materialkombination PA6GF30/Aluminium deckt sich sehr stark beim Vergleich der Fügeverfahren.

Nach etwa 10 Zyklen steigen die Verbundfestigkeiten für beide Fügeverfahren wieder an. Die Wasseraufnahme des Polyamids beginnt über die Kanten des Kunststoffprobekörpers und führt zu einer Erweichung, respektive Verringerung der Steifigkeit. Durch die erhöhte Beweglichkeit der Polymerketten können die im Zugversuch auftretenden Spannungsspitzen an den Überlappungsenden abgebaut werden [4]. Auf den Bruchflächen sind bei visueller Begutachtung keine nennenswerten Korrosionsprodukte feststellbar.

Die Zugscherfestigkeiten beim thermischen Fügen von rostfreiem Stahl zeigen einen ähnlichen Verlauf wie die Versuche mit Aluminium, während die verklebten Proben in den Zugscherfestigkeiten auch nach 10 Zyklen weiter stark absinken und nach 56 Zyklen eine starke Unterwanderungskorrosion festzustellen ist. Es ist anzunehmen, dass durch den hohen Gradienten der Wärmeausdehnungskoeffizienten zwischen Metall und Epoxidharz starke Eigenspannungen entstehen. Resultierende lokale Schädigungen durch Risse im spröden Epoxidharzklebstoff und durch ein lokales Versagen der Bindungskräfte an der Grenzfläche zum Metall sind als Keimstellen für ein Eindringen von Feuchtigkeit zu sehen. Aufgrund des fehlenden Sauerstoffangebots in der Grenzfläche kann eine lokale Schädigung der Passivierungsschicht nicht durch die sogenannte Selbstpassivierung wiederhergestellt werden und sorgt so für eine rapide fortschreitende Unterwanderungskorrosion. Das im Gegensatz zum Epoxidharz duktilere Polyamid ist in der Lage, die entstehenden Eigenspannungen auszugleichen, so dass die Zugscherfestigkeiten auf einem höheren Niveau verbleiben.

Neben klassischen mechanischen Vorbehandlungsmethoden wie dem Strahlen wurden auch gezielt mechanische Strukturen auf der Oberfläche erzeugt, um

Infokasten

CMT(Cold Metal Transfer)-Pinschweißen

Die Entwicklung eines neuartigen Schweißverfahrens mit gezieltem Drahtvorschub und -rückzug ermöglicht die automatisierte Herstellung von auf Baustählen geschweißten Pins mit ausgeformtem Kugelkopf und kegelförmigem Fuß. Durch Variation der Prozessparameter sind diese Pins in der Geometrie modifizierbar.

Elektronenstrahlstrukturieren

Durch extrem schnelle Ablenkung des Elektronenstrahls können mehrere Schweißbäder gleichzeitig aufrechterhalten werden. Durch eine intelligente Strahlführung wird somit die Ausbildung flexibler Strukturen durch Steuerung der Schmelzbadbewegung ermöglicht. Das vom TWI entwickelte und patentierte Verfahren wird vom ISF in diversen Forschungsprojekten lizensiert genutzt [6]

eine Kombination von Stoffschluss und Kraft/Formschluss zu ermöglichen. So wurden das Pinschweißen und das Elektronenstrahlstrukturieren als leistungsfähige Vorbehandlungsmethoden für das thermische Direktfügen qualifiziert (s. Infokasten).

Insbesondere bei der Verbindung von Kunststoffen, die aufgrund ihres chemischen Aufbaus keine hohe Eignung besitzen, Dipolkräfte in der Metalloberfläche zu induzieren, lassen sich durch einen erhöhten Form-/Kraftschluss-Anteil an der Gesamtverbundfestigkeit nachhaltige Verbindungen erzeugen.

Die Leistungsfähigkeit der Verfahren zur Steigerung der Verbundfestigkeit wurde an Kunststoffen qualifiziert, welche allein auf Basis des Stoffschlusses keine ausreichenden Haftfestigkeiten mit der Metalloberfläche ausbilden können. Bild 6 zeigt die Ergebnisse von Zugscherversuchen an einem schwarz pigmentierten Polyamid 6. Die Pigmentierungsstoffe sorgen für einen sehr unpolaren Charakter der Oberfläche, so dass geringere Haftkräfte auf Basis zwischenmolekularer Bindungen ermöglicht werden. Bei einer beanspruchungsoptimierten Oberflächenvorbehandlung sind so auch mit unpolaren Kunststoffen nachhaltige Verbundfestigkeiten erzielbar.

Abgrenzung zur Klebtechnik

Unter ökologischen Gesichtspunkten sind im Vergleich zur Klebtechnik zunächst das Recycling und die Reduzierung von Schadstoffen als Vorteile des thermischen Direktfügens zu nennen. Thermoplastische Kunststoffe sind durch Schmelzverfahren sortenrein vom Metall trennbar. Bei Verwendung eines zusätzlichen Klebstoffes ist ein Recycling häufig nur durch eine Pyrolyse und damit eine zerstörende Aufspaltung des Polymers möglich. Weiterhin ist eine Sortentrennung erforderlich, die einen negativen Einfluss auf die Kosten-Nutzen-Rechnung nimmt.

Ein großer Vorteil bei ökonomischer Betrachtung sind die hohen Anfangsfestigkeiten des thermischen Direktfügeprozesses. Speziell auf verkürzte Aushärtezeit designte Klebstoffsyteme ermöglichen bei entsprechend beheizten Aushärtevorrichtungen Fixierzeiten von 2 bis 3 Minuten [5], während beim thermischen Direktfügen hohe Anfangsfestigkeiten unmittelbar nach dem Aufschmelzvorgang vorhanden sind. Bei Verwendung leistungsfähiger Erwärmungsmethoden (Induktion, Konduktion, Strahlung) sind hiermit Fixierzeiten im Sekundenbereich möglich.

Wesentliche Einschränkung des Verfahrens ist die Beschränkung der Materialien auf thermoplastische Kunststoffe. Die Vielzahl der auf dem Markt verfügbaren Klebstoffsysteme ermöglicht es, für fast jede Fügeaufgabe einen geeigneten Klebstoff zu finden oder gezielt formulieren zu lassen. Beim thermischen Direktfügen werden derzeit lediglich Kunststoffsysteme verwendet, die nicht speziell für das thermische Direktfügen ausgelegt sind. Ein Involvieren der Kunststoffhersteller in den Entwicklungsprozess des Fügeverfahrens, um gezielt Kunststoffe mit einer noch verbesserten Neigung, zwischenmolekulare Kräfte in Form von Dipolen zwischen Kunststoff und Metalloberfläche auszubilden, könnte die Leistungsfähigkeit thermisch gefügter Verbindungen insbesondere unter Alterungseinflüssen weiter stark optimieren.

Fazit und Herausforderungen

Das thermische Direktfügen ist ein Verfahren mit hohem Potential für das Verbinden von thermoplastischen, verstärkten und unverstärkten Kunststoffen mit metallischen Bauteilen. Mit Polyamidwerkstoffen wurden im Rahmen früherer Untersuchungen bereits Verbundfestigkeiten im Zugscherversuch von über 20 MPa erreicht [7]. Im Vergleich zu konkurrierenden Fügeverfahren leisten thermisch gefügte Bauteile auch nach harten Alterungstests konkurrenzfähige Verbundfestigkeiten.

Zukünftige Arbeiten befassen sich mit der Erhöhung der Prozesskontrolle und der beanspruchungsgerechten Auslegung von Metall/Kunststoffverbindungen unter Berücksichtigung der mechanischen, chemischen und physikalischen Eigenschaften der zu verwendenden Fügepartner.

Darüber hinaus sind die aus der Klebtechnik bekannten Herausforderungen hinsichtlich der Delta-Alpha-Problematik sowie der Qualitätssicherung durch Online-Messsysteme für eine industrielle Akzeptanz zu adressieren.

Litereraturhinweis

[1] Sahr, C.; Berger, L.; Lesemann, M.; Urban, P.; Goede, M.: Systematische Werkstoffauswahl für die Karosserie des Super-Light Car. Wiesbaden 2010.

[2] Stauß, O.: CFK- und Blechfügen mit Speed. In: Industrieanzeiger (2011) 11.

[3] Gleich, H.: Zusammenhang zwischen Oberflächenenergie und Adhäsionsvermögen von Polymerwerkstoffen am Beispiel von PP und PBT und deren Beeinflussung durch die Niederdruck-Plasmatechnologie. Duisburg-Essen.

[4] Brockmann, W.; Dorn, L.; Käufer, H.: Kleben von Kunststoff mit Metall. Berlin, New York 1989.

[5] Lohse, H.: Kleben von Verbundwerkstoffen. Welche Kriterien müssen eingehalten werden? In: Adhäsion – Kleben und Dichten (2010) 1–2, S. 22–27.

[6] Dance, B.; Kellar, E.: Workpiece Structure Modification; Internationale Patent Publikationsnummer: WO 2004/028731 A2.; 2004.

[7] Meckelburg, E.: Korrosionsverhalten von Werkstoffen. Eine tabellarische Übersicht. Düsseldorf 1990.

Laserdurchstrahlkleben von opaken Kunststoffen – Schnell und zuverlässig

PROF. DR.-ING. ELMAR MORITZER | DIPL.-WIRT.-ING. NORMAN FRIEDRICH | JULIAN BERGER

Um die hohen Anforderungen in der industriellen Serienfertigung erfüllen zu können, müssen klebtechnische Fügeprozesse so konzipiert sein, dass die Klebstoffaushärtung innerhalb kürzester Taktzeiten mit hoher Zuverlässigkeit erfolgt. Beim Kleben von Kunststoffbauteilen birgt hier das Laserdurchstrahlkleben wegen der lokalen und direkten Wärmeeinbringung ein großes Potential.

Die Minimierung der Prozesszeit beim Kleben ist häufig das Mittel zum Zweck, wenn es um Kosteneinsparungen und somit um die Realisierung industriell attraktiver Prozesse geht. Besonders die Zeit für die Aushärtung vernetzender Klebstoffe wirkt sich negativ auf die Prozesszeit aus, sodass häufig nach Möglichkeiten gesucht wird, den Aushärteprozess zu optimieren. Hier bietet das Verfahren des Laserdurchstrahlklebens eine Beschleunigung der Prozesszeiten [1].

Laserdurchstrahlkleben

Das Verfahren des Laserdurchstrahlklebens stellt einen Ansatz zur Aushärtung von warmhärtenden Klebstoffen dar. Über einen IR-Laser wird Wärmeenergie transmissiv in die Fügenaht zweier Bauteile eingebracht. Die Strahlung wird nur in einem geringen Maße von den verwendeten Bauteilen absorbiert und trifft auf den mit Additiven gefüllten Klebstoff, der die eingebrachte Laserstrahlung absorbiert und sich erwärmt. Die so eingebrachte Aktivierungsenergie initiiert die Reaktionskinetik [1], [2].

Da die Aushärtungszeit von warmhärtenden Klebstoffen in einem engen Zusammenhang mit der Temperaturführung steht, ermöglicht das Laserdurchstrahlkleben zusätzlich eine Beschleunigung der Prozesszeiten beim Kleben.

Auswahl der Materialien

Als Grundlage der experimentellen Untersuchungen wurden zunächst geeignete Kleb- und Kunststoffe zur Realisierung des Laserdurchstrahlklebens ausgewählt. Ziel war es, eine Kombination aus transparentem Kunststoff und absorbierendem Klebstoff für die Laserstrahlung eines vorhandenen YAG-Lasers zu finden [3].

Als absorbierende Komponente wurde ein Klebstoff aus dem Bereich der warmhärtenden, hochtemperaturfesten 1-Komponenten-Epoxidharze verwendet, der die elektromagnetische Strahlung (1064 nm) mit Hilfe eines Aluminiumpulveradditivs in Wärme umwandelt und aushärtet. Der Aushärteprozess lässt sich durch steigende Temperaturen beschleunigen [4].

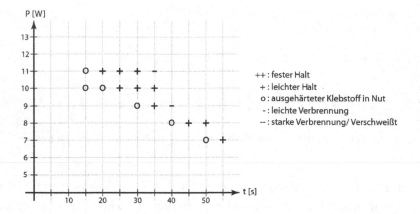

Bild 1
Systematisches
Versuchsraster der
PA 66-Proben mit
0,25mm dicker
Klebschicht. Die
Leistung entspricht
der eingestellten
Laserleistung.

Bei der Polymermaterialwahl galt es, die wichtigsten Eigenschaften der Kunststoffe in Bezug auf das Laserdurchstrahlkleben wie die Temperaturbeständigkeit und die strahlungsoptischen Eigenschaften der Kunststoffe zu berücksichtigen. Die erforderlichen Temperaturen im Bereich von 150 bis 180 °C zur Aushärtung des Klebstoffs durften die Schmelztemperaturen der Kunststoffe nicht überschreiten. Für erste Untersuchungen wurde Polyamid 66 (im Folgenden als PA 66 bezeichnet) für die Hauptuntersuchungen ausgewählt. Seine Schmelztemperatur liegt mit 260 °C deutlich über der

Aushärtungstemperatur des Klebstoffs. Untersuchungen des Transmissionsgrades von PA 66 ergaben wegen des 4 mm dicken Kunststoffbauteils eine Transmission von 15 % der eingesetzten Laserleistung.

Untersuchung der Einflussparameter

Im Anschluss an die Auswahl der Materialien galt es, die identifizierten Einflussparameter Laserleistung und Einwirkzeit zu untersuchen. Mit dem Ziel, die Klebstoffaushärtung deutlich schneller

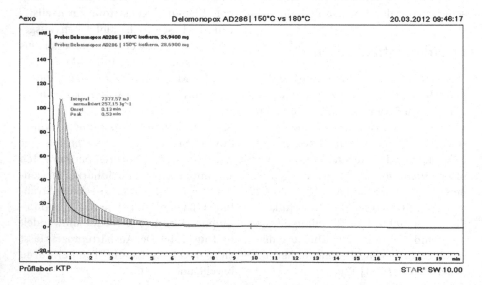

Bild 2
DSC-Analyse des
Klebstoffs bei
150 und 180 °C

zu gestalten, wurden Untersuchungen mit Einwirkzeiten zwischen 10 und 55 Sekunden durchgeführt. Um einen Zusammenhang beider Größen identifizieren zu können, wurden die Ergebnisse anhand eines Versuchsrasters visualisiert. Bild 2 stellt ein exemplarisches Raster für eine Klebschichtdicke von 0,25 mm dar.

Mithilfe der so gefundenen Ergebnisse konnten die Verbindungszustände in drei Kategorien eingeteilt werden. Bei zu geringer Laserleistung besaß die Verbindung keine Festigkeit und es konnten lediglich leichte Aushärtungskegel auf den Fügeteilinnenseiten beobachtet werden. Im Fall einer mittleren Laserleistung bildete sich eine nur sehr schwache Verbindung zwischen den Fügepartnern aus. Wurde die eingesetzte Laserleistung zu groß, entstanden Zersetzungen und somit Schädigungen der Materialien in der Fügenaht.

Anhand der Versuchsraster ergab sich, dass die Klebschichtdicke einen wichtigen Einfluss auf den Prozess des Laserdurchstrahlklebens nimmt. Bei Verwendung von zu großen Klebschichtdicken gestaltete es sich aufgrund des großen Abstands zwischen den beiden Fügeteilen schwierig, eine vollständige Aushärtung des Klebstoffs zu erreichen. Zu geringe Klebschichtdicken konnten nicht genügend Laserstrahlung absorbieren. Daraus folgte eine zum Aushärten des Klebstoffs unzureichende Wärmeentwicklung. Eine mittlere Klebschichtdicke im Bereich von 0,2 mm bis 0,4 mm erwies sich somit als optimal.

Nach der Identifikation des Parameters Klebschichtdicke wurde eine DSC-Analyse (Differential Scanning Calorimetry) des Klebstoffs durchgeführt, um Aufschluss über den Aushärtungsprozess zu erhalten. Die durchgeführte Analyse fand auf den beiden konstanten Temperatur-

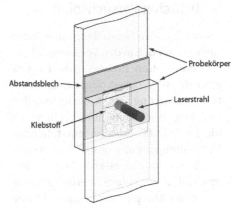

Bild 3
Prinzipieller Aufbau einer Laserdurchstrahlklebung mit Abstandsblech. Die Pfeile deuten die quasisimultane Strahlungsführung des dargestellten Lasers an.

levels 150 °C und 180 °C statt. Bei 150 °C zeigte sich ein Abschluss der Aushärtung nach ca. zehn Minuten (vgl. Bild 2 roter Graph).

Nach der Bestimmung von Klebschichtdicke und Einwirkzeit konnte in weiteren Untersuchungen eine geeignete Laserleistung zur Erzeugung einer erfolgreichen Laserdurchstrahlklebung ermittelt werden. Frequenz und Amplitude wurden auf 50 Hz bzw. 15 mm eingestellt. Für eine gleichmäßige Bestrahlung und Erwärmung der Fläche wurde der Laser nach dem Prinzip einer Sägezahnfunktion mit Hilfe eines Spiegels abgelenkt. Die initiierte Leistung betrug 8,73 W, was bei einem Transmissionsgrad von ca. 15 % einer effektiven Leistung von ca. 1,35 W entspricht.

Der verwendete Versuchsaufbau bewirkte, dass die Klebung zentral zwischen den sich überlappenden Probeteilen lag und die beiden Fügeteile durch einen zentrisch aufgebrachten Fügedruck fixiert wurden. Um unter diesen Bedingungen die benötigten Klebschichtdicken (d_k) einhalten zu können, wurden Abstandsbleche mit den entsprechenden Dicken zwischen die beiden Probekörper gelegt (Bild 3).

Statistischer Versuchsplan

Die erfolgreiche Herstellung einer festen Klebung mit den in den Voruntersuchungen ermittelten Prozessgrößen zeigte zwar die Möglichkeit der laserinduzierten Aushärtung von Klebstoffen, ließ allerdings noch keine Rückschlüsse auf die Festigkeitswerte der entstehenden Verbindungen zu. Um die Festigkeiten und Zusammenhänge zwischen den drei gewählten Parametern zu ermitteln, sollten in den Hauptuntersuchungen Kombinationen der jeweiligen Parameterbereiche anhand eines statistischen Versuchsplans (vgl. Tabelle 1) im Zugversuch untersucht werden [5].

Einfluss der Klebschichtdicke

Da der Einflussparameter Klebschichtdicke bereits im Rahmen der Voruntersuchungen in einem Bereich von 0,2 bis

0,4 mm als optimal identifiziert wurden, erfolgten die experimentellen Folgeuntersuchungen mit den drei Klebschichtdicken 0,2; 0,3 und 0,4 mm. Der in Bild 4 dargestellte Konturplot ermöglicht die bereichsweise Erfassung der Klebschichtfestigkeiten.

Anhand des Maximums des 3D-Konturplots und den abgetragenen Krafteinleitungspotenzialen im unteren Bereich des Bildes 4 können eine Parameterkombination sowie die dazugehörigen Parameterkombinationen der maximalen Krafteinleitung ermittelt werden. Eindeutig zu identifizieren ist die Klebschichtdicke von 0,3 mm. Bei dieser Klebschichtdicke und bei einer Laserleistung im Bereich von 7,63 W lässt sich eine Klebung mit einer maximalen Widerstandskraft von ca. 1090 N herstellen. Bei Betrachtung steigender und abfallender Klebschichtdicken bis zu den Werten 0,4 und 0,2 mm ist ein Abfallen der Kraftwerte auf 970 N erkennbar. Anhand dieser Erkenntnisse wird deutlich, dass die Qualität der Klebung bei ansonsten gleichbleibenden Parametern mit sinkender Laserleistung von 7,63 W bis auf 3,24 W abnimmt.

Einfluss der Laserleistung

Für die Auswertung der Hauptuntersuchungen bezüglich der verschiedenen Laserleistungen wurde ebenfalls ein 3D-Konturplot erstellt. Erkennbar ist, dass durch Variation der Laserleistung das Kraftmaximum ab der ersten Leistung von 3,24 W bis zu einer Leistung von 7,37 W ansteigt, aber nach weiterer Leistungssteigerung bis 8,73 W wieder abfällt (Bild 5). Bei der verwendeten maximalen Leistung von 8,73 W wird das Festigkeitsmaximum mit einem Wert von ca. 1090 N erreicht. In diesem Fall beträgt die Klebschichtdicke 0,3 mm und die Einwirkzeit 7 Minuten. Der Graph besitzt eine parabelförmige Wölbung bei abnehmender und zunehmender Klebschichtdicke. Der

Tabelle 1
Versuchsplan für die Durchführung von Laserdurchstrahlklebversuchen, erstellt mit dem DoE-Programm Design Expert 8

Run	Std	Klebstoffschichtdicke dk [mm]	Laserleistung P [W]	Einwirkzeit [min]
1	6	0,40	3,24	17,00
2	15	0,30	5,99	12,00
3	1	0,20	3,24	7,00
4	19	0,30	5,99	12,00
5	5	0,20	3,24	17,00
6	3	0,20	8,73	7,00
7	7	0,20	8,73	17,00
8	10	0,47	5,99	12,00
9	12	0,30	10,6	12,00
10	18	0,30	5,99	12,00
11	8	0,40	8,73	17,00
12	11	0,30	3,24 (1,37)	12,00
13	17	0,30	5,99	12,00
14	16	0,30	5,99	12,00
15	14	0,30	5,99	20,41
16	9	0,13	5,99	12,00
17	4	0,40	8,73	7,00
18	20	0,30	5,99	12,00
19	13	0,30	5,99	3,59
20	2	0,40	3,24	7,00

3D-Konturplot der Laserleistung 7,37 W erreicht seinen maximalen Festigkeitswert von ca. 1090 N mit einer 0,3 mm dicken Klebschicht und einer Einwirkzeit von ca. 7 Minuten (Bild 5). Besonderheit dieses Graphen ist bei dieser Parameterkombination seine annähernd ebene Ausrichtung. Daraus folgt, dass die Parameter Klebschichtdicke und Einwirkzeit bei der Leistung von 7,37 W richtig gewählt sind und somit nur noch geringen Einfluss auf die Qualität der Klebnahtqualität besitzen.

Anhand dieser Ausrichtung des Graphen wird deutlich, dass der Einfluss der beiden Parameter Klebschichtdicke und Einwirkzeit mit steigender und sinkender Leistung um den Wert von 7,37 W wieder zunimmt. Die eingestellte Leistung von 7,37 W stellt somit ein Optimum zum Erreichen der größtmöglichen Festigkeit der Klebung dar. Neben dieser Leistung existieren auch andere Parameterkombinationen, die eine maximale Festigkeit bewirken. Bei ihnen ist es notwendig, auf die passende Kombination aller Einflussgrößen zu achten.

Einfluss der Einwirkzeit

Bei der Analyse des Einflussparameters Einwirkzeit zeigte sich, dass ein Kraftmaximum mit der Einwirkzeit von 7 Minuten erzielt werden kann (Bild 6).

Das Kraftmaximum fällt von 1090 N bei einer Einwirkzeit von 7 Minuten auf ca. 990 N bei einer Einwirkzeit von 17 Minuten ab. Das Abfallen der Kraft um 100 N bei den Parameterkombinationen mit langen Einwirkzeiten und hohen Laserleistungen ist auf die hohe Energieeinbringung zurückzuführen, die für die lokale Schädigung der Materialen im Fall dieser Versuchspunkte im Bereich der Bestrahlung verantwortlich ist. Die durchgeführten Analysen ergaben, dass eine Einwirkzeit von 7 Minuten die besten Ergebnisse lieferte.

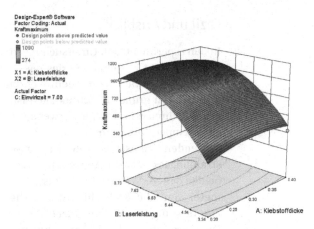

Bild 4

Das Kraftmaximum, aufgetragen bei Einwirkzeiten von 7 Minuten über die Prozessgrößen Klebschichtdicke und Laserleistung

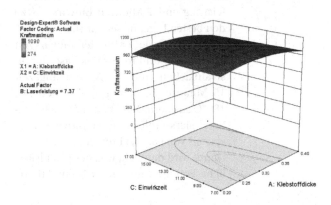

Bild 5

Das Kraftmaximum, aufgetragen bei einer Laserleistung von 7,37 Watt über die Faktoren Klebschichtdicke und Einwirkzeit

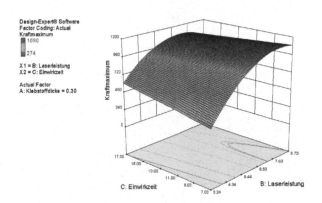

Bild 6

Das Kraftmaximum bei einer Klebschichtdicke von 0,3 mm, aufgetragen über die Faktoren Laserleistung und Einwirkzeit

Fazit und Ausblick

In den experimentellen Untersuchungen konnte gezeigt werden, dass das Laserdurchstrahlkleben von technischen Kunststoffen grundsätzlich möglich ist. Das Verfahren erfordert die Verwendung eines temperaturbeständigen und warmhärtenden Klebstoffs sowie gewisse strahlungsoptische Eigenschaften auf beiden Seiten. Wichtigste Einflussparameter sind die Klebschichtdicke, die Laserleistung und die Einwirkzeit.

Die Auswertung der Untersuchungen ergab, dass eine Laserdurchstrahlklebung von PA 66-Proben mit den Parametern 0,3 mm Klebschichtdicke, 7,37 W Laserleistung und 7 Minuten Einwirkzeit zu den besten Ergebnissen führt.

Der Vergleich der optimalen Einwirkzeit (7 Minuten) im Prozess des Laserdurchstrahlklebens mit der Aushärtungszeit 15 Minuten in einem Umluftofen mit 180 °C aus dem Datenblatt des Klebstoffherstellers ergibt eine effektive Zeitersparnis von ca. 53,3 Prozent.

Damit wird deutlich, welches grundsätzliche Potential mit dieser Klebmethode verbunden ist. Für die verfahrenstechnische Umsetzung in industrielle Anwendungsfelder bedarf es jedoch weiterer Forschungsaktivitäten.

Literaturhinweis

[1] Ehrenstein, G. W.: Handbuch Kunststoff-Verbindungstechnik. Hanser, München, 2004.

[2] Schulz, J.-E. Dipl.-Ing: Werkstoff-, Prozess- und Bauteiluntersuchungen zum Laserdurchstrahlschweißen von Kunststoffen. Dissertation, Aachen, 2002.

[3] Fiegler, G. Dipl.-Ing.: Ein Beitrag zum Prozessverständnis des Laserdurchstrahlschweißens von Kunststoffen anhand der Verfahrensvarianten Quasi-Simultan- und Simultanschweißen. Dissertation, Paderborn, 2007.

[4] Habenicht, G.: Kleben. Grundlagen, Technologien, Anwendungen. Springer, Berlin, 2009.

[5] Siebertz, K.; Bebber, D. T. v.; Hochkirchen, T.: Statistische Versuchsplanung. Design of Experiments (DOE). Springer, Heidelberg, Dordrecht [u. a.], 2010.

Klebvorbehandlung von FVK durch Unterdruckstrahlen – Sauber und prozesssicher

Dipl.-Ing. Stefan Kreling | David Blass | Dr. Fabian Fischer | Prof. Klaus Dilger

Das Kleben als flächige Verbindungstechnik erlaubt eine hohe Ausnutzung des Leichtbaupotentials von Faserverbundkunststoffen (FVK). Voraussetzung ist allerdings eine geeignete Vorbehandlung der Fügeteile. Für den Einsatz in der Serienproduktion empfiehlt sich das Unterdruckstrahlen, das die Klebvorbehandlung von FVK mit hoher Prozesssicherheit und -geschwindigkeit ermöglicht.

Der Einsatz von Faserverbundkunststoffen (FVK) im Automobil ist spätestens seit der Bekanntmachung, dass der BMW i3 ein Life-Modul aus kohlenstofffaserverstärktem Kunststoff (CFK) besitzen wird [1], nicht mehr nur auf die Kleinstserie im Sektor hochpreisiger Sportwagen beschränkt. Es bestehen jedoch noch erhebliche Herausforderungen, diese Materialien zu fügen, da gebräuchliche Verfahren – wie etwa das Punktschweißen – nicht eingesetzt werden können und Techniken, bei denen mechanische Verbindungselemente verwendet werden, zu einer lokalen Zerstörung der Fasern und erheblichen Spannungsspitzen führen. Es empfiehlt sich der Einsatz der Klebtechnik, die allerdings eine Vorbehandlung voraussetzt, um Trennmittelrückstände und andere Kontaminationen von den Oberflächen zu entfernen [2]. Mit dem Einsatz von FVK in größeren Stückzahlen entsteht dabei auch die Notwendigkeit, Verfahren zu entwickeln, mit denen automatisiert und mit hoher Prozesssicherheit und -geschwindigkeit die Klebvorbehandlung erfolgen kann.

Grenzen herkömmlicher Verfahren

Die Klebvorbehandlung von Faserverbundwerkstoffen spielt zur bestmöglichen Ausnutzung der Eigenschaften von Fügepartnern und Klebstoff eine entscheidende Rolle. In den letzten Jahren wurden verschiedene Vorbehandlungsverfahren untersucht, die bei einem hohen Automatisierungsgrad eine gute Reproduzierbarkeit hinsichtlich der Oberflächeneigenschaften besitzen. Hier sind insbesondere die Vorbehandlung mittels Laserstrahlung oder Atmosphärendruckplasma zu nennen. Allerdings besitzen beide Verfahren den Nachteil, dass mit ihnen ein hoher Investitionsaufwand verbunden ist. Während im Fall der Laservorbehandlung vergleichsweise wenig Vorarbeiten bestehen, können bei der Plasmabehandlung Kontaminationsschichten nur eingeschränkt abgetragen werden. Aufgrund dieser Punkte ist das am weitesten verbreitete Verfahren zur Klebvorbehandlung von Faserverbundwerkstoffen das manuelle Schleifen der

Oberfläche, welches aufgrund seiner Einfachheit günstig durchzuführen ist. Allerdings begrenzen der hohe Personalaufwand sowie die eingeschränkte Reproduzierbarkeit, die aus der überwiegend manuellen Durchführung resultieren, die Einsetzbarkeit dieses Verfahrens in einer zukünftigen Großserienfertigung.

Neben dem Schleifen befindet sich mit dem Überdruckstrahlen ein weiteres mechanisches Verfahren im Einsatz, das eine vergleichsweise bessere Automatisierbarkeit und Reproduzierbarkeit ermöglicht. Nachteilig sind allerdings die starke Staubentwicklung und die dadurch notwendige Einhausung bzw. umfangreiche Nachreinigung der Fügeteile.

Unterdruckstrahlen als Alternative

Aus den genannten Gründen wurde im Rahmen der hier dargestellten Arbeiten das Unterdruckstrahlen als mögliche Alternative zur Klebvorbehandlung von Faserverbundwerkstoffen vor dem Hintergrund einer Fertigungsintegration des Prozesses untersucht. Das Verfahren wurde von der GP innovation GmbH entwickelt und patentiert, die Untersuchungen erfolgten im Rahmen eines öffentlich geförderten Projektes. Bei dem eingesetzten System werden wie beim konventionellen Überdruckstrahlen Partikel über einen Gasstrom auf die Oberfläche des Fügeteils beschleunigt. Im Gegensatz zum herkömmlichen Strahlprozess wird jedoch beim Unterdruckstrahlen der Gasstrom durch einen Unterdruck in einer geschlossenen Strahlhaube erzeugt (Bild 1).

Der Bearbeitungsvorgang ist durch die Verwendung der Strahlhaube lokal eingehaust. Dies bietet den wesentlichen Vorteil, dass der gesamte Aufbau ein geschlossenes System ist, welches überwiegend staub- und emissionsfrei arbeitet sowie die Abtragprodukte direkt von der Oberfläche absaugt. Aufgrund dieser Tatsache kann auf eine aus Prozesssicht ungünstige Nachreinigung der bearbeiteten Oberflächen verzichtet werden. Neben den genannten Vorteilen zeichnet sich das Verfahren durch die im Vergleich zu Laser- oder Plasmaanlagen geringen Investitionskosten aus. Zudem besteht eine gute Automatisierbarkeit des Bearbeitungsprozesses, da die Strahlhaube an einem Roboter montiert werden kann, wie er beispielsweise auch zum Besäumen der Kanten von RTM-Bauteilen verwendet wird. Somit ist auch die entsprechende Reproduzierbarkeit des Bearbeitungsprozesses sichergestellt.

Der zur wirksamen Vorbehandlung nötige Abtrag von Oberflächenschichten wie beispielsweise Trennmittelkontaminationen wird wie beim Überdruckstrahlen oder Schleifen durch einen Erosionsvorgang an der Oberfläche hervorgerufen [3]. Beim Aufschlag der Granulatkörner auf die Oberfläche wird ihre kinetische Energie dafür genutzt, Partikel aus der Oberflächenschicht herauszuschlagen, wodurch ein lokaler Abtrag stattfindet. Dieser Abtrag wird maßgeblich von dem verwendeten Strahlgut, also Partikelgröße und -material, sowie der Geschwindigkeit der Partikel bestimmt, welche wiederum wesentlich von der Druckdifferenz zwischen Haube und Atmosphäre abhängig ist. Neben der sich aus diesen Größen ergebenden kinetischen Energie der einzelnen Partikel hängt das Bearbeitungsergebnis außerdem von der Bearbeitungszeit, also der Geschwindigkeit, mit der die Strahllanze über die Oberflä-

Bild 1
Schematischer Aufbau der Saugstrahlhaube

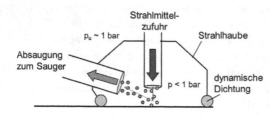

che bewegt wird, und dem Massenstrom des Strahlmittels ab.

Versuche und Materialien

Hauptaugenmerk der hier dargestellten Untersuchungen liegt auf der generellen Prüfung der Anwendbarkeit des Unterdruckstrahlens für die Vorbehandlung von CFK-Klebflächen. Dazu wurden zunächst mögliche Einflussparameter identifiziert (Vorschubgeschwindigkeit, Saugunterdruck, Granulatgröße und Granulatmaterial) und diese durch Prozessbeobachtungen charakterisiert. Im zweiten Schritt wurde das Verfahren zur Klebvorbehandlung von zwei deutlich unterschiedlichen Konfigurationen, eine luftfahrttypische (EP-Folienklebstoff und Prepreg-Material) und eine automobilbautypische (2K-Epoxidklebstoff und CFK/Aluminium, KTL-beschichtet), angewendet und der Einfluss der Prozessgrößen auf die Klebeigenschaften untersucht.

Die Vorbehandlung der Klebfläche wurde unter Variation der identifizierten Einflussparameter durchgeführt. In einem ersten Schritt wurden die vorbehandelten Proben mit Hilfe eines Lichtmikroskops hinsichtlich der erzielten Oberfläche analysiert und im Anschluss die erzeugte Topographie mit einem konfokalen Lasermikroskop bewertet. Nach der Auswahl der Prozessparameter wurden die Proben in den beschriebenen Kombinationen hergestellt und unter Zugscher- (DIN EN 1465) und schälender Beanspruchung (DIN EN 1464) geprüft.

Auszug aus den Ergebnissen

Wie erläutert ist die kinetische Energie der einzelnen Strahlgutpartikel wesentliches Merkmal des Bearbeitungsprozesses, die bekanntermaßen von Masse und Geschwindigkeit des Korns bestimmt wird. Während die Masse eines Korns mit

Hilfe des mittleren Durchmessers und der Dichte des verwendeten Materials verhältnismäßig einfach bestimmt werden kann, ist die Korngeschwindigkeit deutlich schwieriger zu ermitteln, da sie von Faktoren wie etwa Saugunterdruck, Korngröße, Strahlhaubengeometrie oder der Strahlgutzuführung abhängt. Zur Bestimmung der kinetischen Energie als charakteristisches Merkmal wurden für die verschiedenen untersuchten Granulate unter Variation des Saugunterdruckes Hochgeschwindigkeitsaufnahmen (11200 Bilder pro Sekunde) des Prozesses gemacht. Diese Bildfolgen wurden im Anschluss ausgewertet, um so für jede Parameterkombination die mittlere Korngeschwindigkeit zu bestimmen. Bild 3 zeigt exemplarisch eine der ausgewerteten Bildfolgen. Auf Grundlage dieser Ergebnisse konnte für die einzelnen Parameterkombinationen eine mittlere kinetische Energie der Strahlgutpartikel ermittelt werden. Bild 2 zeigt für die unterschiedlichen Kombinationen aus Saugunterdruck und Granulat die kinetische Energie eines Korns – die Abkürzung GB steht für Glasbruch und Na_2CO_3 für Soda als Strahlmittel. Die Zahl bezeichnet die mittlere Korngröße der Glasbruchpartikel in µm.

Nach der Prozessbeobachtung erlaubt der Vergleich des Kontaktwinkels einer unbehandelten mit einer vorbehandelten Probe eine erste tendenzielle Aussage

Bild 2
Kinetische Energie der einzelnen Parameterkombinationen

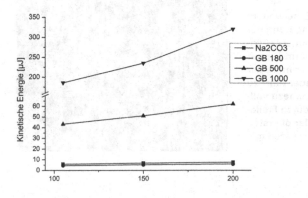

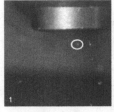   

Bild 3
Bildfolge zur Ermittlung der Korngeschwindigkeit.

Bild 4
Lichtmikroskopische Aufnahmen unterdruckgestrahlter Oberflächen

Bild 4a
Bei dieser vorbehandelten Probe war die Intensität nicht ausreichend, um die Matrix von der obersten Faserlage zu entfernen.

Bild 4b
Die Erhöhung der Strahldauer und somit der Vorbehandlungsintensität führt zu ersten Ablösungen der Matrix.

Bild 4c
Eine weitere Verringerung der Vorschubgeschwindigkeit und somit Erhöhung der Strahldauer führt zu einer nahezu vollständigen Freilegung der obersten Faserlage.

über die Wirksamkeit der Vorbehandlungsmethode. Im Rahmen der hier dargestellten Untersuchungen wurden überwiegend Glasbruchgranulate verwendet, aber auch die Vorbehandlung mit Natriumcarbonat als Strahlmittel wurde untersucht. Auf den vorbehandelten Oberflächen wurde als Indiz für die Veränderung der Oberflächenchemie die Oberflächenenergie mittels Kontaktwinkelmessungen bestimmt.

Es zeigt sich, dass durch die Vorbehandlung mittels Unterdruckstrahlen die Oberflächenenergie stark erhöht wird; diese Aussage besitzt für beide Granulate Gültigkeit. Dies ist besonders vor dem Hintergrund der unterschiedlichen Härte des Granulates positiv zu bewerten. So bewirkt auch das im Verhältnis zum Fügeteilmaterial weiche Natriumcarbonat eine Erhöhung der Oberflächenenergie. Auffällig ist hierbei aber, dass die Verwendung von Glasbruch als Granulat nahezu ausschließlich den dispersen Anteil der Oberflächenenergie erhöht (von 17 mJ/m² auf 45 mJ/m²), während die Verwendung von Natriumcarbonat als Strahlmittel beide Anteile, besonders aber den polaren Anteil, stark erhöht (von 5 mJ/m² auf 19 mJ/m²). Dabei gilt es jedoch zu beachten, dass es infolge der Vorbehandlung nicht nur zum Abtrag und einer möglichen chemischen Veränderung der Oberfläche kommt, sondern auch die Topographie wesentlich beeinflusst wird, wodurch die Vergleichbarkeit der gemessenen Benetzungswinkel nur noch eingeschränkt gegeben ist. Die Erhöhung der Oberflächenenergie durch

Strahlprozesse wurde bereits umfangreich in der Literatur beschrieben [4,5]. Das Bild der gestrahlten Oberfläche zeigt sich stark abhängig von den gewählten Parametern. Am Beispiel der Variation der Vorschubgeschwindigkeit und somit der Strahldauer erfolgt die Diskussion der Beobachtungen. Bild 4 zeigt Proben mit gleichen Vorbehandlungsparametern, lediglich die Dauer der Vorbehandlung bzw. die Verfahrgeschwindigkeit der Probe wurde variiert. Bei der in Bild 4 a gezeigten Probe ist deutlich zu erkennen, dass die Behandlungszeit nicht ausreichend war, um eine Entfernung der obersten Matrixschicht zu erreichen. Bild 4 b zeigt eine Probe mit erhöhter Vorbehandlungsdauer, hier sind erste Ablösungen der Matrix zu erkennen, sodass teilweise die oberste Faserlage freigelegt wird. Eine weitere Vergrößerung der Intensität durch die Erhöhung der Strahldauer führt schließlich dazu, dass es zu einem nahezu vollständigen Abtrag der Matrix und somit zur Freilegung der Fasern kommt (Bild 4 c). Diese Beobachtungen werden von den ermittelten Oberflächenrauheiten unterstrichen. So zeigt die am kürzesten vorbehandelte Probe die relativ geringen Rauheitswerte einer intakten Matrixschicht, während eine längere Vorbehandlung die Oberflächenrauheit durch zunehmende Freilegung der Faser erhöht.

Bei der Betrachtung der Bilder 4a bis 4c wird ersichtlich, dass eine starke Abhängigkeit des Bearbeitungsergebnisses, bestehend aus Oberflächenrauheit und der Strahldichte, also dem Bearbeitungsgrad der Oberfläche, zur Strahldauer besteht.

Ähnliche Beobachtungen wurden auch für die anderen Einflussfaktoren gemacht. So zeigt sich, dass bei der Erhöhung des Saugunterdruckes ein deutlich intensiverer Abtrag der Oberfläche stattfindet, was sich ebenfalls in der Oberflächenrauheit widerspiegelt. Bei der Verwendung unterschiedlicher Korngrößen zeigte sich, dass die Verwendung größerer Granulatkörner zu einer weniger gleichmäßigen Bearbeitung der Oberfläche führt. Dies ist darauf zurückzuführen, dass der Massenstrom über alle Versuche konstant auf 300 g/min eingestellt wurde. Bei deutlich schwereren Partikeln treffen also weniger Körner pro Zeit auf die Oberfläche. Dies führt – verbunden mit einer hohen Verfahrgeschwindigkeit – dazu, dass nicht mehr alle Bereiche der Oberfläche sicher von einem Strahlgutpartikel getroffen werden. Durch die hohe kinetische Energie der Partikel sind die Einschlagskrater deutlich ausgeprägter, sodass eine höhere Oberflächenrauheit zu beobachten ist (Bild 5).

Im Zugscherversuch wird ein erheblicher Unterschied zwischen der automobil- und der luftfahrttypischen Konfiguration ersichtlich (Bild 6). Dies gilt sowohl für die nicht als auch für die vakuumsaugstrahlvorbehandelten Prüfkörper. Die nicht vorbehandelten Referenzproben versagen bei beiden Materialtypen vollständig adhäsiv. Allerdings ist die Festigkeit der Luftfahrtkombination wegen der ausgeprägten Trennwirkung des verwendeten Trennmittels auf Silikonbasis deutlich geringer. Die vorbehandelten Proben aus dem Luftfahrt-CFK zeigen mit steigender Bearbei-

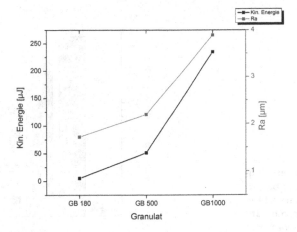

Bild 5
Die Verwendung gröberen Granulats bewirkt eine höhere kinetische Energie der Einzelpartikel und führt zu einer größeren Oberflächenrauheit.

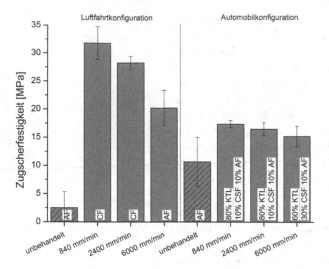

Bild 6
Zugscherfestig-
keiten der beiden
untersuchten
Materialkombinati-
onen bei variierter
Bearbeitungsge-
schwindigkeit

tungsgeschwindigkeit einen zunehmenden Anteil adhäsiven Versagens (AF) bei abnehmender Verbindungsfestigkeit. Dies lässt darauf schließen, dass das Trennmittel nicht vollständig von den Oberflächen entfernt wird und somit keine ausreichende Adhäsion aufgebaut werden kann. Bei den Automobilproben zeigt sich das Bruchbild im Wesentlichen unabhängig von der Parameterkombination der Vorbehandlung, da alle vorbehandelten Proben durch eine Mischung aus Versagen in der KTL Beschichtung und Delamination im Fügeteil (CSF) versagen. Bei dieser Werkstoffkombination stellen nach der Vorbehandlung also diese Ebenen den limitierenden Faktor für die Festigkeit der Gesamtverbindung dar. Dabei wirkt sich auf die erzielbare Festigkeit insbesondere das frühe Versagen der KTL-Beschichtung negativ aus. Dies ist darauf zurück-

zuführen, dass die KTL-beschichteten Aluminiumfügeteile nur eine geringe Dicke besitzen (1,1 mm) und dadurch die während der Zugscherprüfung auftretende Dehnung nahezu vollständig von dem KTL-Blech übernommen wird. Da die Beschichtung eine vergleichsweise geringe Bruchdehnung besitzt, kommt es aufgrund der Dehnung des Bleches zur Ablösung der Beschichtung vom Substrat und dadurch zum Versagen der Verbindung, bevor die kohäsive Festigkeit der Klebschicht erreicht werden kann. Eine Übersicht der auftretenden Bruchbilder ist in Bild 7 dargestellt.
Bild 8 zeigt noch einmal anschaulich den Einfluss der Bearbeitungsgeschwindigkeit auf das Versagensverhalten anhand der Bruchfläche und des Kraft-Weg-Verlaufes einer Rollenschälprobe. Auf dem dargestellten Fügeteil wurden drei Berei-

Bild 7
Versagensbilder
unterschiedlich
vorbehandelter
CFK-Proben

| adhäsives Versagen | kohäsives Versagen | Mischbruch CFK + KTL | Vollständige Ablösung KTL |

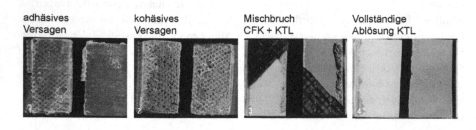

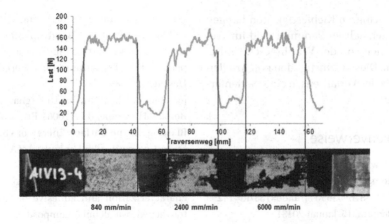

Bild 8
Last-Traversenweg –
Verlauf und Bruch-
bild einer im
Rollenschälversuch
geprüften Probe
aus der Luftfahrt-
konfiguration

che mit variierter Geschwindigkeit vor-behandelt, die Bereiche dazwischen sind jeweils unbehandelt. Aufgrund der höheren Sensitivität des Rollenschältests gegenüber Oberflächeneffekten tritt bereits bei der Bearbeitungsgeschwindigkeit von 2,4 m/min teilweise adhäsives Versagen auf.

In weiteren Versuchen konnte anhand entsprechender Parametervariationen aufgezeigt werden, dass die übertragbaren Lasten bei der Variation von Saugunterdruck, Korngröße und Granulatart innerhalb des Streubereichs ihres Prüfloses und somit auf einem Niveau liegen. Diese Prozessgrößen stellen also im Rahmen des untersuchten Prozessfensters keinen Einfluss auf das Bearbeitungsergebnis bzw. die erzielbaren Verbindungsfestigkeiten dar, was wiederum eine hohe Robustheit des Prozesses gegenüber Störgrößen bedeutet.

Fazit

Die beschriebenen Untersuchungen belegen, dass mit dem Unterdruckstrahlen ein umweltfreundliches, robustes und wirksames Verfahren zur Klebvorbehandlung von Faserverbundwerkstoffen zur Verfügung steht. Im Vergleich zu den unvorbehandelten Proben konnte bei allen Parameterkombinationen eine deutliche

Steigerung der maximalen Schubspannung sowohl für ein luftfahrt- als auch ein automobilbautypisches System erreicht werden. Die Wirksamkeit dieser Vorbehandlungsmethode zeigte sich auch unter schälender Beanspruchung.

Es konnte ebenfalls gezeigt werden, dass es sich bei dieser Vorbehandlungsmethode um einen sehr robusten Prozess handelt. Das Bearbeitungsergebnis bzw.

DANKE

Die dargestellten Ergebnisse wurden im Rahmen des AiF ZIM Projektes FaVaBond und des vom Land Niedersachsen seit dem Jahr 2009 geförderten Forschungsprogramms „Bürgernahes Flugzeug" erarbeitet. Das Projekt FaVaBond wird gefördert durch das Bundesministerium für Wirtschaft und Technologie aufgrund eines Beschlusses des Deutschen Bundestages. Die Autoren danken den Partnern der beteiligten Forschungsinstitute des DLR, der TU Braunschweig und der LU-Hannover sowie dem Projektpartner GP innovation GmbH, Lübbenau, für die gute Zusammenarbeit in den Projekten.

die erzielbaren Klebfestigkeiten hängen im untersuchten Parameterfeld im Wesentlichen von der Verfahrgeschwindigkeit ab. Dies begünstigt den potenziellen Einsatz des Verfahrens in einer Serienfertigung.

Quellenverweise

[1] www.lightweight design.de/index.php;do=show/site=lwd/sid=2880300835 0f4199242387695369044/alloc=135/id=14255 (Abrufdatum: 15. Januar 2013)

[2] Parker, B.M./ Waghorne, R.M. (1982): Surface pretreatment of carbon fibre-reinforced composites for adhesive bonding, In: Composites 13, S. 280–288

[3] Poorna Chander, K./ Vashista, M./ Sabiruddin, K./ Paul, S./ Bandyopadhyay, P.P. (2009): Effects of grit blasting on surface properties of steel substrates, In: Materials and Design 30, S. 2895–2902

[4] Boerio, F.J./ Roby, B./ Dillingham, R.G./ Bossi, R.H./ Crane, R.L. (2006): Effect of Grit-Blasting on the Surface Energy of Grahite/ Epoxy Composites, In: The Journal of Adhesion 82, S. 19–37

[5] Chin, J.W./ Wightman, J.P. (1996): Surface characterization and adhesive bonding of toughened bismaleimide composites, In: Composites Part A: Applied Science and Manufacturing 27, S. 419–428

Flexible Extrusion thermoplastischer Elastomere – Ein Profil direkt aufextrudiert

REIS GMBH & CO. KG MASCHINENFABRIK

Dichtprofile im Automobilbau werden heute meist nicht mehr einzeln gefertigt und manuell auf die entsprechenden Bauteile aufgesetzt, sondern bei der Extrusion direkt auf dem entsprechenden Bauteil fixiert. Dank einer innovativen Lösung mit einer weiteren Roboterachse lässt sich die Leistungsfähigkeit dieser flexiblen Methode jetzt noch weiter erhöhen.

Die Prozesstechnik der flexiblen Extrusion thermoplastischer Elastomere (TPE) ist eine Spezialität von Reis Extrusion, einer Tochter von Reis Robotics. Das Unternehmen ist bereits seit 1973 auf dem Gebiet des hochviskosen Klebens auf dem Markt aktiv – damals noch unter dem Namen GEPOC Verfahrenstechnik. Nach einer Beteiligung von Saint-Gobain Sekurit übernahm Reis Robotics 2006 die Geschäfte. „Die flexible Extrusion direkt auf einem Bauteil ist die ideale Ergänzung für unser Automations-Portfolio", erklärt Dr. Michael Wenzel, Geschäftsführer der Reis Group Holding. „Die Verbindung von Robotic und Dichtprofilherstellung führt zwei Prozessschritte zusammen, weil das erzeugte Profil direkt auf dem Werkstück appliziert wird."

Neue Herausforderungen für die Hersteller von Autoverglasung und deren Abdichtung entstanden Anfang der 90er Jahre. „Beim VW Golf III wurden rahmenlose, fest stehende Scheiben erstmals in der Großserie verklebt", so Thomas Bischof von Reis Extrusion. „In der Partnerschaft mit Sekurit entstanden bei uns entsprechende Lösungen. Waren die Dichtungsprofile anfangs noch aus Polyurethan (PU), begannen wir bereits 1996 damit, PU durch einen anderen Werkstoff, thermoplastisches Elastomer (TPE), zu ersetzen. Warum? Einige seiner herausragenden Eigenschaften sind UV-Stabilität und keine Vernetzungszeit, sodass ein Profil sofort nach dem Abkühlen formtreu und versandbereit ist. Allein diese Eigenschaften waren bei knapp bemessenen Taktzeiten in der Produktion ein erheblicher Vorteil. Darüber hinaus können aus TPE auch komplexe Geometrien bis hin zum Schlauch geformt werden. Übergänge lassen sich prägen und wegen der chemischen Eigenschaften entsteht beim Einsatz von Bauteilen aus PP (Polypropylen) auch ohne Haftvermittler eine hundertprozentige Haftung, weil sich die Materialien verschweißen. Am Ende der Nutzungszeit lässt sich das Material recyceln, was ebenso einen Fortschritt gegenüber PU darstellt wie die höhere Standfestigkeit der erzeugten Profile."

Gleichzeitig erzeugen und montieren

Die Besonderheit der Roboter-Extrusion liegt darin, dass Erzeugung des Profils sowie dessen Montage einen einzigen Produktionsschritt darstellen. Die Extrusionsdüse ist daher nicht am Extruder befestigt, sondern beweglich an einem 6-Achsen-Roboter. Ein beheizter druckstabiler Schlauch verbindet Ex-truder und Extrusionsdüse. Der Roboter folgt mit der Düse der am Bauteil vorgesehenen Bahn und erzeugt damit die Extrusionsbewegung. Allerdings gilt es, einige Feinheiten zu beachten. Für hohe Produktqualität müssen Fließgeschwindigkeit bei der Extrusion und die Roboterbewegung sehr genau synchronisiert und konstant gehalten werden. Außerdem ist ein Rohmaterial erforderlich, das den hohen Anforderungen der Automobilindustrie gerecht wird. Reis Extrusion setzt auf das Material Santoprene TPV von ExxonMobil Chemical, das als Standardprodukt über die entsprechenden Zulassungen verfügt.

Kurz zusammengefasst läuft die Extrusionsprozess in folgenden Schritten ab

(Bild 1): Vom Neuware-/Mahlgutbehälter durchläuft das Granulat einen Trockner und wird von dort aus dem Extruder zugeführt. Dieser ist über einen beheizten, flexiblen Schlauch direkt mit der Roboterhand verbunden, wo im Extrusionskopf die entsprechende Extrudierdüse eingesetzt wird, die das Profil vorgibt. Der Extruder arbeitet in einem kontinuierlichen Förderprozess. Um Produkte mit gleichbleibender Qualität und Maßhaltigkeit zu erzeugen, läuft der Förderprozess kontinuierlich. Das im Extrusionskopf integrierte Kopfventil ermöglicht es, den TPE-Materialstrom wahlweise zur Düse oder zum Bypass zu führen. Während der An- und Abfahrt zum und vom Bauteil fließt das Material über den Bypass, von wo es in eine Auffangwanne gelangt, die während des Produktwechsels entleert wird. Da das Material vollständig und immer wieder verwendbar ist, wird es danach gemahlen und erneut dem Prozess zugeführt – ohne Abfall und damit ressourcenschonend. Auch bei notwendigen Produktionspausen arbeitet der Extruder – allerdings mit verminderter Geschwindigkeit – weiter, weil dies kostengünstiger und sicherer für den Prozess ist

Bild 1
Schematischer Aufbau der Roboter Extrusion und Anlagenkomponenten

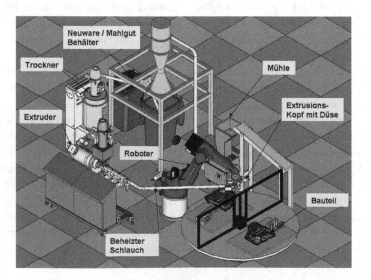

als das gesamte System neu aufzuheizen und zu starten.

Der Ablauf am Bauteil stellt sich folgendermaßen dar: Ist das Bauteil eingelegt, säubert der Roboter die Düsenspitze über einem Abstreifer, fährt in Startposition auf dem Bauteil und beginnt nach dem Öffnen des Kopfventils mit einem sehr kleinen Anfahrbereich. Dieser ist möglich, weil der Förderprozess zuvor nicht gestoppt wurde. Nun extrudiert der Roboter entlang der vorgegebenen Dichtungsbahn. Bei nicht geschlossenem Dichtungsverlauf erfolgt am Ende ein Abriss des Dichtprofils. Bei Ringdichtungen wird am Start/Stopp ein Materialüberschuss aufgebracht, der nachfolgend von einem Werkzeug geprägt wird, sodass eine end- und nahtlose Dichtung entsteht. Selbst Stopfen können so in Löcher am Bauteil eingebracht werden, denn sie entstehen ebenfalls durch eine größere Menge TPE aus der Düse, die dann durch einen entsprechenden Stempel in Form gebracht wird. Vorteilhaft ist hier, dass mit relativ einfachen Werkzeugen zusätzliche Funktionsbauteile angebracht werden können.

Düsengeometrien nach Bedarf

Das automatische Extrudieren und Aufbringen der Profile ist nicht nur eine Frage der Technologie. „Da es bei unseren Kunden immer wieder um neue Herausforderungen geht, gibt es keine Standardprodukte", ergänzt Thomas Bischof. „Wir müssen vielfältige Variablen berücksichtigen, um unseren Kunden – meist sind dies Automobilzulieferer – den optimalen Ablauf einzurichten. In unserem Technikum erstellen wir Prototypen zur Bemusterung. Aber noch entscheidender ist der eigene Formenbau für die Düsen. Wir sind in der Lage, sehr schnell die Düsengeometrien zu entwickeln, die am Ende das gewünschte Profil hervorbringen. Und deren Fräsprofil sieht oft ganz anders aus als das Sollprofil."

Eine Herausforderung stellt außerdem das Quellen bzw. Schrumpfen des Materials dar, das beim Düsenlayout und bei der Extrudiergeschwindigkeit – beispielsweise in engen Kurven – berücksichtigt werden muss (Bild 2). Schließlich ist das Material nur für einen extrem kurzen Zeitraum in der Düse geführt, bevor es frei stehend auf das Bauteil extrudiert wird.

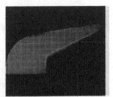

Bild 2
Auswahl von Lippengeometrien. Die äußeren, überlagerten Linien zeigen den Sollverlauf aus der CAD-Entwicklung und damit die minimalen Abweichungen in der Realität trotz des verwendeten dauerelastischen Materials.

Bild 3
Auswahl von Schlauchgeometrien und Einsatzmöglichkeiten.

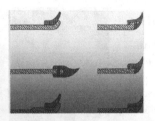

Wie bereits ausgeführt, verbinden sich die Kunststoffe TPE und PP hervorragend. Geht es jedoch darum, auch andere Bauteile mit einer extrudierten Dichtung zu versehen, so müssen andere Techniken eingesetzt werden. So wird entweder zuvor ein Haftvermittler aufgebracht oder aber – sofern das möglich ist – es erfolgt eine mechanisch stabile Verbindung über Hinterschnitte bzw. eine mechanische Verkrallung auf der Rückseite der Dichtung.

Bild 4 zeigt als Beispiel einen Hinterschnitt in Nieten-Design. Das TPE wird durch Löcher im Bauteil hindurchgedrückt, um sich auf der Rückseite so zu verteilen, dass eine Art Nietkopf entsteht. Andere Hinterschnitt Designs wie Nuten und Rippen sind ebenfalls möglich. Zu beachten ist, dass in der Einbausituation die Dichtung nicht aus Ihrer Verkrallung herausgeschält wird. So kann über ein intelligentes Design ein zusätzlicher Prozessschritt eingespart werden.

Bild 4
Beispielhafte Darstellung möglicher Profilanbindungen

Einen Eindruck über mögliche Geometrien von Lippen-, Hohlprofilen und deren Kombinationen zeigen die Beispiele auf dem Bild 3. Weil das zugelassene Material standardisiert ist und nicht verändert werden darf, werden Unterschiede in der Weichheit allein durch Änderungen der Profilgeometrie (z. B. der Wandstärke, Versteifungsrippen usw.) realisiert.

Bild 5
Die Verarbeitungsgeschwindigkeit eines 6-Achsen-Roboters kann durch den Einsatz eines Drehtisches auf bis zu 400 mm/s erhöht werden.

Die siebte Achse

„Kürzere Taktzeiten erfordern beim Aufbringen der Dichtungen teilweise Geschwindigkeiten, die über die ‚üblichen‘ 150 mm/s hinausgehen", so Thomas Bischof weiter. „Gemeinsam haben wir uns überlegt, wie wir die Geschwindigkeit weiter steigern können, wenn diese bei einem 6-Achsen-Roboter an ihre physikalischen Grenzen stößt. Heraus kam eine siebte Achse. In diesen Fällen setzen wir einen Drehtisch ein, der die Vorrichtung trägt und dem Roboter einige Dreh- und Schwenkbewegungen abnimmt (Bild 5). Perfekt synchronisiert erreichen wir damit eine Verarbei-tungsgeschwindigkeit von bis zu 400 mm/s – und das ist absolute Spitze in dieser speziellen Anwendung."

Bild 6
Blechteil mit Dichtprofil und vielfältigen Kurvenradien.

Fazit

Extrudierte Dichtprofile, die in einem Arbeitsgang direkt auf Bauteilen der Automobilindustrie aufgebracht werden, setzen tiefe Kenntnis der chemischen, physischen und mechanischen Zusammenhänge voraus (Bild 6). Nur wer diese beherrscht, schafft eine dauerhafte, sichere und dichte Verbindung in einem Schritt – und das bei Geschwindigkeiten von bis zu 400 mm/s.

Geklebte Strukturen im Fahrzeugbau – Simulation und Bewertung von Fertigungstoleranzen

Dipl.-Ing. Georg Kruschinski | Prof. Dr.-Ing. Anton Matzenmiller | Dipl.-Ing. Mathias Bobbert | Dr.-Ing. Dominik Teutenberg | Prof. Dr.-Ing. Gerson Meschut

Bisher blieb bei der Auslegung von Klebverbindungen im Automobilbau der Einfluss der Fertigungstoleranzen auf ihr Crashverhalten völlig unberücksichtigt. Um nun die Frage zu beantworten, in welcher Weise die Änderungen u. a. der Klebschichtdicke, des Fugenfüllungsgrades und der Belastungsgeschwindigkeit infolge von Fertigungstoleranzen Wirkung auf das Verhalten geklebter Verbindungen zeigen, wurden entsprechende experimentelle und numerische Untersuchungen durchgeführt und analysiert.

Bei der konsequenten Umsetzung innovativer Leichtbaukonzepte, wie der des Multimaterial-Designs, spielt die Klebtechnik eine entscheidende Rolle. Einer optimalen Ausnutzung des enormen Potentials dieser Fügetechnik stehen jedoch fertigungs- und prozesstechnische Einflussfaktoren gegenüber. Dies betrifft insbesondere die in der Serienfertigung auftretenden Toleranzen hinsichtlich der geometrischen Ausprägung der Fügezone. Diese Einflussgrößen, wie z. B. die Klebschichtdicke, die Fugenfüllung, die Fügeteildicke oder die Fügeteiloberfläche, können einen signifikanten Einfluss auf die mechanischen Eigenschaften der Verbindung haben (Bild 1). Weiterhin werden die Verbindungseigenschaften durch prozesstechnische Einflussgrößen wie den Aushärtungsverlauf der Klebschicht beeinflusst. Eine Kenntnis der im Fertigungsprozess auftretenden Streuungen und deren Auswirkung, auch unter Berücksichtigung des Span-

Bild 1
Die in der Fertigung auftretenden Toleranzen, wie z. B. Klebschichtdicke und Fugefüllungsgrad, haben direkten Einfluss auf das Crashverhalten geklebter Verbindungen.

nungszustandes und der Belastungsge-schwindigkeit, ist wichtig für eine kalku-lierbare Anwendung dieser Fügetechnik.

Problemstellung

Das reale, in der Serienfertigung herge-stellte Produkt zeigt Abweichungen von den idealisierten Größen des Simulati-onsmodells, sodass das gemessene mechanische Bauteil- und Strukturver-halten von dem des virtuellen Prototyps signifikant abweichen kann [1]. Hier stellt sich die Frage, wie groß diese Abweichungen infolge der Serienstreu-ungen sein dürfen, ohne dass sich das Gesamtverhalten der Karosserie im Crashfall merklich ungünstig ändert und außerhalb des zulässigen Bereichs liegt. Konkreter stellen sich folgende Fragen:

- Welchen Einfluss haben reale Ände-rungen der Eingangsparameter wie Klebschichtdicke, Fugenfüllungsgrad, Aushärtegrad, etc. auf die Ausgangs-werte der virtuellen Analyse wie Ener-gieaufnahme, Kraftmaximum, Bruch-wege, etc.?
- Wie groß ist die Wahrscheinlichkeit der Überschreitung bestimmter Versa-gensgrenzen?
- Welche Toleranzen und Eingangsgrö-ßen der Konstruktions- und Ferti-gungsparameter führen zu einem ro-busten Verhalten?

Antworten auf diese Fragestellungen werden in einem laufenden AiF-For-schungsvorhaben gemeinsam von dem Laboratorium für Werkstoff- und Füge-technik an der Universität Paderborn (LWF) und dem Institut für Mechanik an der Universität Kassel (IfM) erarbei-tet.

Lösungsansatz

Das Ziel des Forschungsvorhabens ist es, ein aus den bisherigen Forschungs-projekten hervorgegangenes determinis-tisch basiertes Simulationsverfahren zur Abschätzung des Crashverhaltens von Klebverbindungen dahin gehend zu qualifizieren, dass damit bei variierten konstruktions- und fertigungsbedingten Toleranzen hinreichend genaue Berech-nungen des Crashverhaltens der Ge-samtstruktur möglich sind. Dazu sind zunächst Basiskennwerte zur Parame-teridentifikation des verwendeten Materi-almodells notwendig. Diese sollen auch die sich aus der Messung ergebenen Streuungen der Materialdaten berück-sichtigen, um diese Variation in einer Sensitivitätsanalyse im Hinblick auf das Simulationsergebnis im Vergleich zu den Ergebnissen aus den Versuchen zu bewerten. Dazu werden anhand von Grundversuchen an standardisierten Proben im ersten Schritt Kennfunktionen ermittelt. Dies betrifft insbesondere Schubspannungs-Gleitungs-Verläufe so-wie Normalspannungs-Dehnungs-Ver-läufe in Abhängigkeit der Klebschicht-dicke und der Dehnrate.

Parameteridentifikation

Anhand dieser Versuche erfolgt die Para-meteridentifikation mit dem Optimie-rungstool LS-OPT, wobei unterschied-liche Strategien verwendet und deren Robustheit und Effizienz überprüft wer-den. Der prinzipielle Ablauf der Iden-tifikation ist in Bild 2 dargestellt. Die Identifikation eines „optimalen" Parame-tersatzes erfolgt dabei über die iterative Anpassung der Simulationskurven an die jeweiligen experimentell ermittelten Kennfunktionen durch die Variation der einzelnen Materialparameter. Die Güte der Anpassung wird über ein Qualitäts-kriterium, die sogenannte Zielfunktion, ausgewertet. Ist die Übereinstimmung der numerisch berechneten und der aus den Experimenten ermittelten Kenn-funktionen (wie z. B. Kraft-Wegverläufe) ausreichend, ist das Ziel der Parameter-

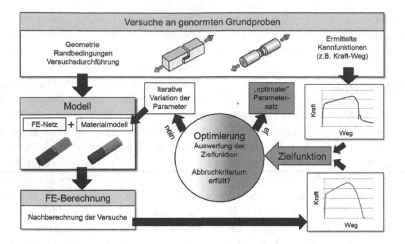

Bild 2
Prinzipielle Vorge-hensweise bei der Parameteridentifika-tion mit Hilfe eines Optimierungstools

Identifikation erreicht. Die Suche nach dem „optimalen" Parametersatz kann somit auch als eine Optimierungsaufgabe formuliert werden:

$$\min f(x),$$

wobei f die zu minimierende Zielfunktion (hier die Abweichung oder der Fehler) und x die Designvariablen (hier die Materialparameter) sind. Um das Minimum zu finden, muss die Funktion $f(x)$ aber bekannt sein. Oft haben diese Funktionen ungünstige mathematische Eigenschaften, sodass die Suche nach dem Minimum sich als sehr schwierig erweisen kann. Um diese Aufgabe trotzdem lösen zu können, wird die sogenannte Metamodelltechnik eingesetzt. Dabei wird die Optimierungsaufgabe nicht auf der tatsächlichen Funktion, sondern auf einer Approximation dieser Funktion

gesucht. Zwar wird dadurch nur eine Näherung des Optimums gefunden, die Suche selbst ist aber wesentlich effizienter. Zur Bildung dieser Approximationen, auch Metamodelle genannt, werden idealerweise Daten aus den direkten Simulationen verwendet. Damit die Approximationen eine möglichst hohe Güte über den gesamten Designraum aufweisen, müssen genügend Stützstellen vorhanden und günstig in diesem Raum verteilt sein. Genau mit diesen Fragestellungen beschäftigt sich die statistische Versuchsplanung (Design of Experiment DoE), die auch üblicherweise zur Erzeugung dieser Stützstellen verwendet wird. Die Parameter werden dabei so gewählt, dass eine maximale Informationsmenge bei minimaler Versuchszahl über den gesamten Designraum generiert werden kann [2, 3]. Bei der Parameteridentifikation hat sich die Methode der kleinsten Fehlerquadrate als Zielfunktion bewährt. Bild 3 zeigt die prinzipielle Vorgehensweise zur Bestimmung der Abweichung der Simulationskurve von der Versuchskurve mit der Methode der kleinsten Fehlerquadrate. Bei der Kurve $f(x, z)$ handelt es sich um die Simulationskurve an einer Stützstelle, wobei die Variablen x_i die unbekannten Parameter des Werkstoffmodells darstellen. Die unabhängige

Bild 3
An jedem Regressionspunkt wird eine Abweichung (Residuum) zwischen der Simulations- und der Versuchskurve berechnet. Das Ziel der Optimierung ist, die Summe der Quadrate aller Abweichungen zu minimieren.

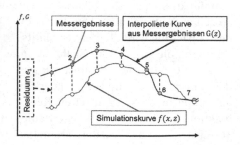

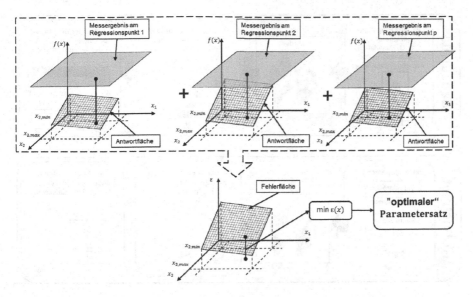

Bild 4
Aus den Fehlern an einzelnen Regressionspunkten (oben) wird eine Fehlerfläche (unten) gebildet. Das Minimum der Fehlerfläche liefert den „optimalen" Parametersatz.

Zustandsgröße z kann dabei für Zeit, aber auch für Dehnung oder Verschiebung stehen. Die Punkte $G_p (z)$ repräsentieren diskrete Messergebnisse, die zu der Versuchskurve $G(z)$ linear interpoliert werden können. Die Abweichung der Simulationskurve von der Versuchskurve kann nun über das Quadrieren der Abstände an den Regressionspunkten berechnet werden:

$$\varepsilon = \frac{1}{P} \sum_{p=1}^{P} W_p \left(\frac{e_p(x)}{s_p} \right)^2$$

Da die Messpunkte vorher zu einer Messkurve interpoliert werden, ist die Anzahl der Regressionspunkte P frei wählbar. Der berechnete Fehler wird über den Faktor s_p normiert und mit dem Faktor W_p gewichtet [3]. Wie bereits oben erwähnt, erfolgt die eigentliche Suche nach dem kleinsten Fehler auf dem sogenannten Metamodell. Dafür wird an jedem Regressionspunkt der Simulationskurve eine Antwortfläche in Abhängigkeit der Materialparameter x_i erstellt (Bild 4). Zur Erzeugung dieser Fläche werden Werte aus den Simulationen an den Stützstellen der statistischen Versuchsplanung ver-

wendet. Der Abstand zwischen der jeweiligen Antwortfläche und dem jeweiligen Messergebnis wird als Residuum bezeichnet, wobei das Ziel der Optimierung seine Minimierung ist. Da die Anpassung der Simulationskurve an die Versuchskurve nicht an einem, sondern an allen Regressionspunkten zu erfolgen hat, ist die Minimierung aller Residuen notwendig. Zu diesem Zweck wird aus einzelnen Residuen eine sogenannte Fehlerfläche in Abhängigkeit der Materialparameter x erstellt (Bild 4, unten). Mit entsprechenden Algorithmen wird ein globales Minimum auf dieser Fläche ermittelt und somit auch ein „optimaler" Parametersatz gefunden.

Experimentelle und numerische Untersuchungen

Im nächsten Schritt werden an weiteren Versuchen mit technologischen Proben, wie z. B. einschnittig überlappte Zugscherprobe, Schälzugprobe und LWF-KS2-Probe unter Variation der Fügeteilwerkstoffe, der Fügeteildicken, der Klebschichtdicken, des Fugenfüllungsgrades und der Belastungsgeschwindigkeit weitere Kennwertfunktionen aufge-

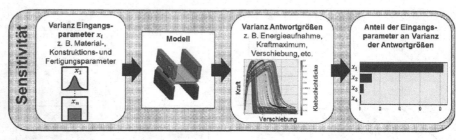

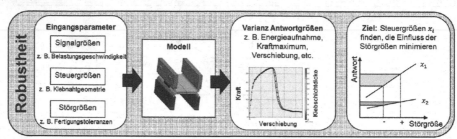

nommen. Auch an dieser Stelle sollen neben den gemittelten Kennwerten auch deren Streuungen in Abhängigkeit der Randbedingungen untersucht und funktional dargestellt werden. Nach der Verifikation der Simulationsmodelle mit den neu ermittelten Parametersätzen erfolgen die Sensitivitätsuntersuchungen der oben genannten Eingangsparameter. Der prinzipielle Ablauf der Sensitivitätsuntersuchung ist in Bild 5 dargestellt. Auf Grundlage dieser Berechnungen kann die in der industriellen Praxis besonders interessierende Frage beantwortet werden, welche der Konstruktions- und Fertigungsvariablen in welchem Maße die relevanten Antwortgrößen wie z. B. die dissipierbare plastische Energie beeinflussen.

Einen weiteren wichtigen Untersuchungsgegenstand stellt die Robustheitsanalyse des klebtechnischen Fertigungsprozesses dar. Anhand der in der industriellen Fertigung auftretenden Toleranzen und deren Verteilungsfunktionen wird erforscht, welche Ausgangsgrößen der Steuergrößen (z. B. die Klebnahtgeometrie) den Einfluss der Störgrößen (z. B. die Fertigungstoleranzen) auf die relevanten Antwortgrößen (z. B. die dissipierbare Energie) minimieren (Bild 6). Mit der genauen Kenntnis der relevanten Einflussgrößen und deren Verteilungen werden nicht nur Worst Case Szenarien, sondern auch die Wahrscheinlichkeiten der Überschreitung bestimmter Grenzen berechnet.

Erste Ergebnisse

Im Folgenden sind Kraft-Weg-Verläufe aus quasistatisch-zügigen Versuchen an der Kopfzugprobe (Bild 7) und der dicken Zugscherprobe (Bild 8) unter Variation

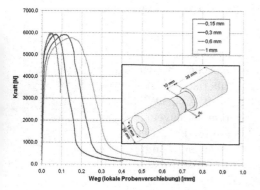

Werkstoff	
S235 JRG2+C	
Klebstoff	
BM 1496 V	
Probengeometrie	
Kopfzugprobe	
Oberfläche	
Saco Plus	
Klebschichtdicke	
Siehe Diagramm	
Kopfdurchmesser	
15 mm	
Prüfrandbedingungen	
Zugversuch	
Dehnrate: 0,002 1/s	
Prüftemperatur: T = RT	

der Klebschichtdicke dargestellt. Es wird deutlich, dass unter Kopfzugbelastung eine Variation der Klebschichtdicke keinen signifikanten Einfluss auf die ertragbare maximale Zugkraft hat. Wesentlich beeinflusst wird hingegen der auftretende Weg bei Kraftmaximum und somit das Energieaufnahmevermögen der Verbindung. Unter Scherzugbelastung dagegen, wie es in Bild 8 zu sehen ist, hat die Dicke der Klebschicht sowohl einen Einfluss auf die maximale Verschiebung als auch auf die ertragbare maximale Scherkraft. Demzufolge nimmt die maximale Scherkraft mit steigender Klebschichtdicke ab einer Klebschichtdicke von 0,3 mm stetig ab.

Zur Parameteridentifikation des verwendeten Klebstoffmodells wurden zunächst Kennwertfunktionen herangezogen, die an Proben mit einer Klebschichtdicke von 0,3 mm ermittelt wurden. Wie bereits oben beschrieben, wurde die Parameteridentifikation mit dem Optimierungstool LS-OPT durchgeführt. Da die Anzahl der zu identifizierenden Parameter und somit auch die Berechnungszeit relativ hoch ist, war das Ziel der Untersuchung, nicht nur einen „optimalen" Parametersatz zu bestimmen, sondern auch eine effiziente Identifikationsstrategie auszuarbeiten. Dabei wurden das Verfahren zum Aufbau der Metamodelle, die Anzahl der Stützstellen und der Suchalgorithmus variiert. Als Auswertungskriterium wurden die Fehlerquadrate, die Abweichung der maximal ertragbaren Kraft in der Simulation gegenüber dem Experiment und die Berechnungszeit herangezogen. Entsprechend der Diagramme in den Bildern 9, 10 und 11 konnten mit allen Strategien sehr gute Ergebnisse erzielt werden. Die Fehlerquadrate liegen zwischen 7,0 x 10⁻⁴ und 3,2 x 10⁻³, was eine sehr gute Wiedergabe der experimentell ermittelten Kurven durch die Simulationskurven bezeugt. Die relative Abweichung in der maximal ertragbaren

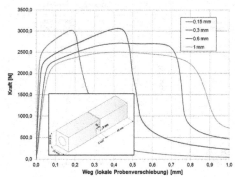

Bild 8
Kraft-Weg-Verläufe der quasistatisch-zügigen Prüfungen unter Scherzugbelastung

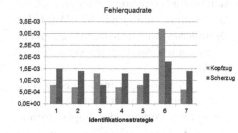

Bild 9
Vergleich unterschiedlicher Optimierungsstrategien bzgl. ihrer Abweichung zu den experimentell ermittelten Kennfunktionen

Bild 10
Vergleich unterschiedlicher Optimierungsstrategien bzgl. ihrer Abweichung von F_max in % zu den experimentell ermittelten Kennfunktionen

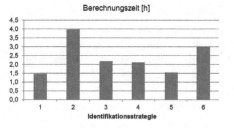

Bild 11
Vergleich unterschiedlicher Optimierungsstrategien bzgl. der Effizienz

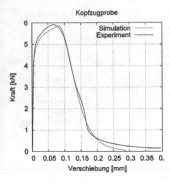

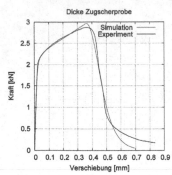

Bild 12
Kraft-Weg-Verläufe der quasistatisch-zügigen Prüfung unter Kopfzug- und Scherzugbelastung

Kraft bleibt mit 3,5% deutlich unter der meist geforderten 5%-Grenze. Lediglich bei der Berechnungszeit unterscheiden sich die untersuchten Strategien merklich. Durch eine geschickte Wahl der Optimierungsstrategie kann die Berechnungszeit um den Faktor zwei reduziert werden (Bild 11).

In Bild 12 sind experimentell ermittelte und numerisch berechnete Kraft-Verschiebungs-Verläufe der Kopfzugprobe (links) und der dicken Zugscherprobe (rechts) gegenübergestellt. Der Parame-

tersatz für diese Berechnungen wurde mit der effizienten Strategie 1 bestimmt. Der prinzipielle Verlauf der experimentellen Kurven wird durch die Simulationskurven sehr gut abgebildet. Es sind lediglich geringe Abweichungen im Kraftmaximum und im Entfestigungsbereich festzustellen.

Zusammenfassung und Ausblick

Bei der Auslegung von geklebten Bauteilen hinsichtlich ihres Crashversagens werden die Einflüsse der in der Serienherstellung auftretenden Konstruktions- und Fertigungstoleranzen bis heute nicht ausreichend berücksichtigt. Die ersten Ergebnisse an geklebten Proben zeigen jedoch, dass die Variation der Parameter wie Klebschichtdicke, Fugenfüllungsgrad, Belastungsgeschwindigkeit, etc. einen signifikanten Einfluss auf das Verhalten geklebter Verbindungen ausüben. Mit dem hier dargestellten Lösungsansatz wird zunächst eine Methodik erarbeitet, mit der eine zuverlässige Identifikation der Materialparameter erfolgen kann. Mit dem identifizierten Parametersatz werden im nächsten Schritt Verifikations- und Validierungsberechnungen an technologischen und bauteilähnlichen Proben durchgeführt, wobei die Sensitivität der Fertigungsparameter und die Robustheit des Fertigungsprozesses genau analysiert werden.

DANKE

Die Forschungsstellen bedanken sich bei den Mitgliedern des projektbegleitenden Ausschusses für die intensive Zusammenarbeit und Unterstützung. Das IGF-Vorhaben 17352 N (Projektlaufzeit Dez. 2012 – Mai 2014) der Forschungsvereinigung Stahlanwendung e.V. – FOSTA, Sohnstraße 65, 40237 Düsseldorf, wird über die AiF im Rahmen des Programms zur Förderung der Industriellen Gemeinschaftsforschung und -entwicklung (IGF) vom Bundesministerium für Wirtschaft und Technologie aufgrund eines Beschlusses des Deutschen Bundestages gefördert. Für die Förderung sei gedankt.

Quellenverweis

[1] W. Roux, N. Stander, F. Günther, H. Müllerschön: Strochastic analysis of high non-linear structures, Int. Journal for Numerical Methods in Engineering 65, 2006

[2] K. Sieberts, D. van Bebber, T. Hochkirchen: Statistische Versuchsplanung. Springer-Verlag Berlin Heidelberg, 2010

[3] N. Stander et.al: LS-OPT User's Manual, Version 4.2, Livermore Software Technology Corporation, 2011

Automatische Dichtstoffapplikation im Karosseriebau – Dosierer und Düse in einer Einheit

Dr. Lothar Rademacher | Astrid Ecke

Bei der automatisierten Abdichtung von Fahrzeugkarosserien werden üblicherweise Applikationssysteme eingesetzt, die unter anderem aus einer Baugruppe zum Dosieren des Applikationsmaterials und einer weiteren zum Applizieren bestehen. Ein neuartiger Lösungsansatz sieht für die automatisierte Fahrzeugabdichtung die Integration von Dosier- und Applikationsfunktion in einer Baugruppe vor.

Stand der Technik

Bei herkömmlichen Systemen zum Auftragen von Dichtungsmaterialien in der Karosseriefertigung ist das Dosiermodul in der Regel am Arm 1 des Roboters montiert und der Applikator am Flansch der Roboterachse 6. Für die Verbindung beider Baugruppen sorgt ein entsprechend langer Materialschlauch.

Begründen lässt sich dieser bisherige Aufbau im Wesentlichen durch:

- das Gewicht und die Abmessungen marktüblicher Dosierer, die eine Montage an Achse 6 des Roboters nicht zulassen,
- die Anforderungen hinsichtlich einer guten Zugänglichkeit des Applikators, der eine schlanke Bauform aufweisen muss, um trotz beengter Platzverhältnisse an allen gewünschten Stellen der Karosserie Dichtstoff auftragen zu können.

Die Probleme

Durch diesen herkömmlichen Systemaufbau ergeben sich Nachteile für die Dynamik der Applikation:

- Die „Atmung" des Schlauchs zwischen Dosierer und Applikator kann zu erhöhten Toleranzen bei der Dosierung führen, die eine hochdynamische Änderung des Materialvolumenstroms während der Applikation verhindern.
- Die Länge des Schlauchs bedingt eine Totzeit bei der Volumenregelung der Materialzufuhr.

Weitere Nachteile des oben beschriebenen Applikationssystems sind ein erhöhter Installationsaufwand, bedingt durch die Anzahl der zu montierenden Bauteile. Daraus ergeben sich wiederum ein entsprechend hoher Wartungsaufwand und ein vergleichsweise hohes Gewicht, das die Zusatzlast der Roboterachsen belastet.

Bild 1
Unterboden-
applikation mit der
neuen integrierten
Applikationseinheit

Die Lösung

Um nun die beschriebenen Nachteile zu vermeiden, wurde ein Applikationssystem nach einem völlig neuen Konzept entwickelt (Bild 1). Es zeichnet sich dadurch aus, dass die Funktion einer hochdynamischen Materialdosierung und die eines 3D-Applikators in einem Bauteil integriert sind. Weitere Dosierkomponenten entfallen, sodass sich dank der Integration beider Funktionalitäten in nur eine Baugruppe ein einfacher Systemaufbau ergibt, der im Vergleich zu bekannten Systemen einen geringen Wartungsaufwand erfordert. Der prinzipielle Aufbau ist in Bild 2 dargestellt. Wie auch bei herkömmlichen 3D-Dosierpistolen besteht die neue Applikationseinheit aus einem Anschlussblock, an den Materialvor- und -rücklauf angeschlossen sind. Ferner beinhaltet der Anschlussblock einen Druck- und Temperatursensor sowie ein Zirkulationsventil, mit dem ein Materialumlauf ein- und ausschaltbar ist. Optional lässt sich darü-

ber hinaus eine Materialheizung integrieren.

Das Material wird parallel zur drehbaren Lanze in den Ventil-/Regelblock geführt. In diesem Block erfolgt über eine Art Drehschieber die Freigabe des Materialdurchgangs für die jeweilige Düse. Dadurch entfallen die bei herkömmlichen Dosierpistolen erforderlichen Nadelventile, was eine deutliche Vereinfachung des Produktaufbaus bedeutet. Auch bedingt dadurch halbieren sich die Schaltzeiten (Öffnen/Schließen) im Vergleich zu herkömmlichen Nadelventilen nahezu. Des Weiteren übernimmt ein Drehschieber die Funktion der Regelung des Volumenstroms für die jeweilige Düse.

Der für die Funktionalitäten des Drehschiebers erforderliche Antrieb erfolgt mittels eines Servomotors. Vom Ventil-/ Regelblock werden die drei Düsenkanäle auf eine Drehdurchführung geführt, und von dort auf den Düsenblock. Letzterer kann über Achse 6 des Roboters gedreht werden. Zwischen Drehdurchführung und Düsenblock kann bei Bedarf auch eine Verlängerung montiert werden, um beispielsweise die Zugänglichkeit an bestimmten Bereichen einer Karosserie zu verbessern.

Im Sinne einer hohen Wartungsfreundlichkeit ist die neue, integrierte Applikationseinheit mittels einer schnell lösbaren Zentralkupplung an der Achse 6 des Applikationsroboters montiert.

Bild 3 zeigt die detailliertere Funktionsweise der drei Baugruppen Ventil-/Regelblock, Drehdurchführung und Düsenkopf.

Aufbau des Gesamtsystems

Die neue Applikationseinheit ist eingebunden in ein sogenanntes kontinuierliches (Endlos-)Dosiersystem, das die Anforderungen an eine qualitativ hochwertige Dichtstoff-Applikation erfüllt.

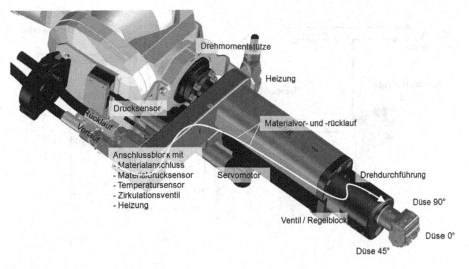

Bild 2
Prinzipieller Aufbau der integrierten Applikationseinheit

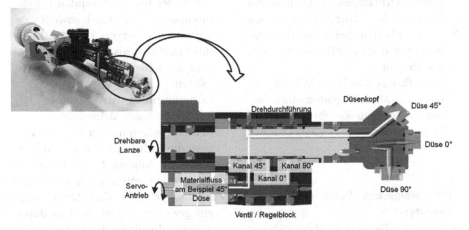

Bild 3
Grafische Darstellung der Funktionsweise der drei Baugruppen Ventil-/Regelblock, Drehdurchführung und Düsenkopf: Der Materialfluss ist am Beispiel der 45°-Düse durch die weiße Linie dargestellt.

Das Gesamtsystem ist im Bild 4 dargestellt und besteht aus folgenden 7 Hauptkomponenten:

■ Materialtemperierung:
Zur Einhaltung einer konstanten Materialtemperatur während der Applikation wird eine Materialtemperierung eingesetzt, mit der das Material bedarfsweise sowohl beheizt als auch gekühlt werden kann. Verfügbar ist die Materialtemperierung sowohl als wasserbasierte Temperierung als auch – basierend auf der Peltier-Technik – als wasserloses Temperiersystem.

■ Materialdruckregler zur Einstellung eines konstanten Eingangsdrucks:
Auch hier kommt ein neu entwickeltes Produkt zum Einsatz, das speziell auf die Erfordernisse der Applikation von hochviskosen Medien abgestimmt ist. Durch den Einsatz spezieller Legierungen sowie durch die Optimierung der Geometrie der materialführenden Komponenten ist das Produkt besonders verschleißarm. Außerdem zeichnet es sich im Vergleich zu anderen marktüblichen Produkten durch eine Gewichtsersparnis von ca. 50 Prozent aus. Eine weitere Besonderheit ist,

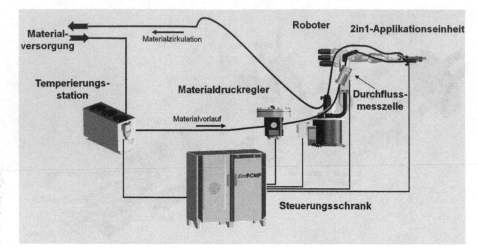

Bild 4
Die integrierte Applikationseinheit ist in ein Endlosdosiersystem eingebunden.

dass der Druckregler – ähnlich wie ein Nadelventil – komplett schließen kann. So besteht bei Bedarf die Möglichkeit, den Materialfluss komplett zu unterbrechen.

■ Durchflussmesszelle zur Messung des jeweiligen Materialvolumenstroms sowie zum Aufbau einer Steuerung des Volumenstroms:

Die technischen Daten des neuen Dosiersystems

■ Integrierte Regelung des Materialflusses von 2cm³/s bis 70cm³/s (materialabhängig)
■ Endlosdosierung
■ Zwei Betriebsarten verfügbar
  – Volumenstromregelung
  – Druckregelung
■ Keine Nadelventile erforderlich
■ Drei Düsenpositionen möglich
■ Materialzirkulation integriert
■ Gewicht: 7 kg
■ Werkstoff: Aluminium/Hartmetall
■ Abmessungen (L x B x H):
  425 x 280 x 150 mm
■ Dosierantrieb: Servomotor, integriert in die Steuerung

Mit dieser hochauflösenden Durchflussmesszelle lässt sich sowohl eine Verbrauchsmengenerfassung und überwachung als auch eine Steuerung des Materialvolumenstroms realisieren.

■ Dosierung inklusive Applikator
■ Integrierte Materialzirkulation:
  In Kombination mit der Materialtemperierung wird das Material in Pausenzeiten innerhalb eines für die Applikation optimalen Temperaturfensters gehalten. Gleichzeitig sorgt ein gezielter Materialumlauf dafür, dass die Rheologie des Materials auf einem prozessoptimalen Wert verbleibt.
■ Roboter für eine bahntreue Applikation:
  Geeignet sind ausschließlich Roboter mit einer hohen Bahngenauigkeit und Dynamik (0,15 mm bei bis zu 1000 mm/s)
■ Steuerschrank mit Steuerung:
  Für alle Komponenten des Dosiersystems ist nur eine einzige Steuerung erforderlich. Dieses Konzept sorgt für die Reduzierung der Schaltschrankanzahl, der Schnittstellen und nicht zuletzt des Platzbedarfs. Im Gegensatz zu herkömmlichen Systemen

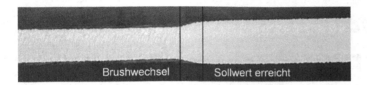

steht dem Anwender außerdem ein eindeutiges Brushkonzept mit einfacher Bedieneroberfläche zur Verfügung.

System mit hoher Dynamik

Dank der konzeptionellen Umsetzung eines möglichst geringen Abstandes von nur wenigen Zentimetern zwischen dem Regelblock und dem Düsenkopf der neuen Applikationseinheit gehören Probleme wie z. B. Schlauchatmung der Vergangenheit an, sodass sich auch Softwaremodule zur Kompensation einer solchen Schlauchatmung erübrigen. Eine vereinfachte und verkürzte Inbetriebnahme ist die Folge.

Die Verwendung einer gemeinsamen Steuerungshardware für Bewegung und Prozess ist ein weiterer Baustein zur Realisierung einer dynamischen Applikation. Während bei konventionellen Lösungen eine Robotersteuerung mit einer Applikationssteuerung über einen Bus kommunizieren muss, entfallen bei der hier vorgestellten Lösung die sonst üblichen Kommunikationszeiten. Das trägt zu einer hohen Dynamik des Gesamtsystems bei.

Das Applikationssystem bietet durch geeignete Softwaremodule sowohl die Möglichkeit einer volumenstromgeregelten als auch einer druckgeregelten Appli-

kation. Somit lassen sich alle bekannten Dichtstoff-Applikationen von Airless, Rundstrahl und Extrusion bis hin zu (kosmetischen) Flatstream-Applikationen realisieren. Voraussetzung ist eine Materialversorgung, die einen ausreichenden Materialdruck und -volumenstrom bereitstellt.

Fazit

Der Anwender profitiert in mehrfacher Hinsicht vom neuen Lösungsansatz. Dank ihrer kompakten Bauweise wiegt die neu vorgestellte Applikationseinheit weniger als herkömmliche Produkte. Das begünstigt eine dynamische Bahnapplikation durch den eingesetzten Roboter. Die reduzierte Zahl der eingesetzten Bauteile führt zu einem einfachen Aufbau und geringer Komplexität. Im Detail bedeutet dies im Vergleich zu bekannten Doppel-Kolbendosierern, dass keine Ein- sowie Auslassventile benötigt werden und eine vereinfachte Applikationssoftware zum Einsatz kommt, da die herkömmliche Kolbenumschaltung entfällt. Außerdem benötigt das Gesamtsystem wenig Platz, sodass die vorgestellte Dosiereinheit eine wirtschaftliche Alternative zum Kolbendosierer darstellt. Ein hohe Dosiergenauigkeit und bislang unerreichte Dynamik beim Brushwechsel sind weitere Merkmale (Bild 5).

Bild 5
Ein Brushwechsel auf der Bahn ist hochdynamisch und innerhalb von 15 bis 20 ms möglich.

Schnell aushärtende Klebstoffe für faserverstärkte Verbundwerkstoffe

DR.-ING. RAINER KOHLSTRUNG | DR. MANFRED REIN

Der Trend zur Entwicklung von Fahrzeugen mit Hybrid- oder Elektroantrieb stellt die Automobilbranche vor neue Herausforderungen. Elektrofahrzeuge erfordern leichtere Materialien als herkömmliche Automobile. Damit diese Materialien, wie beispielsweise glas- oder kohlenstofffaserverstärkte Kunststoffe, in die Fahrzeugstruktur integriert werden können, benötigen Automobilhersteller leistungsstarke Klebstoffe, die schnell aushärten und gleichzeitig einfach zu verarbeiten sind. Henkel entwickelt Klebstoffe, um diesen Anforderungen gerecht zu werden.

Besondere Anforderungen an Elektro- und Hybridfahrzeuge

Hybrid- oder Elektroantriebe, die in zukünftigen Fahrzeuggenerationen verstärkt zum Einsatz kommen werden, haben zusammen mit den erforderlichen Energiespeichereinheiten ein höheres Gewicht als die bisher eingesetzten Verbrennungsmotoren. Um das Fahrzeug-Gesamtgewicht mindestens auf gleichem Niveau halten zu können und so die Reichweite zu maximieren, sollten alle weiteren Teile des Fahrzeugs leichter konzipiert sein. Lösungswege hierfür sind Leichtbaukonzepte, die auf einem Materialmix aus verschiedenen Werkstoffen basieren. Für Design- und Strukturelemente bieten sich insbesondere Faserverbundwerkstoffe an. Sie erreichen die Festigkeit von Stahl, weisen aber nur einen Bruchteil seines Gewichts auf.

Vorteile von Klebstoffen als Verbundmaterial

Bei der dauerhaften Verbindung unterschiedlicher Werkstoffe spielt das Kleben eine entscheidende Rolle. Zum einen bieten Klebstoffe den Vorteil, alle Werkstoffe miteinander flächig verbinden und somit die Eigenschaften der Elemente optimal ausnutzen zu können, wie dies bei reinen Stahlstrukturen bereits erfolgreich umgesetzt wird. Zum anderen ist es möglich, faserverstärkte Werkstoffe miteinander zu verbinden, ohne die Fasern oder die Kunststoffmatrix zu schädigen, wie etwa bei mechanischen Verbindungstechniken. Insbesondere eine Schädigung der Faser bedeutet eine Herabsetzung der isotropen Werkstoffeigenschaften und somit eine Schwachstelle des gesamten Verbunds.

Elastizität, Festigkeit und Haftungseigenschaften

Klebstoffe können strukturelle, versteifende, isolierende, akustisch-dämpfende oder dichtende Funktionen beziehungsweise eine Kombination dieser Eigenschaften übernehmen. Bei der Verbindung unterschiedlicher Werkstoffe wie Kunststoffen mit Stahl oder den Leichtmetallen Aluminium und Magnesium kommt der unterschiedlichen Längenausdehnung bei Erwärmung eine besondere Bedeutung zu. Die Klebstoffeigenschaften müssen nicht nur auf Oberflächen, Anwendungen und Lastfälle, sondern auch auf die physikalischen Eigenschaften der Werkstoffe selbst abgestimmt sein, um eine stabile Verbindung zu garantieren. Ausreichende Elastizität bei gleichzeitig hoher Festigkeit und optimalen Haftungseigenschaften sind hierbei der Schlüssel für strukturelle Verklebungen. Der Abbau von Spannungen zwischen den Fügepartnern durch Elastizitäten der Klebstoffe von über 100 % ist dabei ein besonders wichtiger Faktor. Die elektrische Isolation kohlefaserverstärkter Kunststoffe (CFK) von Metallen ist ein weiterer relevanter Aspekt, um galvanische Elemente in der Struktur und damit Korrosion dauerhaft zu vermeiden.

Zweikomponentige versus einkomponentige Klebstoffe

Bisher werden für die Verklebung von Kompositbauteilen hauptsächlich zweikomponentige Polyurethanklebstoffe eingesetzt, die bei Raumtemperatur aushärten. Verarbeitungsfreundlichere einkomponentige Produkte härten entweder zu langsam aus oder benötigen Temperaturen, die bereits jenseits der Schädigungsgrenze der Substrate liegen. Hinzu kommt die oft unterschiedliche thermische Ausdehnung der verschiedenen Substrate, die umso mehr zum Problem wird, je höher die Einbrenntemperaturen und je größer die Bauteile sind. Klebstoffe, die Temperaturen unterhalb von 100 °C zur vollständigen Aushärtung benötigen, entschärfen dieses Problem. Da bei einkomponentigen Klebstoffen eine Mischung der Komponenten anlagenseitig entfällt, sind sie applikationstechnisch günstiger, einfacher und sicherer zu handhaben. So werden zudem Fehler vermieden.

Schnelles und sicheres Verkleben

Eine Lösung in diesem Bereich stellt die sogenannte WarmCure-Technologie aus der Terolan-Produktreihe dar. Es handelt sich dabei um einkomponentige Isocyanat-basierte Kleb- und Dichtstoffe, die

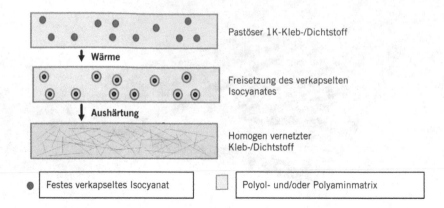

Pastöser 1K-Kleb-/Dichtstoff

↓ Wärme

Freisetzung des verkapselten Isocyanates

↓ Aushärtung

Homogen vernetzter Kleb-/Dichtstoff

● Festes verkapseltes Isocyanat

☐ Polyol- und/oder Polyaminmatrix

Bild 1
Schematische Darstellung der WarmCure-Härtungsreaktion

Bild 2
Verfügbare Produkte auf Basis der WarmCure-Technologie

bei Temperaturen unter 100 °C schnell und effektiv aushärten. Möglich wird dies durch eine spezielle, reversible Desaktivierung der Härterkomponente, die für Lagerstabilität der Produkte bis 40 °C sorgt und die oberhalb 80 °C wieder aufgehoben wird.

Zur Aushärtung der Kleb- und Dichtstoffe wird die Hülle durch Erhöhung der Temperatur aufgelöst. Die Vernetzung setzt vollständig unabhängig von der Umgebungsfeuchtigkeit, unmittelbar und in Sekundenschnelle ein. Unterhalb dieser Temperaturgrenze sind die Klebstoffe nahezu unbegrenzt lagerstabil. Bild 1 zeigt die schematische Darstellung der Härtungsreaktion.

Basierend auf dieser Technologie steht eine Reihe von Terolan-Produkten mit unterschiedlichen mechanischen Verbindungseigenschaften zur Verfügung, Bild 2, von sehr weichen und elastischen Dichtstoffen und Versiegelungsprodukten mit sehr hoher Bruchdehnung von bis zu 400 % bis hin zu strukturellen Klebstoffen mit bis zu 12 MPa Reißfestigkeit und 120 % Bruchdehnung. Insbesondere Terolan 1510 eignet sich für die Verklebung von crashrelevanten Kompositbauteilen wie B-Säulen, Längsträger, Mitteltunnel und Unterbodenstrukturen, aber auch für strukturelle Verstärkungen in Anbauteilen wie Front- und Heckklappen. Hierbei werden nicht nur Kompositwerkstoffe untereinander, sondern auch mit lackierten Stahl- beziehungsweise Aluminiumstrukturen über den Klebstoff fest miteinander verbunden.

Die Produktfamilie weist eine schnelle Aushärtung bei Erreichen der Reaktionstemperatur auf, was sich beispielsweise

Produkt	Reaktionstemperatur	Reißfestigkeit	Bruchdehnung	Besonderheit
Terolan 1102	85 °C	4 MPa	250 %	Standard
Terolan 1104	100 °C	3 MPa	400 %	niedrigviskose, hohe Elastizität
Terolan 1106	90 °C	5 MPa	150 %	Haftung auf vielen Kunststoffen
Terolan 1510	85 °C	12 MPa	120 %	hochfest, schnelle Aushärtung

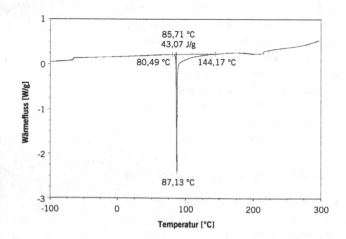

85,71 °C
43,07 J/g

80,49 °C   144,17 °C

87,13 °C

Wärmefluss [W/g]

Temperatur [°C]

Bild 3
DSC-Messung eines WarmCure-Klebstoffs

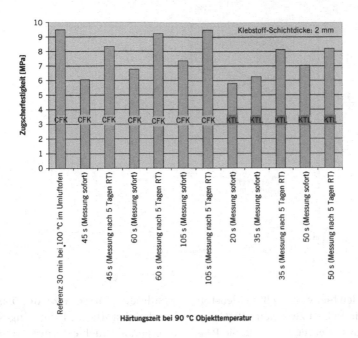

Bild 4
Zugscherfestigkeiten in Abhängigkeit der Härtungsbedingungen

mittels sogenannter DSC-Messungen (Differential Scanning Calorimetry) dokumentieren lässt. Hierbei zeigt sich die Energiebilanz der Vernetzungsreaktion. Im Fall dieser einkomponentigen Klebstoffe wird stets Energie freigesetzt. Ein extrem schnell härtendes Produkt ist im Messprotokoll, Bild 3, dargestellt. Hier liegen die Onset-Temperatur bei 80 °C und das Maximum bei 87 °C. Bemerkenswert ist der schmale Peak, der die hohe Reaktionsgeschwindigkeit nachweist.

Aufgrund ihrer limitierten Wärmeformbeständigkeit können derzeit verfügbare Kompositwerkstoffe in Prozessen mit Temperaturen bis zu 210 °C nicht eingesetzt werden. Mit der neuen Technologie lassen sich Niedertemperaturprozesse beziehungsweise Prozesse mit Wärmestationen in neuartigen Fahrzeugproduktionsabläufen realisieren. Zugscherversuche beweisen, dass dabei auch ein „Kleben auf Knopfdruck" realisierbar ist. Bild 4 zeigt Zugscherfestigkeits-Kenndaten nach extrem kurzen Einbrennzyklen. Eingesetzt wurden zwei Substratkombinationen: CFK-CFK und KTL-KTL (mit

kathodischer Elektrotauchlackierung beschichtetes Stahlblech). Der linke Balken stellt den Referenzwert dar, der bei vollständiger Aushärtung im Umluftofen erreichbar ist. Im Falle der CFK-CFK-Verklebung können bereits nach 45 s Härtungszeit über 60 %, nach 60 s über 70 % der maximal erreichbaren Zugscherfestigkeit erzielt werden. Das System härtet anschließend bei Raumtemperatur weiter aus und erreicht nach fünf Tagen die Festigkeit des voll gehärteten Referenzsystems. Mit KTL-beschichteten Stahlblechen ist das Verhalten vergleichbar, jedoch bewegen sich die Festigkeitswerte aufgrund der geringeren Steifigkeit des Stahls auf niedrigerem Niveau.

Eine weitere relevante Eigenschaft dieser Polyurethan-Systeme ist die Glasübergangs-Temperatur (Tg), bei deren Überschreiten massive Änderungen der Materialeigenschaften eintreten. Dem Konstrukteur ist es daher wichtig, dass diese Temperatur außerhalb des vorgesehenen Arbeitsbereichs seines Bauteils liegt und er mit möglichst konstanten mechanischen Eigenschaften rechnen

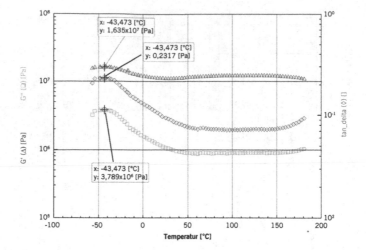

Bild 5
DMA-Analyse
eines WarmCure-
Klebstoffs

kann. Bei den hier vorgestellten Klebstoffen liegt die Tg liegt zwischen –40 °C und –60 °C. Das bedeutet, dass sich die Produkte oberhalb dieser Temperaturen im elastischen Zustand befinden. Im Arbeitsbereich bis 90 °C erfolgt kein weiterer Phasenübergang.

Messtechnisch lässt sich diese Eigenschaft mithilfe der dynamisch mechanischen Analyse (DMA) erfassen. In Bild 5 sind die Moduli eines schnell härtenden Klebstoffs (Speicher- und Verlustmodul, G' und G") sowie ihr Quotient (tan δ) abgebildet. Gut zu erkennen ist ihr konstantes Niveau über einen breiten Temperaturbereich.

Grundsätzlich ist es möglich, mit dieser Technologie Klebstoffe von weichelastisch bis hochfest herzustellen. Damit sind für alle Aufgaben vom Abdichten bis zum konstruktiven Kleben passende Lösungen verfügbar. Auch Bauteile mit größeren Maßtoleranzen lassen sich mit hohen Festigkeiten verkleben. In Abhängigkeit der Klebstoffschichtdicke beträgt der Zugscherwert bei 0,2 mm circa 15 MPa, selbst bei 7 mm fällt er nicht unter 5 MPa ab.

Wegen der Haftungseigenschaften können je nach verwendetem Kunststoff beziehungsweise der Qualität der verwendeten Matrixharze der Faserverbundwerkstoffe und der eingesetzten internen als auch externen Trennmittel Verklebungen ohne Vorbehandlung der Werkstoffe prozesssicher vorgenommen werden. Mechanisches Schleifen, Plasmavorbehandlung oder Beflammung, Primern und Laseroberflächenbehandlung können vollständig entfallen, sofern die entsprechenden Rahmenbedingungen eingehalten werden.

Technologie mit feuchtigkeitshärtender Komponente

Eine weitere Möglichkeit, die Anforderungen zum schnellen Verkleben von Kompositbauteilen untereinander oder mit beschichteten beziehungsweise lackierten Metallteilen zu erfüllen, ist die sogenannte DualCure-Technologie. Hierbei handelt es sich um einkomponentige, feuchtehärtende Polyurethankleb- und Dichtstoffe aus der Terostat-Produktreihe, die eine zweite, temperatursensitive Härterkomponente enthalten. Diese zweite Komponente ermöglicht es, Bauteile zu fügen und mittels kurzen Temperaturstoßes über 80 °C mit dem Klebstoff zunächst zu fixieren. Das bedeutet, ein Teil des Klebstoffs reagiert in weniger als einer Minute und bewirkt den Aufbau einer ersten Festigkeit des Produkts bis zu 1 MPa. Die Bauteile sind somit sicher und transportstabil verbunden. In einer zweiten Härtungsphase reagiert nun die feuchtigkeitshärtende Komponente der Polyurethanklebstoffe über die Zeit bei normalen Umgebungsbedingungen bis zur Endfestigkeit des Produkts. Die Durchhärtung beträgt hierbei bis zu 4 bis 5 mm pro 24 Stunden.

Wird die Wärmehärtung nur partiell oder gar nicht genutzt, weil zum Beispiel die Fixierung der Bauteile nur an bestimmten Punkten gewünscht ist, so härten die Produkte trotzdem vollständig bis zur Endfestigkeit aus. Es ist möglich, je nach Prozess- und Zykluszeitanforderungen die verfügbaren Härtungseigenschaften des Klebstoffs zu nutzen, um gute Ergebnis hinsichtlich Prozesskosten und technischer Anforderungen zu erreichen. Auf Basis dieser Technologie sind hoch elastische Klebstoffe mit Bruchdehnungen von bis zu 400 % und Zugfestigkeiten bis zu 7 MPa realisierbar.

Zusammenfassung und Ausblick

Die hier vorgestellten Technologien bieten Anwendern von Kompositwerkstoffen Vorteile, weil sie keine speziellen Anlagen erfordern und verarbeitungsfreundlich sind. Da die Produkte der WarmCure-Technologie nicht mit Luftfeuchtigkeit reagieren, haben sie eine lange offene Zeit ohne Hautbildungsneigung. Niedrige Reaktionstemperaturen machen sie auch für hitzeempfindliche Substrate geeignet. Die schnelle Aushärtung verkürzt Produktionszyklen und macht Zwischenlagerungen überflüssig – Eigenschaften, die für den Einsatz von Kompositwerkstoffen im Automobilbau heute essentiell sind. Ihre Variabilität qualifiziert sie als flexibel einsetzbare Produktfamilie für das Verkleben und Abdichten von Bauteilen aus Verbundwerkstoffen.

Die DualCure-Technologie eignet sich insbesondere für schnelle Fixiervorgänge, also für Prozesse, bei denen temperaturempfindliche Bauteile zunächst nur bis zur Handhabungsfestigkeit verbunden werden sollen und der Klebstoff im Verlauf der weiteren Produktion ohne weitere Maßnahmen vollständig aushärten kann.

Gerade für den Einsatz von Kunststoff- und Kompositwerkstoffen in Elektrofahrzeugen wird die Klebstofftechnologie in Zukunft die benötigten Lösungen und Innovationen liefern, da sie einerseits Design- und Prozessflexibilität mit schonender Verbindungstechnik ermöglicht und andererseits die werkstoffspezifischen Vorteile der Kunststoffsubstrate berücksichtigt.

Teil 3

Konzepte

Inhaltsverzeichnis

Hochaufgelöste Computertomographie – wichtiger Bestandteil der numerischen Simulation

DIPL.-ING. HERMANN FINCKH

Der Einsatz der numerischen Simulation zur Berechnung des mechanischen Verhaltens textilbasierter Werkstoffen ist aus mehreren Gründen anspruchsvoll. Beim Drapieren von Textilien auf dreidimensional gekrümmte Bauteile führen die hierbei auftretenden zahlreichen Fadenumlagerungen und Winkeländerungen zu einer drastischen Änderung des textilen Erscheinungsbilds und seiner mechanischen Eigenschaften. Mithilfe der expliziten Finite-Elemente-Methode und auf Basis der am ITV in Denkendorf entwickelten Berechnungsmethoden der Mikromodellierung von Textilien wurden Zug-, Scherungs- und Drapiersimulationen entwickelt.

Faserverstärkte Kunststoffe besitzen im Verhältnis zum Materialgewicht hervorragende Werkstoffeigenschaften bezüglich Festigkeit und Steifigkeit und sind daher prädestiniert für den Leichtbau. Derzeit werden besonders in der Automobilindustrie Möglichkeiten für eine effiziente Massenfertigung von Bauteilen aus faserverstärkten Kunststoffen untersucht. Eine derartige Bauweise ermöglicht signifikante Gewichtseinsparungen bei Strukturkomponenten von Fahrzeugen. Hochbelastete Bauteile in Leichtbauweise erfordern jedoch die kraftgerechte Auslegung der Fasern. Dies ist insbesondere bei den im Leichtbau weit verbreiteten komplex gekrümmten Bauteilgeometrien von zentraler Bedeutung, da allein durch den „Drapier"-Prozess der aus mehreren Halbzeuglagen bestehenden und unterschiedlich ausgerichteten UD-Gelegen aus Glas oder Carbon komplexe Verzüge entstehen.

Diese Verzüge haben nicht nur direkten Einfluss auf die späteren Bauteileigenschaften, sondern auch auf alle anschließenden Fertigungsprozesse (zum Beispiel Resign Transfer Molding). Am ITV Denkendorf wird bereits seit vielen Jahren bezüglich der Simulationsfähigkeit textiler Flächengebilde geforscht, da die hohen Anforderungen für deren technischen Einsatz eine genaue Vorhersage der mechanischen Eigenschaften erfordert. Das hierbei erarbeite Wissen ist auf die Problematik der Faserverbundherstellung sehr gut übertragbar und bildet vor allem mit den neuen Möglichkeiten der hochauflösenden Computertomografie und der Extraktion von Faserinformationen eine hervorragende Basis zur genaueren Simulation der Faserverbund-

Bauteileigenschaften und der Prozesssimulationen selbst.

Der Einsatz der numerischen Simulation zur Berechnung des mechanischen Verhaltens textilbasierter Werkstoffe ist aufgrund mehrerer Faktoren anspruchsvoll. Der Aufbau (Bindungsart, Fadendichte), die Garnstruktur, die Garnfeinheit und das Garnmaterial bestimmen hauptsächlich das Verformungsverhalten des Textils unter Belastung. Beim Drapieren von Textilien auf dreidimensional gekrümmte Bauteile führen die hierbei auftretenden zahlreichen Fadenumlagerungen und Winkeländerungen zu einer drastischen Änderung des textilen Erscheinungsbilds und seiner mechanischen Eigenschaften. Mithilfe der expliziten Finite-Elemente-Methode (FEM, FE-Programm LS-DYNA) und auf Basis der am ITV entwickelten Berechnungsmethoden der Mikromodellierung von Textilien wurden Zug-, Scherungs- und Drapiersimulationen entwickelt [1]. Mikromodelle sind hochaufgelöste numerische Berechnungsmodelle, wobei jeder einzelne Faden beziehungsweise dessen Einzelfilamente dreidimensional modelliert sind.

Neben Problemen bezüglich der Kollisionsprüfung und langen Berechnungszeiten ist die Modellgenerierung ein großes Problem bei der numerischen Simulation. Da in der Regel die Garne einer textilen Fläche eine hohe Kompressibilität und zahlreiche Bindungspunkte aufweisen, ist eine Modellerstellung auf Basis geometrischer Beziehungen sehr ungenau. Ein Weg, der am ITV bereits frühzeitig beschritten wurde, ist die Durchführung der Herstellungssimulationen selbst. Das Ergebnis der aufwendigen und komplexen numerischen Prozesssimulationen sind dreidimensionale textile Mikromodelle mit detailliertem Fadenverlauf, Bild 1 (a–c).

Um jedoch auch schnell sehr realitätsnahe Detailmodelle erstellen zu können, wurden die Möglichkeiten der Modellab-

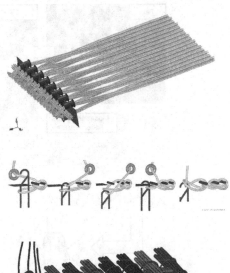

Bild 1a
Herstellungssimulation der Maschenbildung eines Multiaxialgewebes

Bild 1b
Simulation der Maschenbildung eines Multiaxialgewebes

Bild 1c
Ergebnis der Prozesssimulation

leitung mithilfe der hochauflösenden Computertomograhie (CT) untersucht. Die CT hat mit der ständigen Verbesserung der Auflösung und des Detektors nun einen Detaillierungsgrad erreicht, mit dem gescannte Textilien in seine Einzelfilamente und Fasern aufgelöst werden können. Dies verdeutlicht das Beispiel einer Maschenware mit einem Piqué-Muster.

Das 3D-CT Modell der hochaufgelöst gescannten Maschenware, Bild 2, wurde in ein FE-Programm importiert und dort der Garnverlauf aufwendig händisch nachmodelliert. Auf dieser Basis konnte eine Urzelle aus Finiten-Elementen generiert werden, die durch Vervielfältigen ein zusammenhängendes FE-Maschenwarenmodell beliebiger Dimension ermöglicht. Mit einem solchen Mikromodell können komplexe Belastungssituationen sehr realitätsgetreu simuliert werden. Das große Potenzial dieser Berechnungsmethode zeigt die Simulation der am ITV entwickelte Drapierprüfung, wobei eine

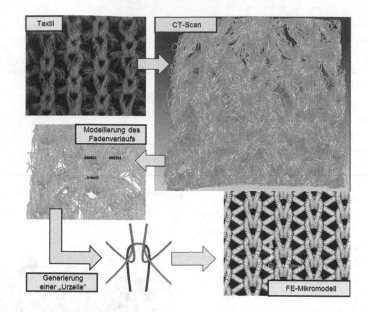

Bild 2
Modellgenerie-
rung auf Basis
hochaufgelöster
CT-Scans

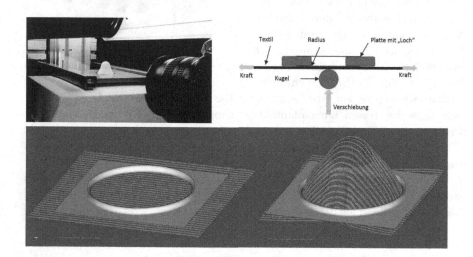

Bild 3
Drapierprüfung und
-simulation

Bild 4
Vergleich
zwischen
simulierter und
experimentell
durchgeführter
Drapierprüfung

Kugel (oder andere Formkörper) in ein definiert vorgespanntes Textil eingedrückt wird. Die virtuelle Maschenware zeigt im drapierten Zustand dieselben Verformungen der Maschenreihen und -stäbchen sowie die stark unterschiedlichen Verzugszustände zwischen der Seiten und Vorderansicht, Bild 3.

Bei der Verifizierung der Berechnungsergebnisse wird die CT zukünftig eine wichtige Rolle innehaben. Wurden hier die Verformungszustände der experimentellen Prüfung noch mittels Kameras dokumentiert, soll hierzu ebenfalls die am ITV verfügbare CT-Technologie eingesetzt werden. In Bild 4 links ist die FE-Simulation zu sehen, rechts die fotografische Aufnahme.

Die bekannte Berechnungsproblematik bei Textilien ist direkt auf den Faserverbundbereich übertragbar. Hier werden die Garne als Roving und die Textilien als Halbzeug bezeichnet. Die Halbzeuge werden bei der Faserverbundherstellung so drapiert, dass sie die Form des späteren FV-Bauteils abbilden. Dabei bestimmen neben dem eingesetztem Halbzeug (Struktur, Fadendichte etc.) und der gewünschten Endkontur, die Lagenanzahl, -anordnung und -zuschnitt die lokalen Faserausrichtungen, Verzüge und Leerstellen. Die Konsolidierung der Halbzeuge erfolgt anschließend mit der Durchtränkung und Aushärtung der Harze. In Abhängigkeit vom gewählten Halbzeug, Lagenaufbau, Prozess und Prozessparameter werden durch die Infiltration die durch beim Drapierprozess entstandenen Faserausrichtungen etc. zusätzlich beeinflusst.

Daher ist in der numerischen Simulation auch die Berücksichtigung aller Herstellungsprozesse erforderlich, um letztendlich die für die Bauteileigenschaften wichtigen lokalen Faserinformationen zu kennen. Am ITV werden zur Zeit zwei Wege verfolgt, einerseits durch die integrative Betrachtung der gesamten Prozesskette wie die Simulation des Drapier- und Infiltrationsprozesses (Projekt TC2 [2], BMBF Projekt ARENA 2036 [3]), andererseits durch die direkte Ermittlung der Faserorientierungen beziehungsweise Faserdichte im realen Bauteil mithilfe der CT-Technologie und die Übertragung dieser Informationen – „Mapping" – in geeignete Simulationsmodelle für großflächige Bauteile (BMBF Projekt T-Pult [4]).

Ein Ziel des aktuellen BMBF-Projekts T-Pult ist es, bestmögliche CT-Aufnahmen zur Extraktion der Faserinformationen zu erhalten. Die Möglichkeiten der Ermittlung der Faserinformationen mittels hochauflösender CT-Aufnahmen (Computertomograf Nanotom m der Firma GE) in Kombination mit der Faserorientierungsanalyse (VGStudio MAX 2.2 der Volume Graphics GmbH) zeigt das Beispiel eines dreilagig flechtpultrudierten Rohrs. Das Faserverbundrohr besteht aus zwei geflochtenen Lagen unterschiedlicher Flechtwinkel, dazwischen eine Lage aus unidirektionalen Verstärkungsfäden. Die Glasfaser-Rovings sind in Expoxidharz eingebettet, Bild 5. Die geringe Röhrenspannung, der hohe Filamentstrom, lange Belichtungszeit und die Ausnützung der kompletten Detektorfläche führen zu einer hohen Grauwertdynamik, gutem Signal/Rausch-Verhältnis und einer sehr hohen und detailreichen Auflösung. Die Nachteile sind bis zu 8 h dauernde CT-Scans und Datenmengen von über 70 GB pro Scan und die damit verbundenen Hardware-, Datenauswertungs- und Datenmanagementprobleme.

Die hinsichtlich der Faserorientierung ausgewerteten Ergebnisse der CT-Scans sind beeindruckend. Die Faserorientierungen in der ersten, zweiten und dritten Lage werden sehr gut detektiert. Die in der Analysesoftware mögliche Abwicklung des Rohres ermöglicht eine sehr übersichtliche und verständliche Darstellung der Faserorientierungen für die

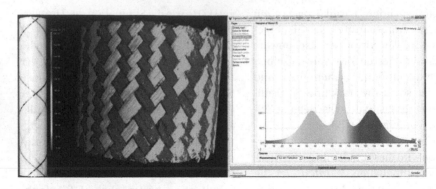

Bild 5a
Darstellung der Faserorientierung des dreilagig flechtpultrudierten Rohrs und die Häufigkeitsverteilung über dem Winkel

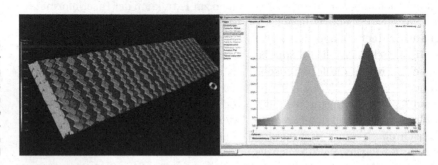

Bild 5b
Darstellung der Faserorientierung der ersten Lage des abgewickelten Rohrs und die Häufigkeitsverteilung über dem Winkel

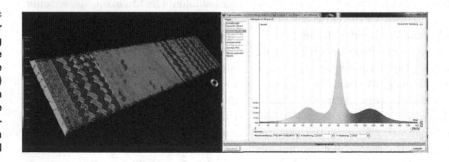

Bild 5c
Darstellung der Faserorientierung der mittleren Lage (unidirektionale Verstärkungsfäden) des abgewickelten Rohrs und die Häufigkeitsverteilung über dem Winkel

unterschiedlichen Lagen des flechtpultrudierten Rohres. Entsprechend der für die Faserinformationsanalyse gewählten Referenzorientierung stellt eine „Scheibe" in Falschfarbendarstellung den Bezug zum berechneten Faserwinkel her, Bild 5 (a-c).

Die erste und die letzte Lage des Rohres bestehen aus einer regelmäßigen Flechtstruktur mit unterschiedlichen Flechtwinkeln. In der ersten Lage sind die Fasern entsprechend den Prozessparameter 55° beziehungsweise 125° zum Röhrenquerschnitt, Bild 5 (a) ausgerichtet (35° Flechtwinkel). In der zweiten Lage liegen die Verstärkungsfäden jedoch nicht wie gefordert gleichmäßig über dem Umfang verteilt, sondern sind aufgrund eines Prozessfehlers bereichsweise konzentriert verteilt, Bild 5 (b). Dieses Faserverbundrohr wird real ein stärker abweichendes mechanisches Verhalten aufweisen als das mithilfe der numerischen Simulation berechnete virtuelle Faserverbundrohr, das rein auf Basis von Fertigungsdaten generiert wurde.

Um die an der realen Probe bestimmten Faserinformationen zur Eigenschaftsberechnung zu verwenden, gibt es in der Analysesoftware die Möglichkeit, den Orientierungstensor der Faserorientierungen zu exportieren. Hierfür wird zum Beispiel ein aus Flächenelementen generiertes Ersatzmodell (Patran-Format) entsprechend den Geometriedaten der Probe importiert oder aber es wird die gewünschte Zellengröße manuell vorgegeben.

Damit die Faserorientierung im FE-Netz mit dem 3D-CT-Modell korreliert, wird zuerst der CT-Datensatz in das Simulations-Koordinatensystem eingemessen. Die berechneten Faserorientierungen liegen dann bereits im für die Simulation benötigten Koordinatensystem vor und können direkt exportiert werden. Die CSV-Datei enthält die Elementnummern und die elementweise ermittelten Faserinformationen (Orientierungstensor, Faservolumenanteil). Die Abbildungsqualität des Ersatzmodells hängt jedoch von den gewählten Elementdimensionen ab, und die Faserinformationen werden mehr oder weniger „verschmiert" übertragen. Hier gilt es mit der Diskretisierungsfeinheit des FE-Netzes einen guten Kompromiss zwischen Berechnungsgenauigkeit und Berechnungszeit zu finden.

Dieses Ersatzmodell mit lokalen, beziehungsweise elementweisen Faserinformationen ermöglicht eine realitätsnahe Simulation der Bauteileigenschaften auch für größere Dimensionen. Zur Zeit wird für die FE-Software LS-Dyna eine Schnittstelle und das Verfahren des elementweise „Mappens" der lokal ermittelten Faserorientierungen auf ein referenziertes Ersatzmodell aus Flächenelementen von der Firma Dynamore im BMBF-Projekt T-Pult entwickelt.

Die Untersuchungen wurden zunächst an Faserverbundrohren aus Glasfaserrovings durchgeführt, da diese in der Epoxidmatrix einfacher detektierbar sind. Generell gilt, dass zur detaillierten Auflösung der Fasern auch die Voxel-Auflösungen deutlich kleiner als der Faserdurchmesser sein müssen und die Probendimensionen daher nur wenige mm klein sein sollten. Die durchgeführten CT-Scans zeigen, dass zur deutlichen Unterscheidung der Rovings und Analyse des Lagenaufbaus im Faserverbundbauteil auch gröbere Auflösungen noch zu einer guten Extraktionsqualität der Faserorientierungen führen. Der Grund hierfür ist, dass die Faserorientierungsanalyse nicht die Fasern einzeln detektiert, sondern für ein zuvor gewähltes Rastermaß anhand von Grauwerten die Orientierungen ermittelt.

Auch die CT-Analyse mehrlagig aufgebauter Faserverbundbauteile aus Kohlenstofffasern führt zu guten Ergebnissen, wie die Untersuchungen am Verbundbauteil „Hutprofil" zeigten. Das im HP-CRTM-Prozess mit acht unidirektionalen, quasiisotrop orientierten Lagen aus Kohlenstofffasergelege (24k-Rovings) am Fraunhofer ICT im Rahmen des TC2-Projekts [2] hergestellte Bauteil wurde ohne Informationen bezüglich des Lagenaufbaus und Faserorientierungen analysiert. Hierfür wurden am ITV zum einen das gesamte Hutprofil (185 mm x 160 mm) mit der groben 65 µm-Auflösung als Übersichtsscan und zum anderen an einer herausgeschnittenen Detailprobe (14 mm x 11 mm) mit 5 µm gescant.

Der Übersichtsscan brachte wider Erwarten so hohe Detailauflösung, dass beim virtuellen Durchwandern des Hutprofils die unterschiedlichen Orientierungen der UD-Gelege erkennbar sind, Bild 6, Bild 7. Die aus Glasfasern bestehenden Nähfäden treten jedoch in den Vordergrund und führen im Übergangsbereich zu den Kohlestofffasern zu Artefakten. Das Hauptproblem der softwaremäßigen Ermittlung der Faserorientierungen ist, dass aufgrund der sehr groben Auflösung

Bild 6
CT-Analyse eines
High-Pressure-
CRTM-hergestellten
Bauteils mit
Hutprofil

Bild 6
CT-Analyse eines
High-Pressure-
CRTM-hergestellten
Bauteils mit
Hutprofil

innerhalb der Kohlenstoffrovings keine ausgeprägten Orientierungen analysiert werden können. Hier wäre eine Funktion zur Detektion von Rovingkanten hilfreich.

Der Detailscan hingegen offenbart die komplette Struktur des Lagenaufbaus, Fehlerstellen und Lufteinschlüsse, und die Analyse der Faserorientierung, Bild 8, funktioniert problemlos. Die Faserwinkeldarstellung, Bild 9, zeigt den 8-lagigen Aufbau des unidirektionalen (UD)-Geleges mit 0/90/+45/−45/−45/+45/90/0° Faserorientierung. Mittels Vorgabe von Faserwinkel können Faserbereiche selektiert und somit die einzelnen Faserlagen farblich dargestellt werden, Bild 10. Aus dem CT-Detailscan können weitere für den Faserverbund wichtige Informationen wie Lufteinschlüsse, Harznester und Fehlstellen gewonnen werden, Bild 11. Mit wenigen mm großen Probengrößen führt die maximale Leistungsfähigkeit des CTs bezüglich Auflösung und Grauwertdynamik auch zur Detektierung ein-

Bild 7
CT-Analyse eines
High-Pressure-
CRTM-hergestellten
Bauteils mit
Hutprofilform;
sichtbare UD-Lagen
über der Tiefe in der
Hutprofilmitte

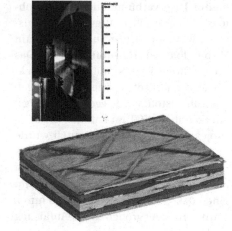

Bild 8
Detailprobe aus
dem Hutprofil;
CT-Analyse
bezüglich der
Faserorientierung

Bild 9
Darstellung der
acht Lagen der
extrahierten Koh-
lenstofffasergelege
mit 0/90/+45/−45/
−45/+45/90/0°

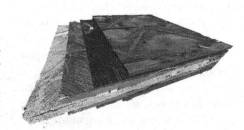

DANKE

Das Forschungs- und Entwicklungsprojekt T-Pult wird mit Mitteln des Bundesministeriums für Bildung und Forschung (BMBF) im Rahmenkonzept „Forschung für die Produktion von morgen" (02PJ2180) gefördert und vom Projektträger Karlsruhe (PTKA) betreut. Die Verantwortung für den Inhalt dieser Veröffentlichung liegt beim Autor. [4]

Wir danken der Fa. Volume Graphics GmbH für die intensive Unterstützung bei den CT-Analysen. [5]

Wir danken dem Fraunhofer-Institut Chemische Technologie (ICT) für die Bereitstellung des CFK-Hutprofils für die CT-Untersuchungen (Philip Rosenberg) [6]

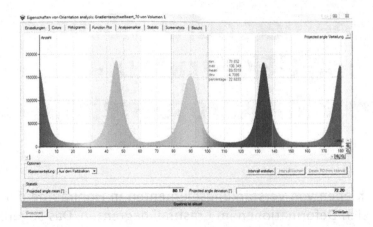

Bild 10
Darstellung der Häufigkeitsverteilung der analysierten Orientierungen in der Detailprobe

zelner Fasern. Dieser Auflösungshöhe ist zum Beispiel zur Generierung von Mikromodellen für genauere Harz-Strömungssimulationen erforderlich und stellt somit auch ein wichtiger Bestandteil von Infiltrationssimulationen dar.

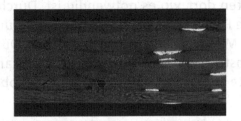

Bild 11
CT-Schnittbilder der Detailprobe zeigen deutlich die Faserlagen, Lufteinschlüsse und Harznester

Zusammenfassung und Ausblick

Die Leistungsfähigkeit der Computertomografie nicht nur bezüglich der Voxelauflösung, sondern auch insbesondere der sehr kontrastreichen Darstellung und Graudynamik des 7 Mpixel großen Detektors, kann einen entscheidenden Beitrag einerseits zur Qualitätsbeurteilung (Detailkenntnisse über Lufteinschlüsse, Harznester, Fehlstellen) andererseits zur Simulationsfähigkeit von Faserverbundbauteilen leisten. Durch die Zusammenführung der CT-Technologie und der numerischen Berechnung ergeben sich neue Möglichkeiten zur Analyse der Einflüsse von Fertigungsparametern auf die Bauteileigenschaften, um wesentlich prognosesichere Simulationsmodelle zu generieren. Die CT und deren Analysetechnologie werden auch bei der integrativen Simulation der gesamten Fertigungsprozesskette wie Drapieren/ Infiltration/Nachverformung eine wichtige Rolle spielen und am ITV zusammen mit der Simulation weiter ausgebaut.

Literaturhinweise

[1] Finckh, H.: Prozesssimulation am ITV– Möglichkeiten für Faserverbundstrukturen, Fachkongress Composite Simulation, 23.02.2012, Ludwigsburg

[2] Projekt TC², RTM CAE/CAx – Aufbau einer durchgängigen CAE/CAx-Kette für das RTM-Verfahren vor dem Hintergrund der Herstellung von Hochleistungsfaserverbundwerkstoffen

[3] Forschungscampus Stuttgart, ARENA 2036, Startprojekt in 2013 „Ganzheitlicher digitaler Prototyp im Leichtbau für Großserienproduktion"

Crashsicherheit durch hochfestes Kleben von GFK-Struktur- elementen im Karosseriebau

Denis Souvay

Mit hochfestem Kleben von Verstärkungselementen in Hohlräume der Fahr- gastzelle lassen sich Deformationen im Crashfall begrenzen. Das sogenannte High Strength Bonding (HSB) von Sika verstärkt die Karosserie mittels Struktur- elementen dort, wo es notwendig ist. Durch den Einsatz dieser Maßnahmen kann die Fahrzeugkarosserie für die Bedingungen verschiedener Modellvarian- ten und Märkte gezielt ausgelegt werden. Durch die Kombination von crashfes- ten Klebstoffen und Leichtbaustrukturen kann die Effizienz der Verstärkungs- elemente auf ein sehr hohes Niveau angehoben werden.

Die Herausforderungen im Fahrzeug- bau werden größer: Leichtbau, die Integration schwerer Batterien von Elektrofahrzeugen, Crashsicherheit unter erhöhten Anforderungen, Kos- tendruck, Flexibilität und verkürzte Entwicklungszeiten sind Aspekte, die oft schwierig miteinander zu verein- baren sind. Vermehrt kommen dabei Klebstoffe, Schäume und Kunststoff- bauteile zum Einsatz, die erst nach der Aushärtung im KTL-Ofen ihre endgül- tigen Eigenschaften aufweisen.

Durch den Einsatz der neuen Techno- logie HSB, die crashfeste Klebstoffe mit Verstärkungselementen kombi- niert, ergeben sich für die Auslegung der Rohbaukarosse ganz neue Mög- lichkeiten. Neben dem verbesserten Deformations- und Eindringverhalten im Falle eines Unfalls wird meist auch eine erhöhte Steifigkeit der Karosserie erreicht. Dieser Beitrag geht vornehm- lich auf die Gewichtsreduktion und deren Kosten im Vergleich zu Maßnah- men aus Stahl ein.

Das Konzept – zielgenaue Verstärkung

Bei der seit 15 Jahren eingesetzten Tech- nologie SikaReinforcer werden Verstär- kungselemente aus Kunststoff (SikaS- tructure) durch Strukturschaum adhäsiv mit den umgebenden Blechen verbun- den. Durch den Einsatz von crashfesten Klebstoffen anstatt der Strukturschäume kann jetzt die Leistungsfähigkeit der Ver- stärkungslösung nochmals massiv ge- steigert werden. Ein Kollabieren der Pro- file aufgrund hoher lokal wirkender Kräfte wird verhindert, wodurch die Ver- formung des Bauteils deutlich reduziert werden kann. Die Crashfestigkeit der angewendeten Strukturklebstoffe stellt die Übertragung hoher Kräfte auf Zug und Scherung sicher.

Im Vergleich zur herkömmlichen Stahl-zu-Stahl-Strukturverklebung wird bei HSB der Klebstoff in höheren Schichtdicken appliziert. Hierzu muss das Material neben guten Hafteigenschaften auch die notwendigen Festigkeitswerte besitzen. Für diese neue Anbindungstechnologie wurden spezielle Klebstoffe entwickelt. Zusammen mit Automobilherstellern wurden Prüfmethoden und Prozesse für diese Anwendung definiert. So konnten in ausführlichen Prüfreihen die notwendige Prozessfähigkeit beim Automobilhersteller, die Haftung auf unterschiedlichen Substraten sowie die mechanischen Eigenschaften nachgewiesen werden, Bild 1.

Anwendungsbereiche und Möglichkeiten

Oft ermöglicht HSB das Erreichen zusätzlicher Anforderungen des OEM ohne Veränderung der Grundkonstruktion von Stahlkomponenten und Werkzeugen. Eine solche Verstärkung erhöht im Vergleich zu reinen Stahlstrukturen die Formbeständigkeit der Karosserie im Crashfall und dies mit einem geringeren Gewicht als eine Stahlverstärkung.

Nicht zuletzt in der Variantenkonstruktion ist der Einsatz von HSB interessant. Vorteile entstehen dort, wo eine Basiskonstruktion einen großen Teil der Anwendungen abdecken kann und nur einzelne Fahrzeugderivate je nach Notwendigkeit mit Strukturelementen ertüchtigt werden. Mit HSB werden selektiv Fahrzeuge mit erhöhten Anforderungen verstärkt. Der Rest der Fahrzeuge wird nicht durch Mehrgewicht und zusätzliche Kosten belastet. Beispiele hierfür sind Hybrid- und Elektrofahrzeuge, die aufgrund ihrer höheren Masse und deren Verteilung die Fahrzeugstruktur im Crashfall stärker beziehungsweise anders beanspruchen als jene mit Verbrennungsmotor.

Entwicklung und Industrialisierung

Die Konstruktion der spezifischen Leichtbau-Strukturelemente erfolgt in enger Zusammenarbeit mit dem Automobilhersteller. Dies beinhaltet die Definition von Konzepten für die jeweilige Anwendung, die iterative Optimierung von Design und Anbindung und die Freigabe der Gesamtlösung anhand von Versu-

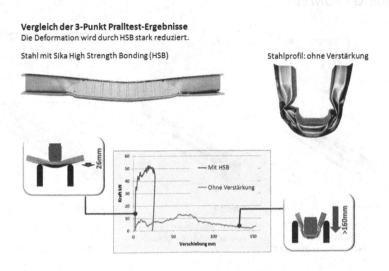

Vergleich der 3-Punkt Pralltest-Ergebnisse
Die Deformation wird durch HSB stark reduziert.

Stahl mit Sika High Strength Bonding (HSB)

Stahlprofil: ohne Verstärkung

Bild 1
Vergleich der Dreipunkt-Pralltest-Ergebnisse; die Deformation wird durch HSB stark reduziert

chen. Zum einen beinhaltet diese Verifikation die Durchführung von Crashtests zur Validierung der mechanischen Eigenschaften, zum anderen die Überprüfung der Prozessfähigkeit unter Serienbedingungen.

HSB kann auch in späten Entwicklungsphasen, etwa bei auftretenden technischen Notwendigkeiten oder neuer Crashstandards, noch in die bereits existierenden Strukturen integriert werden. Zu diesem späten Zeitpunkt führen Änderungen bestehender Blechwerkzeuge meist zu hohen Kosten. Noch größer sind die Vorteile bei frühzeitiger Einbeziehung der HSB-Technologie in die Neukonstruktion eines Fahrzeugs; dann kann auf niedrigere Stahlgüten und geringere Materialstärken zurückgegriffen werden, weil die Verstärkung kritischer Zonen durch Strukturteile mit HSB erfolgt.

In der ersten Entwicklungsphase der HSB-Lösung werden mittels CAE-Simulation Machbarkeit, Leistung und Gewicht ermittelt. In der Optimierungsphase wird das Verhältnis von Leistung und Gewicht meist noch deutlich verbessert. Hierbei kann der Entwicklungsingenieur auf eine

Vielzahl an technischen Möglichkeiten zurückgreifen.

Ein erster Schritt ist die Auswahl des geeigneten Werkstoffs, meist eines technischen Kunststoffs. Durch die gezielte Wahl des Glasfaseranteils im Material, die optimale konstruktive Auslegung und weitere Parameter ist es möglich, eine optimale Balance zwischen Festigkeit, Duktilität und Gewicht zu erreichen. Kunststoffbauteile mit ihrem hohen Grad an Designflexibilität bieten Möglichkeiten, die mit Stahlteilen nicht oder nur mit sehr hohem Aufwand realisierbar sind.

So kann die Festigkeit und Verformbarkeit bereichsweise definiert gesteuert werden, sodass Deformationen dort stattfinden, wo sie kontrolliert zugelassen werden sollen. Dies ist speziell am Übergang zu Knautschzonen von Interesse. Durch die Designfreiheit der spritzgegossenen Trägerelemente können Steifigkeitssprünge vermieden werden, wie sie an den Enden von Stahl-Einlegeteilen fast immer vorhanden sind. Diese Steifigkeitssprünge führen unter Last oft zu ungewünschten Spannungsspitzen.

Bild 2
Konzept des
High-Strength-
Bonding

HIGH STRENGTH BONDING - KONZEPT

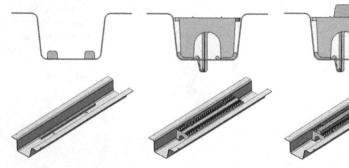

Schritt 1

SikaPower® (Klebstoff) als dicke Raupen auftragen.

Schritt 2

Einsatz **SikaStructure®** (Kunststoffträger) Klebstoffraupen werden verquetscht.

Schritt 3

Zweiter **SikaPower®** Raupenauftrag (falls erforderlich).

Schritt 4

Schliessblech verquetscht die zweite Raupe. Nach KTL Bad, **SikaPower®** härtet im KTL-Ofen aus.

Montage

Darüber hinaus ist die Fixierung gegenüber Einlegeteilen aus Stahl in vielen Fällen leichter und schneller. Die Fertigungszeiten in der Produktion bleiben somit auch beim Einsatz von HSB kaum verändert. Der Montagevorgang selbst ist einfach. Zunächst wird der crashfeste Klebstoff in den entsprechenden Bereichen dickschichtig aufgetragen. Dank der guten Standfestigkeit des Klebstoffs besitzen die Raupen die notwendige Formstabilität während des Montageprozesses. Danach wird das Einlegeteil automatisch durch einen Roboter oder von Hand in die mittels CAE-Berechnung definierte Position gebracht.

Dabei wird der Träger so in die Klebstoffraupe hineingedrückt, dass eine definierte Anbindung des Trägers an die Gesamtstruktur gewährleistet wird. Eine eventuell durch Rohbautoleranzen entstehende überschüssige Klebstoffmasse wird in vorgesehenen Hohlräumen des Einlegeteils aufgenommen. So ist die Funktion des Bauteils für den gesamten Toleranzbereich des Karosserierohbaus und der Struktur gewährleistet. Auch der in den Hohlräumen aufgenommene Klebstoff trägt nach dem Aushärten zur Leistung des Gesamtsystems bei, Bild 2.

Kosten und Gewicht

Angesichts der technischen Vorteile stellt sich die Frage nach Gewicht und Stückkosten. Die erzielbare Gewichtseinsparung durch den Einsatz von HSB ist abhängig von der zu verstärkenden Stahlstruktur und der vorgesehenen Stahlgüte. Im Zuge der Entwicklung von HSB wurde mittels CAE-Simulation das Gewichtseinsparpotenzial für einzelne Bereiche auf 20 bis 40 % abgeschätzt. Nach Verifizierung im Realcrash konnte dieses Potenzial bestätigt werden. Das System befindet sich vor der unmittelbaren Einführung in erste Serienfahrzeuge.

Mit HSB kann in einigen Bereichen ein Entfall von einem oder mehreren Blechteilen erreicht werden. Auch bei notwendigen Änderungen während der Entwicklungsphasen bleiben Kosten überschaubar, und eine projektgerechte Umsetzung ist möglich.

Die Stückkosten variieren von Fall zu Fall und reichen von einer Kostenersparnis bis hin zu geringen Mehrkosten. Diese Mehrkosten für ein eingespartes Kilogramm Gewicht liegen im unteren einstelligen Euro-Bereich. Diese Kostendarstellung ergibt sich aus internen Untersuchungen und laufenden Kundenprojekten.

Fazit

Der Einsatz von speziellen crashfesten Klebstoffen ermöglicht das Erreichen eines neuen Leistungsniveaus von Strukturelementen. Durch High Strength Bonding (HSB) ergeben sich neue Konstruktions- und Montagemöglichkeiten im Karosseriebau. Diese führen zugleich zu steiferen, crashoptimierten und gewichtsreduzierten Fahrzeugen. Diese neue Technologie steht kurz vor dem ersten Serieneinsatz in der Automobilindustrie.

Leichtbau-Fahrgestell mit Einzelradaufhängung Lkw

Dietmar Ingelfinger | Dipl.-Ing. (FH) Manuel Liedke

Die in Lkw heute üblichen Fahrgestelle mit starren Achsen haben große ungefederte Massen. Das schränkt den Fahrkomfort ein und schadet dem Straßenbelag. Im Rahmen eines Forschungsprojekts, das vom Bundesministerium für Wirtschaft und Technologie gefördert wurde, entwickelten die Ingenieure von Gratz Engineering konzeptionell ein Leichtbau-Fahrgestell mit Zentralrohr und Einzelradaufhängung. Damit kann das Fahrzeug eine höhere Nutzlast transportieren, gleichzeitig reduziert sich die Fahrbahnbelastung.

Motivation

Nutzkraftwagen dienen dem sicheren und rationellen Transport von Personen und Gütern. Dabei bestimmt das Verhältnis von Nutzraum zu gesamtem Bauraum und von Nutzlast zu Gesamtgewicht den Grad der Wirtschaftlichkeit. Maße und Gewichte sind gesetzlich begrenzt. Stand der Technik bei Lkw sind Normalfahrgestelle mit blatt- oder luftgefederten starren Vorder- und Hinterachsen. Sie haben den Nachteil, dass die Räder sich bei der großen ungefederten Masse der Achsen gegenseitig beeinflussen, wenn die Fahrbahn einseitig uneben ist. Auch lassen sich Vorspur und Sturz nicht gezielt über anliegende Radkräfte oder fahrsituationsabhängige Einfederbewegungen beeinflussen, und ihre massive und relativ zum Aufbau bewegliche Querverbindung nimmt viel Raum in Anspruch. Das Tragwerk größerer Nutzfahrzeuge bildet meist ein Leiterrahmen mit Längs- und Querträgern. Ein solcher Rahmen bietet keine geeigneten Lasteinleitungspunkte, um die Querkräfte aus einer Einzelradaufhängung (ERA) aufzunehmen. Die Anbindung einer ERA an einen Leiterrahmen schränkt vor allem die erreichbaren Federwege ein. Gegenüber den derzeit üblichen durchgängigen Starrachsen entstand im Projekt konzeptionell ein Leichtbau-Fahrgestellkonzept (Ultra Light Truck Chassis, ULTC) mit Zentralrohr und Einzelradaufhängung für die Gewichtsklasse 5,5 bis 12 t in der Fahrzeugklasse N2 mit einem 4×4-Fahrwerk für unterschiedliche Radstände.

Ein wesentliches Merkmal von Einzelradaufhängungen im Vergleich zu Achsbrückenlösungen sind reduzierte ungefederte Massen. Die Federung ist umso besser und der Fahrkomfort umso höher, je kleiner die ungefederte Masse im Verhältnis zur gefederten Masse des Fahrzeugs ist. Außerdem leidet die Straße unter den dynamischen Radlastschwankungen durch schwere Achskörper, während die Räder bei Einzelradaufhängung sensibler federn. Denn bei geringeren ungefederten Massen treten in Folge der Vertikalbeschleunigungen geringere Kräfte auf. Also führt eine Einzelradaufhängung mit geringeren ungefederten Massen zu einer reduzierten Belastung

des Fahrers und höherem Fahrkomfort, gleichzeitig schont sie Ladung und Straßen.

Fahrzeugkategorie

Um ein Fahrgestell für das ULTC-Projekt konstruieren und auslegen zu können, war es notwendig, sich für eine Fahrzeugkategorie und die entsprechende zulässige Gesamtmasse zu entscheiden. Es wurde festgelegt, ein 12-t-Fahrgestell mit dem kürzestmöglichen Radstand und zusätzlichem Allradantrieb als Basis für die Untersuchungen heranzuziehen. So sollte das Fahrgestell mit dem komplexesten Bauraum entstehen. Allerdings wurden auch weitere Varianten wie zum Beispiel 6×6- und 4×2-Varianten konzeptionell betrachtet, um sicherzustellen, dass die gefundenen Lösungen und Konzepte modular anwendbar sein würden.

Gewichtseinsparung

Anstelle des Leiterrahmens, der viel Gewicht und Platz beansprucht, entwickelten die Ingenieure im Projekt einen Zentralrohrrahmen. Damit lassen sich trotz leichterer Bauweise große Flächenträgheitsmomente und Widerstandsmomente realisieren, die am Zentralrohr eine hohe Biege- und Torsionssteifigkeit bewirken. Entsprechend kommen zum Teil hochfeste Werkstoffe wie hoch- und höherfeste Stähle, beispielsweise Bleche aus TRIP-Stahl (Transformation Induced Plasticity) für die Querlenker (Zugfestigkeit von 780 N/mm² bei 21 % Bruchdehnung A80), als Werkstoffe in Frage. Der neu entwickelte Zentralrohrrahmen ohne Fahrwerk ist in Bild 1 abgebildet. Seitlich oberhalb des Zentralrohrs sind zwei Längsträger angeordnet, um die Kabine und die weiteren Auf- und Anbauten aufzunehmen. Weiter lässt sich der hintere Teil der Längsträger der jeweiligen Last- und Aufbausituation anpassen, sodass ein zusätzlicher Hilfsrahmen entfallen kann. Die Fahrwerks- und Aufbaukräfte werden direkt in das Zentralrohr eingeleitet. Der Zentralrohrrahmen erlaubt eine integrale Bauweise, wie Bild 2 am Beispiel des Differenzialgehäuses zeigt. Der Antrieb erfolgt über Quergelenkwellen in einer Konstruktion, die

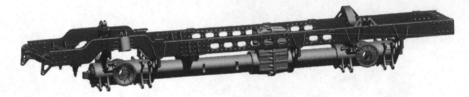

Bild 1
Zentralrohrrahmen

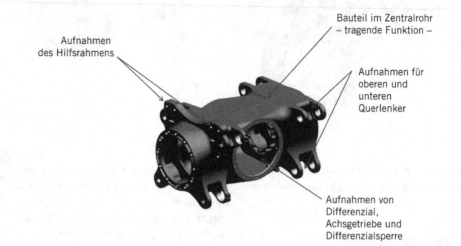

Bauteil im Zentralrohr
– tragende Funktion –

Aufnahmen
des Hilfsrahmens

Aufnahmen für
oberen und
unteren
Querlenker

Bild 2
Integralbauweise
am Beispiel
des Differenzial-
gehäuses

Aufnahmen von
Differenzial,
Achsgetriebe und
Differenzialsperre

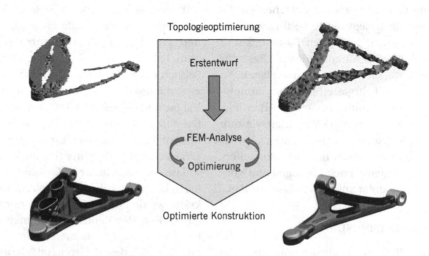

Topologieoptimierung

Erstentwurf

FEM-Analyse

Optimierung

Bild 3
Leichtbau beim
ULTC mit topo-
logieoptimierten
Querlenkern

Optimierte Konstruktion

unterhalb des maximalen Beugewinkels der Antriebswellen bleibt, sodass kein erhöhter Verschleiß zu erwarten ist. Die Radaufhängung am Zentralrohrrahmen wird über Doppelquerlenker (DQL), Bild 3, ausgeführt. Fünf relevante Lastfälle lieferten die Daten für die Kräfte und Momente. So konnten die Ingenieure mit dem Programm Ansys V12 per Finite-Elemente-Methode (FEM) eine Festigkeitsrechnung durchführen. Die Strukturfindung erfolgte per Topologieoptimierung. Man gelangte zum Konzept des Zweischalenelements, das mit seiner geschlossenen Struktur ein großes Flächenträgheits- und Widerstandsmoment besitzt.

Kinematikauslegung

Bei der Auslegung der DQL-Achse achteten die Ingenieure genau auf Robustheit und Lebensdauer. Diese Eigenschaften sind für Nutzfahrzeuge besonders wichtig, zum Beispiel hinsichtlich des Reifenverschleißes. Beim Einfedern sollte der Sturz negativ tendieren, beim Ausfedern positiv. Das wirkt dem Beugewinkel der Antriebswelle entgegen und erhöht ihre Übertragungsfähigkeit. Die Spurweitenänderung sollte hauptsächlich beim Ein-

federn gering bleiben, damit der Reifen weniger auf der Fahrbahn radiert und weniger Reifenverschleiß auftritt. Außerdem sollten möglichst geringe Lenkkräfte entstehen. Um diese Ziele zu erreichen, führten die Entwickler den oberen Querlenker kürzer aus als den unteren und versahen ihn mit einem positiven Schrägstellungswinkel. Das lässt den Sturz beim Einfedern in negative, beim Ausfedern in positive Bereiche tendieren. Das Wankzentrum liegt nah an der Fahrbahn und der Beugewinkel der Antriebswelle reduziert sich. Ein parallel zur Fahrbahn ausgerichteter Querlenker erhöht die Bodenfreiheit auf 429 mm unter der Achse für die Allradvarianten. Das Ergebnis für den eingefederten und den ausgefederten Zustand zeigt Bild 4.

Ergebnisse

Im Projekt entstand ein Leichtbau-Fahrgestellkonzept mit Einzelradaufhängung für die Gewichtsklasse 5,5 bis 12 t (Fahrzeugklasse N2 mit einem zulässigen Gesamtgewicht bis zu 12 t) mit 4×4-Fahrwerk, Bild 5. Sein Leergewicht liegt bei ungefähr 5150 kg. Im Vergleich zu Fahrzeugen der Klasse N2 mit konventionellen 4×4-Fahrwerken mit Starrachsen

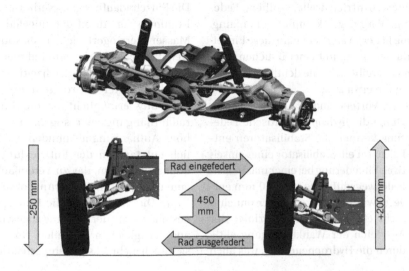

Bild 4
DQL-Achse des ULTC mit Kinematik der Ein- und Ausfederung

Bild 5
ULTC (4×4) als
Projektergebnis

beträgt die Gewichtseinsparung im Durchschnitt 4 bis 6 %. Es gibt durchaus weiteres Einsparpotenzial, da viele Einzelteile noch nicht optimiert wurden, wie zum Beispiel Radträger, Lenkungsteile und Getriebe. Auch der Rahmen lässt sich laut FEM-Analyse noch leichter darstellen. Ein wichtiges Ziel der Einzelradaufhängung betraf die ungefederten Massen: Sie sollten geringer ausfallen als bei vergleichbarer Starrachse. Die ungefederte Masse des ULTC beträgt für eine Achse 436 kg (Querlenker, Radträger, Bremse, Antriebswelle, Kolben, Federung, Vorgelege, komplette Lenkung, ohne Räder). Vergleicht man diese Einzelradaufhängung mit einer üblichen Starrachse, ergibt sich eine deutliche Einsparung von etwa 20 %.

Weitere Vorteile sind:

■ Durch die hydropneumatische Federung können die Stabilisatoren entfallen. Da ein Stabilisator einer einseitigen Einfederung bei einer maximalen Federwegsdifferenz von 450 mm entgegenwirken würde, wäre er ohnehin nicht einsetzbar. Daher erfolgt der Ausgleich der Wankbewegung aktiv durch die Hydropneumatik, was auch eine kinematische Sturzänderung bei Kurvenfahrt verhindert.

■ Die Räder können einzeln einfedern und beeinflussen sich nicht gegenseitig.

■ Die Einzelradaufhängung kann besser in das Package eines Nutzfahrzeugs oder Transporters eingepasst werden.

■ Indem die Lage des Wankzentrums variiert und damit das Wankmoment beeinflusst werden kann, bestehen mehr kinematische Auslegungsmöglichkeiten gegenüber einer Starrachse.

Die Einzelradaufhängung verbessert den Komfort. Der Anteil der ungefederten Massen verringert sich, insbesondere weil das Achsgetriebe vom Rahmen aufgenommen wird. Bei gleichzeitiger Verwendung einer hydropneumatischen Federung ermöglicht es die Einzelradaufhängung, eine sogenannte Skyhook-Aufhängung abzubilden. Schließlich entstand in der Entwicklung ein Baukastensystem, das zu Vereinfachungen und Kosteneinsparungen führen kann: Die Vorder- und die Hinterachse bestehen – von der Lenkung abgesehen – aus den gleichen Bauteilen. So lassen sich auch mehrachsige Fahrgestelle leicht realisieren. Die Querlenker sind wechselseitig herstellbar.

Zusammenfassung

Im Allgemeinen beträgt der Einfederweg bei Lkw mit Starrachsen nur ungefähr 80 mm. Außer bei der Luftfederung erfolgt keine Anpassung der Federraten an die verschiedenen Beladungszustände. Die derzeitige unbefriedigende Situation, insbesondere die zunehmenden daraus entstehenden Schäden im Straßenunterbau, führte zum ULTC-Entwicklungsprojekt. Leichte Lkw mit Einzelradaufhängung sollen die Straßen schonen.

Vergleicht man die beiden Konzepte von Starrachse und Einzelradaufhängung unter technischen Gesichtspunkten, so spricht zwar für die Starrachse, dass sie einfach und kostengünstig in Konstruktion, Herstellung und Wartung ist. Nachteilig sind jedoch ein relativ hoher Bauraumbedarf im Fahrzeug, die schwere Ausführung mit bis zu 750 kg ungefederter Masse (ohne Räder) bei 8 t Achslast sowie die Tatsache, dass die fahrdynamischen Parameter Sturz, Spreizung, Nachlaufwinkel und Vorspur nur in begrenztem Umfang variabel sind. Dagegen ist die Einzelradaufhängung deutlich aufwendiger und kostenintensiver als die Starrachse. Sie bietet aber die Möglichkeit einer Gewichtseinsparung und den weiteren Vorteil der nahezu freien Wählbarkeit der fahrdynamischen Parameter und Radaufhängungsgrößen. Damit lässt sich das Konzept gut an die herrschenden Randbedingungen anpassen. Die Räder einer Achse beeinflussen sich im Unterschied zur Starrachse nicht gegenseitig. Das gesamte Achsgetriebe (Diffe-

renzialgehäuse) federt nicht mit, sodass die ungefederten Massen deutlich geringer sind. Da im Fall der Einzelradaufhängung das Achsgetriebe und die Achsbrücke nicht an der Ein- und Ausfederbewegung teilnehmen, ist gegenüber Blattfederaggregaten ein geringerer Einbauraum nötig. Das schafft Freiräume für eine bessere Raumnutzung, beispielsweise mit Komponenten zur Abgasnachbehandlung. Anstelle des Leiterrahmens, der viel Gewicht und Platz beansprucht, kam ein Zentralrohrrahmen zum Einsatz, der mehr Bodenfreiheit gewährt (Allradvariante) oder zur Verbesserung der Ladehöhe beiträgt.

DANKE

Der Dank der Autoren gilt der EuroNorm Gesellschaft für Qualitätssicherung und Innovationsmanagement mbH für die Betreuung des Projekts, das vom Bundesministerium für Wirtschaft und Technologie (BMWi) aufgrund eines Beschlusses des Deutschen Bundestages gefördert wurde. Weiterhin gilt der Dank den Co-Autoren und Mitarbeitern von Gratz Engineering, Weinsberg: Dipl.-Ing. (FH) Rolf Weyrauch, Dipl.-Ing. (FH) Uwe Becker, Dipl.-Ing. (FH) Sebastian Ritter und Michael Bürger sowie den Geschäftsführern der Gratz Engineering GmbH Dipl.-Ing. (FH) Klaus Schächtele und Dipl.-Ing. (FH) Peter Gratz in Weinsberg.

Ebenfalls bedanken sich die Autoren bei Dr.-Ing. Klaus Mager, Ingenieurbüro Mager, Bad Dürrheim, für die administrative Unterstützung bei der Durchführung des Projekts.

Tertiäre Sicherheit – Rettung aus modernen Fahrzeugen nach einem Unfall

DIPL.-ING. (FH) CHRISTINA DÜRR | DIPL.-ING. THOMAS UNGER | PROF. DR.-ING. UDO MÜLLER

Moderne Fahrzeuge sind mit vielen primären und sekundären Sicherheitssystemen ausgestattet. Die Technik, die die Überlebenschancen der Insassen während eines Verkehrsunfalls steigert, wird nach dem Unfall zur Herausforderung für die Rettungskräfte und beeinflusst so direkt die tertiäre Sicherheit. Eine medizinisch und technisch abgestimmte Rettungstaktik in Kombination mit adäquaten Rettungsgeräten ist die Grundvoraussetzung, um eingeklemmte Personen aus modernen Fahrzeugen zu retten. Untersuchungen wie bei der ADAC Unfallforschung verdeutlichen die Probleme und zeigen Verbesserungsmöglichkeiten auf.

Unfälle vermeiden

Die aktuelle Fahrzeugtechnik ermöglicht eine Vielzahl an Maßnahmen zur Unfallvermeidung und Unfallfolgenminderung. Dies zeigt sich im langjährigen Vergleich der im Straßenverkehr verletzten und getöteten Personen. So sinkt die Zahl der Getöteten stetig und hat in 2010 einen historisch niedrigen Wert von 3657 angenommen.

Moderne Fahrzeuge sind mit vielen primären und sekundären Sicherheitssystemen ausgestattet. ABS, ESP, Airbags, Gurtstraffern und eine Kombination von verschiedensten Werkstoffen sind gegenwärtig nicht mehr vom Fahrzeugmarkt wegzudenken. Der Fluch und Segen solcher Systeme wird speziell bei einer technischen Rettung von eingeklemmten Personen deutlich. Die Technik, die die Überlebenschancen der Insassen während eines Verkehrsunfalls steigert, wird nach dem Unfall zur Herausforderung für die Rettungskräfte und beeinflusst so direkt die tertiäre Sicherheit.

Die komplexe Einsatzsituation und das knappe Zeitfenster bei eingeklemmten Personen erfordert von den Rettungskräften sehr gute Kenntnisse über die Fahrzeugtechnik sowie eine der Unfallsituation angepasste Einsatztaktik. Eine medizinisch und technisch abgestimmte Rettungstaktik in Kombination mit adäquaten Rettungsgeräten ist die Grundvoraussetzung, um eingeklemmte Personen aus modernen Fahrzeugen zu retten. Gegenstand der Untersuchungen der Unfallforschung ist es, die Probleme zu verdeutlichen und Verbesserungsmöglichkeiten aufzuzeigen.

Unfallforschungsprojekte

Der ADAC e. V. macht sich seit mehreren Jahrzehnten stark für den Verbraucher-

schutz, insbesondere im Feld der Verkehrssicherheit. Neben der Untersuchung der primären und sekundären Sicherheit (Autotest, Crashtest), bewertet der Club die Sicherheit von Straßen und begleitet Sicherheitskampagnen.

Seit dem Start der Datenerhebung der ADAC Unfallforschung am 1. Juni 2005 bis zum 1. Juni 2012 wurden mehr als 10.000 Fälle dokumentiert. In 18 % der aufgenommenen Fälle sind die Fahrzeuge durch die hohen Deformationsenergien sehr stark verformt und die Verunfallten in ihrem Fahrzeug eingeklemmt. Solche Unfallsituationen erfordern eine technische Hilfeleistung durch die Rettungskräfte.

Karosseriewerkstoffe

Der Werkstoff Stahl ist für Karosseriestrukturen der meist verwendete Werkstoff. Um die gestiegenen Anforderungen an die Insassensicherheit zu erfüllen,

werden bei modernen Fahrzeugen die Karosseriestrukturen im Bereich der Fahrgastzelle durch neuartige Materialien und Konstruktionsprinzipien massiv verstärkt. Vorrangiges Entwicklungsziel ist neben der Sicherheit die Reduzierung des Karosseriegewichtes, was insbesondere durch den Einsatz höherfester und höchstfester Materialien realisiert wird. Dies ist vor allem in den Bereichen A-/B-Säule, Dachrahmen und Schweller der Fall. In den letzten Jahren hat sich hierfür der Einsatz von warmumgeformten höchstfesten Stählen etabliert. Mit der Festigkeitssteigerung nimmt jedoch auch die Bruchdehnung des Materials erheblich ab, sodass keine größeren Verformungen mit diesen Karosseriestrukturen zu erreichen sind, was die Arbeit mit den Rettungswerkzeugen erschwert.

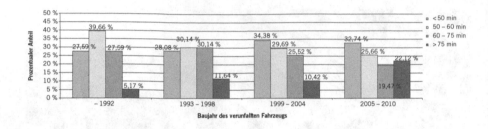

Bild 1
Zeit zwischen
Unfallzeitpunkt und
Abtransport des
Patienten von der
Unfallstelle

Probleme bei der technischen Rettung

Die in Bild 1 dargestellte Auswertung des ADAC von Unfällen mit technischer Rettung zeigt, dass für neuere Fahrzeuge (Baujahre 2005 bis 2010) die Rettungseinsätze, die mehr als 75 min andauern deutlich häufiger auftreten im Vergleich zu den Rettungseinsätzen bei älteren Fahrzeugen. Der Anteil von sehr langen Rettungsaktionen (>60 min) liegt hier bei fast 42 % – ein Anstieg von 10 % im Vergleich zu Fahrzeugen der Baujahre bis 1992.

Aus weiteren Analysen der ADAC Unfallforschung geht zudem hervor, dass bei über 30 % der Pkw-Pkw und Pkw-allein Unfälle Probleme bei der technischen Rettung auftreten.

Während der Patientenbefreiung sind diese Probleme vor allem beim Schneiden und Spreizen von Fahrzeugsäulen und Scharnieren zu beobachten, da diese bei modernen Fahrzeugkarosserien besonders fest ausgeführt werden. Bild 2 zeigt einen erfolglosen Schnittversuch

einer A-Säule während der technischen Rettung, da die Fahrzeugsäule vom Hersteller zum Schutz des Insassen mit Rohren zusätzlich versteift wurde.

Außerdem wird die Schneidfähigkeit der Rettungsgeräte durch den Öffnungswinkel der Schere begrenzt. Das Funktionsprinzip der verwendeten Schneidgeräte mit sichelförmigen Scheren basiert auf der Komprimierung des zu schneidenden Bauteils. Das Werkzeug komprimiert das Bauteil und zieht dieses zum Drehpunkt der Schere, da hier die größtmögliche Kraft aufgebracht werden kann, bevor mit dem Schneidvorgang begonnen wird, Bild 3. Dies ist bei großvolumigen Fahrzeugsäulen wie der B- oder C-Säule nur bedingt möglich.

Bei Werkstoffen mit hoher Sprödigkeit wie CFK, ist der Einsatz von Spreizgeräten und Hydraulikzylindern zum Drücken eingeschränkt, da die benötigten Auflageflächen bei Krafteinwirkung versagen und einreißen können.

Versuchsreihen

An einem neu entwickelten Versuchsstand im ADAC Technik Zentrum wurden Schnittversuche an B-Säulen unterschiedlicher Fahrzeugbaujahre durchgeführt. Ziel dieser Versuche war es, die auftretenden Probleme zu erfassen, Ursachen zu untersuchen und mögliche Lösungsansätze zu erarbeiten. Hierbei wurden die vorhandenen Fahrzeugsäulen unterschiedlicher Baujahre am oberen und unteren Ende mit einem hydraulischen Schneidgerät durchtrennt. Die

Bild 2
Problem beim
Trennen der
A-Säule

hierfür benötigten Arbeitsdrücke wurden aufgezeichnet und anschließend die daraus resultierenden Schnittkräfte ermittelt.

Es zeigte sich einerseits, dass die Arbeitsdrücke um die erforderliche Schnittkraft aufzubringen vom oberen Ende der B-Säule nahe dem Dachrahmen zum unteren Ende hin kontinuierlich ansteigen, was auf die unterschiedlichen Geometrien zurückzuführen ist, und andererseits, dass der Druckaufwand bei neueren Fahrzeuge im Vergleich zu Älteren erheblich größer ist, Bild 4. Das Durchtrennen von Säulen in Bereichen mit Anbauteilen wie Gurtschienen und Scharnieren in gehärteter Ausführung erfordert zudem wesentlich höhere Schnittkräfte und ist deshalb zu vermeiden, da hierbei auch das verwendete Werkzeug Schaden nehmen kann.

Das verwendete Schneidgerät arbeitet unter normalen Umständen bis zu einem Arbeitsdruck von 370 bar. Die erforderlichen Arbeitsdrücke führten deshalb noch nicht zum Versagen des Schneidgeräts. Jedoch hatte die Begrenzung der Schneidfähigkeit durch den Öffnungswinkel der Schere zur Folge, dass besonders im Bereich der sehr breit ausgeführten Schweller der Schnitt misslang und mehrmals angesetzt werden musste. Der optimale Arbeitspunkt nahe dem Scherendrehpunkt wurde hierbei nicht erreicht, da das Verformungsvermögen der Fahrzeugsäule durch die modernen Karosseriestähle eingeschränkt ist. Aus diesem Grund ist der benötigte Arbeits-

Bild 3
Funktionsprinzip der sichelförmigen Rettungsschere

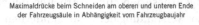

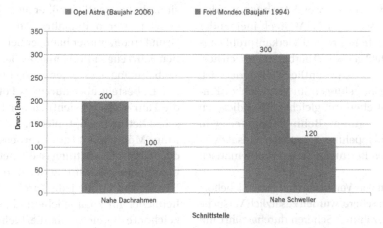

Bild 4
Verteilung der Kräfte in Abhängigkeit vom Fahrzeugbaujahr der Versuchsproben

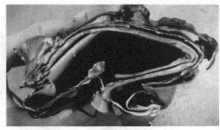

druck wesentlich höher als bei einem Modell älteren Baujahrs.

In Bild 5 sind die Profilquerschnitte zweier B-Säulen von Fahrzeugen unterschiedlichen Baujahrs nach dem Schnittvorgang dargestellt. Vergleicht man den Querschnitt des älteren Fahrzeuges mit dem Neueren, wird deutlich, dass der Querschnitt des älteren Fahrzeugs aufgrund der weichen Werkstoffe wesentlich stärker verformt ist. Auch der Kraftaufwand für das Durchtrennen der Struktur ist hier deutlich geringer. Beim modernen Fahrzeugen werden nicht nur Werkstoffe mit höchsten Festigkeiten eingesetzt, sondern auch die Querschnitte größer ausgeführt, weshalb hier nur eine geringe Komprimierung möglich ist und die benötigten Schnittkräfte wesentlich höher sind, Bild 5.

Um den Einfluss von Blechdoppelungen (Mehrlagigkeit) zu untersuchen, die in modernen Fahrzeugkarosserien im Bereich der B-Säule zur Verstärkung der Konstruktion verwendet werden, wurden im Versuch des ADAC auch ineinander gesteckte Rohre und Vierkantprofile aus Baustahl getestet. Hierbei stellte sich heraus, dass es wesentlich schwieriger ist, Blechdoppelungen im Vergleich zu Einfachblechen mit gleicher Wanddicke zu durchtrennen. Beim Schneiden von Blechdoppelungen kann der Einsatz von kleinen Rettungsscheren problematisch sein.

Neben den Versuchen mit einer sichelförmigen Schere, wurden zusätzlich Versuche mit gezahnten Scheren durchgeführt um eine Aussage über die Vor- und Nachteile der unterschiedlichen Werkzeugtypen treffen zu können. Da diese das zu schneidende Material nicht komprimieren, sondern direkt mit dem Schneidvorgang beginnen, versagten die gezahnten Scheren bei Fahrzeugsäulen mit großen Profilquerschnitten. Lediglich bei kleinen Querschnitten wurden geringere Schnittkräfte im Vergleich zu den sichelförmigen Scheren gemessen.

Lösungsmöglichkeiten

Aus den Statistiken und den Erkenntnissen aus durchgeführten Schnittversuchen wird deutlich, dass die Optimierung der Karosserie zur weiteren Erhöhung der Insassensicherheit im Crashfall im Gegensatz zu der für die technische Rettung optimierten Karosseriestruktur steht. Die benötigen Kräfte, die zum Arbeiten mit aktuellen Rettungsgeräten an modernen Fahrzeugen erforderlich sind, sind wesentlich höher als bei Fahrzeugen älteren Baujahrs. Aus diesem Grund treten immer häufiger bei modernen Fahrzeugen Probleme bei der Insassenbefreiung nach einem Verkehrsunfall auf. Es besteht aber durchaus Potenzial die Fahrzeuge hinsichtlich der technischen Rettung zu optimieren.

Eine Möglichkeit zur Verbesserung der technischen Rettung ist die „rettungsfreundliche" Gestaltung der Karosserie. Hierfür sollten für jede Karosserie einheitliche, gut zugängliche und gekennzeichnete Bereiche für die technische

Rettung vorgesehen werden. Idealer Weise werden diese Bereiche für verschiedene Karosserietypen standardisiert. Schnittstellen in der Karosserie zur Patientenbefreiung sollten deshalb eine geringe Festigkeit mit optimaler, kleiner und rundlicher Geometrie ohne Verstärkungen und sonstigen Zusatzelementen aufweisen. Für das häufig notwendige Spreizen und Drücken mit Rettungszylinder, sollten die möglichen Ansatzpunkte zusätzlich verstärkt werden. Dies lässt sich konstruktiv beispielsweise mit der Patchworktechnik (Blechdoppelungen) realisieren.

Außerdem sollten die Fügestellen verschiedener Bauteile für die technische Rettung in der Form optimiert werden, dass die Bauteile einfacher durch ein Spreizgerät oder Hydraulikzylinder getrennt werden und somit die benötigten Schneidvorgänge so weit wie möglich verringert werden können. Beispielsweise erfolgt im Regelfall die Kraftübertragung beim Seitencrash von B-Säule zu Dachrahmen und Schweller zusätzlich zur Fügeverbindung durch einen Bauteilformschluss, weil eine Fügeverbindung allein zwischen den höchstfesten Blechen diese Festigkeitsanforderungen nicht erfüllen kann – die Stabilität ist deutlich geringer. Beim Spreizen der Bauteile wird dann die Fügeverbindung getrennt und die B-Säule kann als gesamtes Bauteil entfernt beziehungsweise geklappt werden. Anstatt die Fahrzeugsäulen durch Scherenschnitte aus der Karosserie zu entfernen, können somit diese nach entsprechender Karosserieoptimierung mit einem Rettungszylinder herausgetrennt werden, Bild 6, und hiermit mindestens ein Schneidvorgang eingespart werden. Eine weitere Möglichkeit ist, Kombinationen aus Schneid- und Spreizvorgängen zu entwickeln.

Auch die Optimierung der Rettungstechnik und der Rettungsgeräte ist eine weitere Möglichkeit zur Verbesserung der technischen Rettung, was nicht Teil dieses Beitrags ist. Einen großen Einfluss auf die Effektivität eines Rettungseinsatzes hat auch die Kommunikation zwischen dem Fahrzeugentwickler und den Rettungsteams. So sollte versucht werden, der Feuerwehr möglichst viele Informationen über die vertriebenen Modelle zur Verfügung zu stellen.

Die bereits heute etablierte Rettungskarte ist hierbei als ein Anfang zu sehen. Diese zeigt die Lage von Verstärkungsbauteilen sowie Gasgeneratoren auf und gibt der Feuerwehr erste Handlungshinweise. In näherer Zukunft sollte jedoch eine elektronische Datenübermittlung, zum Beispiel durch kennzeichenbasierte Abfragen erfolgen. Eine Weiterführung ist der Einsatz eines automatischen Notrufsystems (e-Call) in allen Fahrzeugen. Des Weiteren ist es wichtig, komplette Rettungsleitfäden zur Unterstützung der Feuerwehr bei der Ausbildung zu entwickeln beziehungsweise fortzuschreiben. Dies spart wertvolle Zeit während des Rettungseinsatzes ein, da sich das Rettungsteam effektiver auf den bevorstehenden Rettungseinsatz vorbereiten kann.

Bild 6
Zylindermethode B-Säule

Literaturhinweise

[1] Statistisches Bundesamt: Unfallentwicklung auf deutschen Straßen 2011. Wiesbaden, 2011

[2] Kreß, D.: Fahrzeugtechnische Einflussparameter auf die technische Rettung – Erkenntnisse aus dem Unfallgeschehen und aus Schneidversuchen, 2010

[3] Dürr, C.: Entwicklung von Fahrzeugkarosseriekonzepten zur Optimierung der technischen Rettung. Diplomarbeit an der Fakultät Maschinenbau der Hochschule für angewandte Wissenschaften Würzburg-Schweinfurt, 2011

Leichtbau für mehr Energieeffizienz

Dr. Martin Hillebrecht | Jörg Hülsmann | Andreas Ritz | Prof. Dr. Udo Müller

Um nachhaltig erfolgreich zu sein, steht das Streben nach Technikführerschaft rund um konstruktiven und werkstofflichen Leichtbau bei den meisten OEMs im Mittelpunkt der Innovationskonzepte. Aus diesem Grund kommt auch bei Engineering-Partnern wie Edag dem Innovationsmanagement mit Leichtbauwerkstoffen und -techniken eine besondere Bedeutung zu.

Umfeld

Die Bedeutung des Leichtbaus in der Fahrzeugentwicklung nimmt weiter zu. Nicht nur die ambitionierten CO_2-Ziele ab dem Jahr 2020, sondern auch die Markteinführung einer ganzen Palette an elektrifizierten Fahrzeugen, bei denen gravierende Änderungen in der Gewichtsverteilung und den Lastpfaden durch Leichtbau in den Griff zu bekommen sind, spielen dem Thema in die Karten. Dabei ergeben sich vielfältige Anforderungen an Bauteile, aus denen sich spezifische Auslegungskriterien anwenden lassen. Im hauseigenen Competence Center Leichtbau, Werkstoffe und Technologien verfolgt Edag ausgewählte Leichtbauansätze von der Konzeption bis zur Bewertung.

Composite-Leichtbau

Um die Möglichkeiten der Gewichtsreduktion und Funktionsverbesserung mit neuartigen Faserverbundkunststoffen (FVK) greifbar zu machen, haben die Kunststoffexperten der BASF in Zusammenarbeit mit Edag einen Faserverbund-Sandwich-Demonstrator am Beispiel eines Cabrio-Verdeckmoduls entwickelt [1].

Die Wahl fiel auf ein Cabrio-Dachmodul, da es wegen der relativ moderaten Stückzahl von circa 20.000 Einheiten pro Jahr einen relativ schnellen Markteinstieg verspricht: Einerseits noch überschaubar, andererseits aber schon so großvolumig, dass ohne automatisierte Herstellprozesse eine FVK-Technik wirtschaftlich nicht realisierbar wäre. Zudem wirkt sich eine Gewichtsverminderung oberhalb des Fahrzeugschwerpunkts positiv auf die Fahrdynamik aus und die im Vergleich zu Stahl oder Aluminium kostenintensivere Leichtbauweise lässt sich bei diesem Fahrzeugsegment eher zur Umsetzung bringen, Bild 1 und Bild 2.

Insgesamt zeigt das Cabrio-Dachmodul die folgenden sechs zentralen Merkmale:
- trockene CFK-Gelege mit lastgerecht ausgewählter Faserausrichtung
- Polyurethan-Schaumkern mit geringer Dichte und hoher Druckbeständigkeit
- gut fließende und schnellaushärtende RTM-Harzsysteme
- unidirektionale Verstärkungen
- metallische Einleger an Krafteinleitungspunkten
- Inserts aus kurzfaserverstärkten Kunststoffen.

Allerdings bestehen bei der Umsetzung von FVK-Leichtbau in der automobilen Großserienproduktion trotz des hohen Potenzials zur Gewichtseinsparung noch Hemmnisse. Diese sind in den relativ hohen Kosten im Verhältnis zum eingesparten Gewicht begründet sowie in der fehlenden Erfahrung bei OEMs und Zulieferern, die einzelnen Fertigungskompetenzen in der Lieferantenlandschaft erfolgreich zu einer durchgängigen Wertschöpfungskette zusammenzuführen.

Während die BASF ihr umfangreiches Produktportfolio und Verarbeitungs-

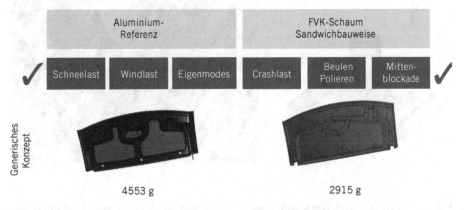

Bild 1
Faserverbund-Sandwich-Demonstrator am Beispiel eines Cabrio-Verdeckmoduls

Bild 2
Querschnitt des
Demonstrators mit
Polyurethan-
Schaumkern,
CFK-Deckschichten
sowie metallischem
Einleger

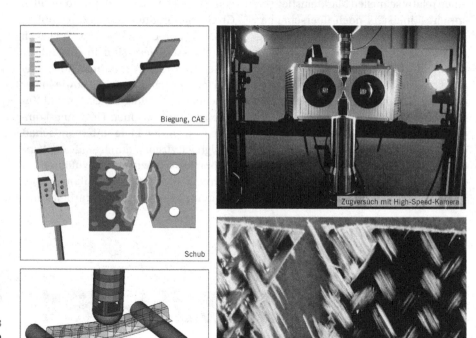

Biegung, CAE

Zugversuch mit High-Speed-Kamera

Schub

Bild 3
Im akkreditierten
Prüflabor von Edag
können CAE-
Materialkarten
erarbeitet werden

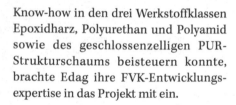

Komponentenversuch

Know-how in den drei Werkstoffklassen Epoxidharz, Polyurethan und Polyamid sowie des geschlossenzelligen PUR-Strukturschaums beisteuern konnte, brachte Edag ihre FVK-Entwicklungsexpertise in das Projekt mit ein.

Für die Auslegung von Bauteilen aus faserverstärkten Kunststoffen ist wie auch bei isotropen Werkstoffen die numerische Berechnung ein unverzichtbarer Bestandteil, um bei minimalem Gewicht die notwendigen Bauteileigenschaften zu erreichen.

Um eine hohe Prognosegüte der Berechnungen sicherzustellen, müssen die faserverstärkten Kunststoffe bezüglich ihres Materialverhaltens und der aus der Fertigung resultierenden Einflüsse beschrieben werden können, Bild 3. Anders als bei den typischen isotropen Werkstoffen werden dafür zusätzliche Materialversuche benötigt.

Bei der Erstellung von Materialkarten für Faserverbundwerkstoffe hat sich dabei der folgende Ablauf als sinnvoll herausgestellt:

- experimentelle Charakterisierung des Materialverhaltens über die Versuche
- Auswahl des Materialmodells (Abaqus, Pam-Crash, etc.) oder Implementierung eines neuen Ansatzes in die Solver
- Verifikation des Materialmodells und Kalibrierung der Materialkarte
- erste Validierung der Materialkarte
- Validierung des kalibrierten Modells durch Komponentenversuche.

Stahl-Leichtbau

Trotz des Leichtbaupotenzials von FVK wird Stahl weiterhin ein dominierender Leichtbauwerkstoff im Automobilbau bleiben. Dieses unterstreicht das aktuelle FutureSteelVehicle (FSV), das im Auftrag der internationalen Stahlindustrie World-AutoSteel entwickelt worden ist [2].

Das FSV setzt auf CAE-Methoden in Kombination mit einem erweiterten Portfolio an hochfesten und ultra-hochfesten Stählen, die zwischen 2015 und 2020 in den Markt einziehen werden. Neben zwei Hybrid- und einem Brennstoffzellenantrieb lag ein Fokus auf dem Elektroantrieb. Als Battery Electric Vehicle (BEV) konnte ein Karosseriegewicht von nur 188 kg realisiert werden, was ein zukünftiges Potenzial von > 20 % aufzeigt. Das Projekt verdeutlicht nicht nur, dass Stahl das wirtschaftlichste Material für Karosserien im Volumensegment ist. Es unterstreicht zudem die Wichtigkeit eines Life-Cycle-Assessments, denn Stahl ist weltweit der am meisten recycelte Werkstoff, Bild 4.

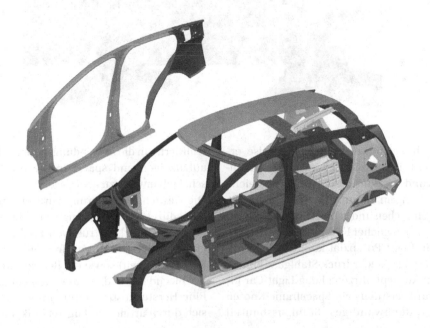

Bild 4
Das Karosseriekonzept des Future-SteelVehicle demonstriert die Leichtbaupotenziale von künftigen Stahlanwendungen

Stahl-Blech-Bauweise

Stahl-Dünnwandguss-Bauweise

1430 g

980 g

Bild 5
Gegenüberstellung von Blech- und Gussknoten in einer heute üblichen stahlintensiven Karosseriebauweise

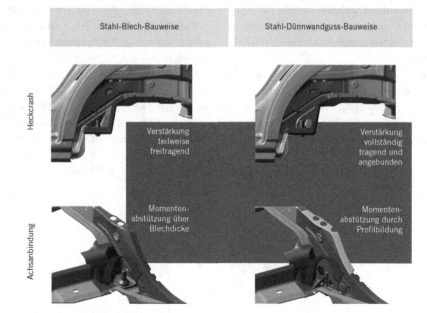

Stahl-Blech-Bauweise

Stahl-Dünnwandguss-Bauweise

Heckcrash

Achsanbindung

Verstärkung teilweise freitragend

Verstärkung vollständig tragend und angebunden

Momenten-abstützung über Blechdicke

Momenten-abstützung durch Profilbildung

Bild 6
Vergleich zwischen Stahl-Blech-Bauweise und Stahl-Dünnwandguss am Beispiel der Lastfälle Heckcrash und Achsanbindung

Stahl-Leichtbau in Blechbauweise erweist sich allerdings immer limitiert aufgrund der komplexen Knotenbereiche auf engem Raum. Hinzu kommen die technischen und geometrischen Grenzen serientauglicher Fügeprozesse.

Künftiges Potenzial könnte der dünnwandige Niederdruck-Stahlguss bieten. Im Konzeptfahrzeug Edag-Light-Car [3] wurde erstmals ein Spaceframe-Knoten als dünnwandiges Stahlgussbauteil realisiert, um die Anwendungspotenziale aufzuzeigen und später in die Blechschalenbauweise zu übertragen.

Die Gewichtsreduzierung wird ermöglicht durch die Erhöhung der lokalen Steifigkeit, die konstruktiven Freiheitsgrade in der Gestaltungsfreiheit (zum Beispiel Rippen) sowie die Reduzierung der Blechdicke in der Bauteilumgebung. Eine Herstellkosten-Optimierung stellt sich durch artgleiche Fügetechnik statt

	Stahl-Blech-Bauweise	Stahl-Dünnwandguss-Bauweise
Gewicht [g]	5458	4921*
Anzahl Bauteile	4	3
Anzahl Fügeoperationen/-vorricht.	5	4
Schweißpunkte	29	26**
Klebenaht	Keine	Keine
Materialkosten [Euro]	3,28	3,13
Herstellkosten [Euro]	8,72	9,24
Werkzeugkosten [Euro]	997.500	765.000
*** Dynamische Steifigkeit	100 %	100 %
Crashperformance	100 %	>120 %

* davon Gewicht Gussteil = 980 g; ** zusätzliche Schweißpunkte zur Lastpfadoptimierung;
*** Auslegungskriterium

Bild 7
Potenzialbewertung anhand einer generischen Karosseriestruktur von dünnwandiger Stahl-Guss- gegenüber Stahl-Blech-Bauweise

Kleben ein und wird bei sehr großer Flexibilität oder sehr variantenreichen Bauteilen verstärkt. Der Mehraufwand pro eingespartem Kilogramm stellt sich daher positiv dar.

Somit könnten dünnwandige Strukturen in Stahlguss die Vision eines jeden Karosserieentwicklers sein, wenn sie heute schon prozesssicher und technisch umsetzbar wären. Nach aussichtsreichen Vorarbeiten in Kooperation mit der CX-Gruppe ist es erklärtes Ziel, mit neuen Gießverfahren, Bindertechniken, Anlagenkonzepten und Auslegungsmethoden dieser Technik zum Durchbruch zu verhelfen, Bild 5, Bild 6 und Bild 7.

Leichtmetalle

Im Karosseriebau schon ein etablierter Konstruktionswerkstoff, bietet sich bei bestimmten Bauteilgruppen heutiger Fahrzeugkonzepte, insbesondere im Van-Segment mit Schiebetüren, weiteres Leichtbaupotenzial durch den Einsatz von Magnesium. Erklärtes Ziel ist es, das gegenüber der klassischen Schwenktür erhöhte Gewicht von 15 bis 40 % durch den Einsatz des Leichtbauwerkstoffs zu kompensieren und wenn möglich weiter zu reduzieren. Am Beispiel einer Pkw-Schiebetür wird das Leichtbaupotenzial mit dem Werkstoff Magnesium, einge-

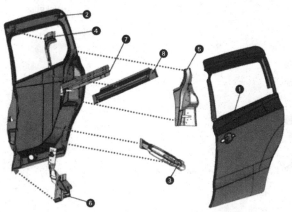

Bauteile

1 Türaußenhaut
2 Türinnenseite
3 Seitenaufprallträger
4 Türverstärkung obere Führung
5 Türverstärkung mittlere Führung
6 Türverstärkung untere Führung
7 Schachtverstärkung innen
8 Schachtverstärkung außen

Bild 8
Bauteilübersicht für eine Schiebetür

setzt als Blech, als Strangpressprofil und in Gussform, aufgezeigt, Bild 8.

Das theoretische Gewichtseinsparpotenzial bei der Substitution von Stahl mit Magnesium hängt im Wesentlichen von der geometrischen Form des Bauteils sowie der Beanspruchung ab und liegt zwischen 0 bis 60 %. Für die Türstruktur sind die Steifigkeit und die Festigkeit maßgeblich. Im Gegensatz dazu ist für das Türaußenblech das lokale und globale Einbeulverhalten von besonderer Bedeutung.

Bei der Untersuchung der Türstruktur erweist sich die Lösung mit einem unteren Druckgussinnenteil, einem Rahmen aus tiefgezogenen Bauteilen und einem Seitenaufprallträger als Strangpressprofil als das beste Konzept. Bei der Auslegung der Bauteile werden die Lastfälle Türüberdrückung beim Öffnen, Unterdruck auf der Außenseite, ein idealisierter Crashfall und eine Misuse-Last, die beim Abstützen einer Person an der Tür auftritt, betrachtet.

Gegenüber der Vergleichstür aus Stahl wird mit der Magnesiumtür bei gleicher Beanspruchbarkeit eine Gewichtsreduzierung in der Türstruktur von 44 % erreicht. Wenn in die Betrachtung ein Außenblech in Magnesium mit einbezogen wird, erhöht sich das Gesamtgewichtspotenzial auf bis zu 50 % [4], Bild 9.

Kleinserienfertigung im Premiumsegment

Die praktische Anwendung und Realisierung von unterschiedlichsten Leichtbaustrategien kann aktuell in verschiedensten Premiumprodukten mit Kleinseriencharakter vorgefunden werden. Dabei handelt es sich oftmals um spezifische Karosserieentwicklungen und -anpassungen für High-Performance-Fahrzeuge.

Edag hat speziell den Bereich Karosserie- und Werkzeugsysteme am Standort Eisenach in solchen Fahrzeugstrukturen vom Einzelteilfertigungs- über den Fügepro-

Bild 9
Bauteile der Türstruktur mit den zugehörigen Herstellungsverfahren

	Benennung	Dicke Magnesiumteil [mm]	Herstellungsverfahren
A	Verstärkung (oben)	3,3	Tiefziehen
B	Fensterrahmen	2	Tiefziehen
C	Fensterschachtverstärkung	1,6	Tiefziehen
D	Seitenaufprallträger	3,3	Strangpressen
E	Innenteil	2 – 5	Druckguss

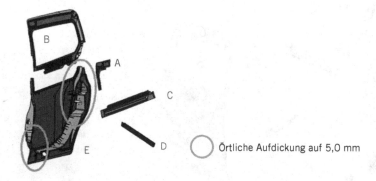

Örtliche Aufdickung auf 5,0 mm

zess für Anbaumodule (Frontklappen, Kotflügel) zum Kleinserienlieferanten weiterentwickelt.

Im Bereich Karosserie- und Werkzeugsysteme ist die Multimaterial-Leichtbau-Strategie anhand unterschiedlichster Produkte deutlich zu erkennen. So zählen neben Aluminium- und Kompositmaterialien (Organobleche) auch Warmumformungs- beziehungsweise höchstfeste Kaltumformungsstähle zum Einzelteilfertigungsspektrum. Aus diesem Grunde befinden sich Prozess- und Methodenplanung für das Umformen unmittelbar am Standort. Ergebnisse können im direkten Erfahrungsaustausch zwischen Werkzeugmacher und Methodenplaner verifiziert und gegebenenfalls weiterentwickelt oder korrigiert werden. Der Einsatz unterschiedlicher, abgesicherter Verbindungsprozesse prägt den Charakter einer funktionsgerechten, multimaterialen Leichtbaustruktur.

Verbindungsprozesse wie Stanznieten, Clinchen, Rollfalzen und Laserverbindungstechnik sind neben den konventionellen Fügeverfahren wie Punkt- und MAG-Schweißen im ständigen Einsatz und bieten Erfahrungen für die funktions- und fertigungsgerechte Entwicklung von Einzelteilen und Strukturen mit Leichtbaueigenschaften.

Zusammenfassung und Ausblick

Leichtbau- und Multimaterialkonzepte lassen sich nur mit interdisziplinärem Zusammenspiel und hoher fachlicher Kompetenz erfolgreich und schnell realisieren. Der Schlüssel sind die Werkstoffspezialisten mit automobiler Entwicklungserfahrung in spezialisierten Unternehmen mit langjährigen Erfahrungen im Leichtbau vom Konzept bis in die Serie. Dabei ist und bleibt Leichtbau eine anspruchsvolle Engineering-Disziplin. Zudem erfordert die erstmalige technische Umsetzung einer Leichtbaupro-

DANKE

Edag dankt für die erfolgreiche und kooperative Zusammenarbeit mit Kunden und Geschäftspartnern, die ihre Zustimmung gegeben haben, ihre Beiträge mit uns zu veröffentlichen. Diese sind Dr. Claus Dallner, Dr. Jan Sandler und Dr. Katrin Nienkemper von der BASF SE, Cees ten Broek von WorldAutoSteel und Ivo Herzog von der CX-Gruppe.

duktionstechnik die Einbindung aller Partner einer bis dahin nicht etablierten neuen Wertschöpfungskette. Auch in diesem Fall ist extrem spezialisiertes Fachwissen gefragt und wird die Fähigkeit von Generalisten eingefordert, zukunftsweisende Techniken identifizieren und bewerten zu können.

Literaturhinweise

[1] Dallner, C.; Sandler, J.; Reul, W.; Hillebrecht, M.: Faserverbundkonzept für ein Cabrio-Dachmodul. In: ATZproduktion 5 (2012), Nr. 3, S. 178–183
[2] Ten Broek, C.; Singh, H.; Hillebrecht, M.: FutureSteelVehicle: Innovativer Stahl-Leichtbau und neue Entwicklungsmethoden. In: ATZ Automobiltechnische Zeitschrift 114 (2012), Nr. 5, S. 370–377
[3] Hillebrecht, M.; Schwarz, W; Reul, W.: Leichtbau durch Multi-Material-Design am Beispiel des Elektrofahrzeugs „Light Car Open Source". Karosseriebautage Hamburg, 2010
[4] Rathfelder, A.; Müller, U.: Das Leichtbaupotenzial verschiedener Werkstoffkonzepte am Beispiel einer Pkw-Schiebetür. 4. Nano- und Material-Symposium Niedersachsen, 2011

Intelligenter Auflieger in Leichtbauweise

DIPL.-ING. MICHAEL HAMACHER | PROF. DR.-ING. LUTZ ECKSTEIN | DIPL.-ING. BIRGER QUECKENSTEDT | KLAUS HOLZ

Um das Transportvolumen bei Nutzfahrzeugen zu erhöhen, werden sogenannte Megatrailer eingesetzt. Im Rahmen des öffentlich geförderten Projekts I-Trail haben die Forschungsgesellschaft Kraftfahrwesen mbH Aachen (fka) und das Institut für Kraftfahrzeuge (ika) zusammen mit der Wecon GmbH einen bahnverladbaren Leichtbau-Megatrailer entwickelt. Neben dem Aufbau und der Evaluierung eines fahrbereiten Aufliegerprototyps werden im Projekt auch Konzepte zur Dämpfungsregelung und Energierückgewinnung sowie mögliche Assistenzfunktionen untersucht.

Logistische Vorteile

Im europäischen Straßengüterverkehr hat sich der Euro-Sattelzug mit einer Gesamtlänge von 16,5 m als Standard etabliert. Um das Transportvolumen pro Fahrzeug zu erhöhen, werden sogenannte Megatrailer mit einer Innenladehöhe von 3 m und einem Ladevolumen von 100 m³ eingesetzt, welche den logistischen Vorteil bieten, dass Eurogitterboxen hier dreifach übereinander gestapelt werden können.

Im Rahmen des vom Land Nordrhein-Westfalen geförderten Projekts „Intelligenter Trailer in Leichtbauweise" (I-Trail) erfolgt die Entwicklung und Umsetzung eines bahnverladbaren Leichtbau-Megatrailers. Die Rahmenkonstruktion bildet dabei einen Schwerpunkt des Projekts und umfasst umfangreiche FE-Simulationen. Dazu zählt auch der gezielte Einsatz von Optimierungswerkzeugen. Fahrwerksseitig wird die Umsetzung eines Regelungskonzepts

untersucht, das auf adaptiven Dämpfern basiert.

Der Aufbau eines vollständigen Prototypenaufliegers, das heißt Rahmen samt Fahrwerk, Aufbauten und Anbauteilen, ermöglicht eine umfassende Evaluierung des erarbeiteten Konzepts anhand von Fahrversuchen und Hydropulsuntersuchungen. In einem unabhängigen dritten Projektmodul werden simulationsgestützt verschiedene Konzepte zur Rückgewinnung und Nutzung der Bremsenergie eines Aufliegers untersucht. Ein viertes Modul widmet sich möglichen Assistenzfunktionen des Trailers.

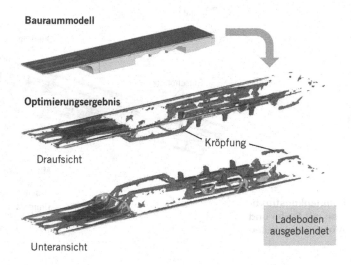

Bauraummodell

Optimierungsergebnis

Draufsicht

Kröpfung

Unteransicht

Ladeboden ausgeblendet

Leichtbaurahmen

Die Geometrie des Aufliegerrahmens basiert auf Topologieoptimierungen, in denen auf Basis repräsentativer Lastfälle eine optimale Materialverteilung ermittelt wird. Ausgangspunkt bildet ein Bauraummodell, welches unter Berücksichtigung aller relevanten Randbedingungen das für die Ausbildung einer belastungsgerechten Rahmenstruktur maximal zur Verfügung stehende Volumen definiert.

Da sowohl die Topologieoptimierungen als auch die späteren Strukturanalysen mittels statischer Simulationen erfolgen, werden dynamische Belastungen aus dem Fahrbetrieb in äquivalente statische Lastfälle überführt. Es werden insgesamt zehn verschiedene Lastfälle betrachtet. Neben je fünf typischen statischen Lastfällen (statische Beladung auf ganzer und halber Länge, Auflieger abgestellt und Staplerachslast in Heck und Mitte) sowie dem Prüflastfall für die Bahnverladung nach UIC 596-5 werden auch vier im Rahmen von Fahrversuchen ermittelte dynamische Aufliegerbelastungen (stationäre Kreisfahrt, Vollbremsung, Schlechtweg, Wenden bei 90° abgewinkelter Zugmaschine) berücksichtigt.

Das Ergebnis des Optimierungsprozesses ist in Bild 1 dargestellt. Hier ist in der aus-gebildeten Rahmenstruktur die Geometrie der Hauptlängsträger deutlich zu erkennen. Die Längsträger zeigen einen charakteristischen Verlauf und sind im Heck sowie zwischen Zugsattelzapfen und Achsaggregat tief gekröpft. Beim Leichtbaurahmenkonzept wird auf eine Kröpfung im Heck verzichtet, wodurch sich sowohl der Fertigungsaufwand als auch das Gewicht reduzieren. Der Längsträger ist mehrteilig ausgeführt, das heißt Steg sowie Ober- und Untergurt sind in mehrere Segmente gegliedert.

Eine selbsttragende und in hochfesten Feinkornbaustählen ausgeführte Schweißkonstruktion dient als Grundgerüst des Rahmens, Bild 2. Komplettiert wird dieser durch verschiedene Anschraubteile wie Querträger, Hilfslängsträger und einen umlaufenden Außenrahmen, die der Struktursteifigkeit dienen. Weiterhin werden die Anschraubteile auch zur Abstützung des Ladebodens und zur Ladungssicherung verwendet. Dabei kommt sowohl für die Hilfslängsträger als auch für die durchgesteckten Querträger eine Aluminiumlegierung zum Einsatz. Hinsichtlich des Korrosionsschutzes ist eine KTL-Beschichtung gefolgt von einer abschlie-

Bild 1
Topologieoptimierung des Auflieger-Bauraummodells

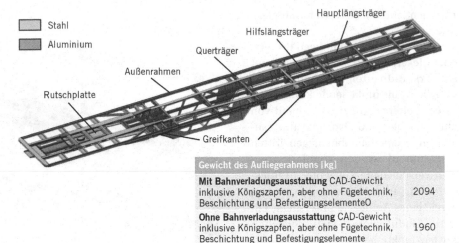

Bild 2
Rahmenkonstruktion mit Stahl- und Aluminiumanteilen

Gewicht des Aufliegerahmens [kg]	
Mit Bahnverladungsausstattung CAD-Gewicht inklusive Königszapfen, aber ohne Fügetechnik, Beschichtung und BefestigungselementeO	2094
Ohne Bahnverladungsausstattung CAD-Gewicht inklusive Königszapfen, aber ohne Fügetechnik, Beschichtung und Befestigungselemente	1960

ßenden Pulverbeschichtung des Rahmens vorgesehen. Das Rahmengewicht, generiert aus dem CAD-System, liegt bei 2094 beziehungsweise 1960 kg.

Eine Herausforderung stellen die reduzierte Halshöhe von 70 mm und der damit einhergehende Steifigkeitsverlust dar. Dieser wird durch konstruktive Maßnahmen im Halsbereich kompensiert. Die Bahnverladungskomponenten, das heißt Greifkanten samt Verstärkungen, können optional in die Rahmenstruktur integriert werden und ermöglichen den Einsatz des Aufliegers im kombinierten Verkehr. Das Zusatzgewicht beträgt insgesamt 159 kg (134 kg im Rahmen zuzüglich 25 kg für den klappbaren Unterfahrschutz). Entscheidet sich ein Kunde bei der Bestellung des Aufliegers für die Bahnverladungsausstattung, so wird der Querträger im Bereich der hinteren Greifkanten aus Stahl ausgeführt und nicht durchgesteckt.

Die Ausarbeitung der Rahmenkonstruktion stützt sich zum einen auf Strukturanalysen zur Konzeptabsicherung, umfasst aber auch weitere Optimierungsschleifen. Dazu zählen die Auslegung der Aussparungen des Längsträgerstegs mithilfe einer Topologieoptimierung sowie eine Blechdicken- und damit Gewichts-

optimierung sämtlicher Rahmenkomponenten.

Einen wichtigen Beitrag zur Gewichtsreduzierung leistet auch der innovative Sandwichladeboden der Firma Wihag. Dieser besteht aus einer harzgetränkten Wabenstruktur mit glasfaserverstärkten Deckschichten. Dadurch kann im Vergleich zu einem Standardladeboden das Gewicht um bis zu 7,5 kg/m² reduziert werden. Der Sandwichboden wird vollflächig mit dem Rahmen verklebt.

Fahrwerk

Die Gesamthöhe von Sattelaufliegern ist gesetzlich auf 4 m beschränkt. Um das für einen Megatrailer charakteristisch hohe Ladevolumen zu gewährleisten, muss auf eine Achse mit möglichst geringer Fahrhöhe zurückgegriffen werden. Im Aufliegerkonzept vorgesehen ist eine bahnverladbare Airlight-II-Luftfederachse der Firma BPW mit einer einstellbaren Fahrhöhe von 215 mm in Kombination mit Reifen der Dimension 445/45 R19,5. Da für diese Fahrwerksauslegung allerdings keine Leichtmetallfelgen verfügbar sind, wird für den Prototypenauflieger ein Fahrwerk mit einer einstellbaren Fahrhöhe von 245 mm eingesetzt.

Auf Basis des niedrigeren Fahrwerks erfolgt die Entwicklung eine Dämpferregelung zur Reduzierung der Aufbaubeschleunigung (Ladegutschonung) sowie der Radlastschwankungen (Straßenschonung). Dabei ist zu berücksichtigen, dass das Achsmodul aufgrund der kompakten Bauform eine geringe Dämpferübersetzung von $i_{Dämpfer} \approx 0{,}3$ aufweist, welche sich negativ auf das Dämpfungsverhalten auswirkt.

Zur Auslegung und Potenzialabschätzung verschiedener Dämpferregelungen dient ein in Matlab/Simulink aufgebauter Zweimassen-Schwinger. Alle für die Simulation benötigten Parameter, wie Federsteifigkeiten oder Dämpferkennlinien, werden auf dem servohydraulischen Prüfzentrum des ika gemessen.

Im Zuge der Validierung der entwickelten Regelungskonzepte erfolgt eine Integration des Achsmoduls in einen Hardware-in-the-Loop-Prüfstand (HiL), Bild 3. Dieser wurde im Rahmen des I-Trail-Projekts konzipiert und umgesetzt und dient als Werkzeug für die Entwicklung einer semi-aktiven Dämpferregelung. Über eine dSpace-Autobox können die simulativ untersuchten Regelstrategien am HiL-Prüfstand appliziert werden. Der Projektpartner ZF Sachs stellt dazu CDC-Prototypen-Stoßdämpfer zur Verfügung, die speziell für die Achsgeometrie ausgelegt sind. Auf diese Weise kann eine vertikaldynamische Untersuchung der Achse im Systemverbund mit variierenden System- und Regelparametern durchgeführt werden. Für die Untersuchung und Auslegung der semi-aktiven Dämpferregelungen werden nur Hub- und Wankbewegungen zugelassen.

Die Anregung des Prüflings erfolgt mittels zweier servohydraulischer Längszylinder, welche im Radaufstandspunkt eine Auslenkung in vertikaler Richtung hervorrufen. Über die Zylinderregelung sind stochastische Straßensignale bis hin zu sinusförmigen Frequenz-Sweeps und Sprunganregungen realisierbar.

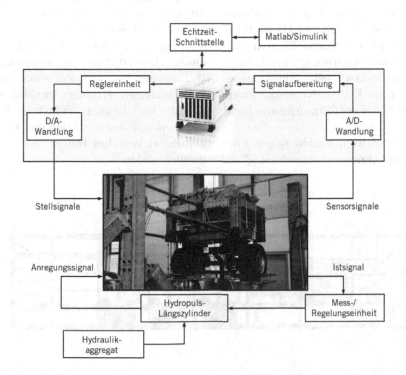

Bild 3
Schematische Darstellung des HiL-Prüfstands mit servohydraulischem Shaker (Foto in der Mitte)

Die in den Systemverbund integrierte Autobox ermöglicht neben den zuvor simulativ untersuchten Regelansätzen auch verschiedene passive Kennlinien für die CDC-Dämpfer. So kann das Systemverhalten bei weich und hart gestellten Dämpfern untersucht werden. Hier zeigt sich, dass die geringe Dämpferübersetzung, aufgrund des quadratischen Einflusses auf die Dämpferkraft am Rad, keinen großen Unterschied zwischen hart und weich gestellten Dämpfern zulässt. Folglich ist bei dem verwendeten Achsmodul der positive Einfluss einer Dämpferregelung stark begrenzt. Daher wird derzeit eine prototypische neue Dämpferanbindung am HiL-Prüfstand untersucht, die eine Dämpferübersetzung von $i_{\text{Dämpfer}} \approx 1{,}3$ ermöglicht und somit mehr Potenzial für eine anschließende Reglerentwicklung bietet.

Energierückgewinnung

Ein elektrischer Antrieb ist mit Wirkungsgraden von teilweise über 90 % wesentlich effizienter als ein verbrennungsmotorischer Antrieb [1]. Im Fernverkehr stellen die Kraftstoffkosten nach den Personalkosten den größten Kostenanteil dar, sodass bereits geringe Einsparungen beim Kraftstoffverbrauch einen Mehrpreis bei der Fahrzeuganschaffung rechtfertigen [2].

In einem dritten unabhängigen Projektmodul „Energierückgewinnung" ist eine umfassende Simulationsstudie durchgeführt worden, die den Kraftstoffverbrauch eines konventionell angetriebenen Lkw mit verschiedenen Hybridvarianten vergleicht. Dabei ist auch eine Plug-in-Variante untersucht worden, die über eine extern nachladbare Hochvoltbatterie verfügt, welche in den entwickelten Aufliegerrahmen integriert werden kann, Bild 4. Die Batterie verfügt über eine Kapazität von 90 kWh und kann eine elektrische Leistung von über 300 kW abgeben und aufnehmen.

Die Verwendung einer solchen Batterie setzt eine Zugmaschine mit Hybridantrieb voraus, die rein elektrisches Fahren ermöglicht. Notwendig ist zudem eine elektrische Hochvolt- und Kommunikationsverbindung zwischen Zugmaschine und Auflieger, um den Strom zwischen Batterie und E-Maschine übertragen zu können. Die Simulation hat gezeigt, dass der elektrische Energiebedarf eines 40-t-Zugs mit Plug-in-Hybridantrieb je nach Zyklus zwischen 103 und 189 kWh/ 100 km liegt. Dies würde bei einem Strompreis von 0,25 Euro/kWh Energiekosten zwischen 0,25 und 0,47 Euro/km zur Folge haben, was im Vergleich mit einem Dieselantrieb eine erhebliche Reduzierung bedeutet. Bei entladener Batterie können bei diesem Antriebskonzept die Vorteile eines Vollhybrids wie Rekuperation, Boostfunktion und kurzzeitiges elektrisches Fahren weiterhin genutzt werden.

Bild 4
Auflieger mit Lage der integrierten Hochvoltbatterie (Mitte)

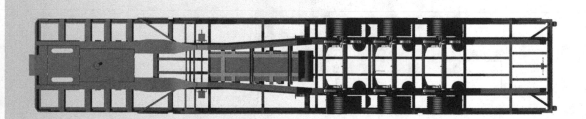

Der entscheidende Nachteil des elektrifizierten Aufliegers ist allerdings das deutlich erhöhte Leergewicht, welches die mögliche Zuladung einschränkt. So würde die betrachtete Batterie mit Kühlsystem, Halterung und Hochvoltleitungen mindestens 1000 kg wiegen. Hinzu käme noch das Zusatzgewicht durch die Hybridisierung der Zugmaschine.

Assistenzfunktionen und Sensorik

Ziel des vierten Projektmoduls „Assistenzfunktionen und Sensorik" ist unter anderem die Entwicklung eines Systems, das den Fahrer eines Folgefahrzeugs warnt, wenn dieses eine sichere Distanz unterschreitet. Die Warnung erfolgt dabei vom Auflieger aus, sodass keine technische Zusatzausstattung des nachfolgenden Fahrzeugs erforderlich ist.
Hierbei werden Geschwindigkeit und Abstand des Fahrzeugs von Radarsensoren sowie einer Videokamera erfasst. Die Videodaten werden zudem zur Abschätzung der Stirnfläche des sich nähernden Fahrzeugs verwendet, die in begrenztem Umfang einen Rückschluss auf den Fahrzeugtyp erlaubt. Die Daten

werden kontinuierlich verarbeitet und zur Ermittlung einer sicheren Distanz verwendet. Wird diese unterschritten, so erfolgt mittels einer Warntafel, gegebenenfalls in Kombination mit Starkhörnern, eine Warnung an den nachfolgenden Verkehr.

Prototypenaufbau und Evaluierung

Zur Evaluierung des erarbeiteten Rahmenkonzepts wird ein vollständiger und fahrbereiter Prototypenauflieger, das heißt Rahmen mit Bahnverladungsausstattung samt Fahrwerk, Aufbauten sowie Anbauteilen, Bild 5, gemäß der geltenden Normen aufgebaut und einer Betriebsfestigkeitsprüfung auf einem servohydraulischen Prüfstand unterzogen. Dies bietet den Vorteil, die Erprobungszeit durch den Einsatz zeitraffender Prüfprogramme gegenüber Fahrversuchen erheblich zu reduzieren. Bei erfolgreicher Betriebsfestigkeitsprüfung erfolgen diese dann im Rahmen eines kontrollierten Einsatzes des Prototyps im Werksverkehr der Wecon GmbH.
Der Auflieger wird im normalen Betrieb hauptsächlich durch das Überfahren von

**Bild 5
Fahrbereiter Prototypenauflieger**

Gewicht des Prototypenaufliegers [kg]	
Mit Bahnverladungsausstattung CAD-Leergewicht zuzüglich Beschichtung (32 kg), Schweißdrahtzugabe (30 kg), Montagematerial (15 kg) und Dachplane (60 kg)	5650

DANKE

Die Autoren bedanken sich bei Felix Töpler (fka) und Martin Henne (ika), die die Module „Energierückgewinnung" und „Assistenzfunktionen und Sensorik" innerhalb des Projekts I-Trail erarbeitet haben.

Unebenheiten belastet. Die Horizontalbeschleunigungen bei Kurvenfahrt, beim Anfahren sowie beim Bremsen sind verglichen mit den Belastungen durch Straßenunebenheiten von untergeordneter Bedeutung. Die Betriebsfestigkeitsuntersuchung wird daher auf eine rein vertikale Anregung beschränkt. Das Gesamtgewicht des Prototypenaufliegers beläuft sich für den aktuellen Stand auf circa 5650 kg, Bild 5.

Literaturhinweise

[1] Mathoy, A.: Grundlagen für die Spezifikation von E-Antrieben. In: MTZ 71 (2010), Nr. 9, S. 556–563

[2] Arts, G.: Hybrid Innovations for Trucks. Vortrag, Tage des Hybrids 2012, ika-Tagung, Aachen, 22. und 23. Mai 2012

Leichtbau-Kegelraddifferenzial ohne Korb

Dr.-Ing. Falko Vogler | Dipl.-Ing. Christoph Karl

Bei Kegelraddifferenzialen setzt man seit Jahrzehnten auf eine nahezu unveränderte technische Lösung. Durch den neuartigen Aufbau des NT LightDiff von Neumayer Tekfor können nun die gestiegenen Anforderungen bezüglich Gewicht und Bauraum von einem Kegelraddifferenzial erfüllt werden. Es kann somit einen wesentlichen Anteil zur Erreichung von Effizienz- und CO_2-Zielen beitragen. Der Gewichtsvorteil von 25 % wird dabei durch die Substitution des Differenzialkorbs durch einen querfließgepressten Kegelradträger erreicht.

Motivation

Automobilzulieferer unterstützen die OEMs bereits bei der Entwicklung von Produkten mit dem Ziel eines fertigungstechnisch und wirtschaftlich sinnvollen Leichtbaus. Als Anspruch für ein modernes Ausgleichsgetriebe [1], Differenzial genannt, kann folgende Kernaussage herausgearbeitet werden: Bei geringerem Gewicht und Bauraum muss das Achsgetriebe mehr Leistung wirtschaftlicher übertragen. Das neue Differenzial NT LightDiff von Neumayer Tekfor erfüllt diese Ziele und führt das bewährte Kegelraddifferenzial an die geänderten Herausforderungen des „Hybridzeitalters" heran. Das bewährte Verfahren des Drehzahlausgleichs durch Kegelräder wird dabei beibehalten.

Technische Lösung

Ein Ausgleichsgetriebe gleicht Verspannungen einer Fahrzeugachse aus, indem es zwangfrei Drehzahlunterschiede, zum Beispiel bei Kurvenfahrt, zwischen den Rädern ausgleicht und das Drehmoment zu gleichen Teilen an die Räder verteilt [2]. Aktuelle Differenzialgetriebe sind meist nach dem gleichen Konzept aufgebaut, in dessen Zentrum der Differenzialkäfig steht [3]. Dieser Käfig nimmt alle weiteren Komponenten des Differen-

Bild 1
Konzept und
Bauteile des
Leichtbau-
differenzials

Bild 2
Gegenüberstellung
des kompakteren
NT LightDiff und
des in Blau
dargestellten
Referenz-Aus-
gleichsgetriebes
(Reduktion des
Lagerabstands um
44,5 mm auf
62,5 mm)

zials auf und überträgt das Drehmoment vom Zahnkranz auf den Differenzialbolzen.

Durch das grundlegend neue Konzept des hier vorgestellten Leichtbaudifferenzials, Bild 1, ist es möglich, das Gewicht um bis zu 25 % zu reduzieren. Die Basis hierfür bildet der Kegelradträger, welcher den Differenzialkäfig ersetzt. Er übernimmt in diesem Ausgleichsgetriebe die Aufgaben des Differenzialkäfigs, die Stützen und Führen des Kegelradsatzes und des Differenzialbolzens sowie Übertragen des Drehmoments lauten.

Der Kegelradträger wird endkoturnah durch Querfließpressen umgeformt. Er wird an den Lagerstellen für den Kegelradsatz spanhebend bearbeitet und anschließend nitriert. Die Herstellung der Kegelräder unterscheidet sich nicht von der für ein konventionelles Differenzial. Die Hinterlagen werden durch die Kombination von Warm- und Kaltumformung endkonturnah hergestellt und mit

geringem Aufwand fertigbearbeitet. Die Bearbeitung des Zahnkranzes vereinfacht sich, da neben der Verzahnung nur der Innendurchmesser eine Funktionsfläche darstellt. In der Montage wird der Fokus der Kegelräder mittels Anlaufscheiben eingestellt, bevor diese mit der Hinterlage auf den Kegelradträger gefügt werden. Die Vorbaugruppe wird in den Zahnkranz eingelegt und mittels Elektronenstrahl verschweißt. Abschließend werden die Achskegelräder aufgesteckt.

Für die im Folgenden beschriebenen und quantitativ dargestellten Ergebnisse wurde von einer realen Applikation mit einem Achsnennmoment von 2200 Nm ausgegangen. Für diese Applikation ergab sich gegenüber der Referenz eine Reduktion des Lagerabstands um 44,5 mm auf 62,5 mm. Während das konventionelle Differenzial 7 kg wiegt, bringt es das NT LightDiff auf nur 5,5 kg, was einer Einsparung von 21,5 % entspricht. Zusätzlich kann bei entsprechender Gestaltung des Getriebegehäuses aufgrund des verringerten Lagerabstands nochmals Material und Bauraum eingespart werden, sodass die genannten 25 % möglich werden. Bild 2 zeigt die beiden Differenziale im Bauraumvergleich. Hier ist gut zu erkennen, dass auf der kurzen Differenzialseite die Lagerstelle nahezu beibehalten werden kann, sich das Differenzial auf der langen Seite aber signifikant verkürzt.

Neben dem Einsatz als Stirnraddifferenzial, wie es üblicherweise bei Frontantrieb mit Quermotor eingesetzt wird, kann das Differenzial auch als Kegelrad-Achsgetriebe ausgeführt werden. Aufgrund der geringen Abmessungen des NT LightDiff ist auch ein Einsatz als Mittendifferenzial denkbar.

Beanspruchungsgerechte Konstruktion

Das NT LightDiff wird, wie das konventionelle Ausgleichsgetriebe, durch die im Zahnkontakt entstehenden Kräfte belastet. Die Kraftkomponenten in Richtung des Umfangs und entlang der Drehachse führen zu einer Biegebeanspruchung der dünnen Auskragungen des Kegelradträgers. Die Beanspruchung ist im Wesentlichen abhängig von folgenden Faktoren: Drehmoment, Wälzkreisdurchmesser, Schrägungswinkel der Verzahnung und dem Biegewiderstandsmoment der Auskragungen.

Bild 3 zeigt das Ergebnis einer statischen FE-Analyse des Leichtbaudifferenzials. Sie beschreibt die Beanspruchung der Baugruppe bei Belastung mit dem Achsnennmoment. Wie in Bild 3 an der roten Einfärbung zu erkennen, kommt es zu einer Spannungskonzentration im Bereich des Übergangs zwischen den dicken und dünnen Auskragungen am Kegelradträger. Um die Lebensdauer des Bauteils zu optimieren, wurden geometrische und werkstoffliche Änderungen umgesetzt. Die Form wurde nach bionischen Erkenntnissen angepasst. Die Beanspruchung sank somit ohne Nachteile für die Umformbarkeit.

Durch Einsatz eines alternativen Werkstoffs konnte die Biegewechselfestigkeit um 25 % erhöht werden. Das Kaltfließpressen steigert die Beanspruchbarkeit des Werkstoffs, da die Werkstofffasern unverletzt bleiben und Kaltverfestigung auftritt [4]. Die Druckeigenspannungen, die durch die für die Gleitlagerung notwendige Nitrocarbidschicht eingebracht werden, erhöhen zusätzlich die Beanspruchbarkeit des Bauteils im Randbereich [5], in dem die höchste Biegespannung auftritt. So erlaubt es die geschickte Ausführung der Querschnittsübergänge mit der Wahl eines geeigneten Werkstoffes und den auf die Beanspruchungen abgestimmten Herstellprozessen, das volle Leichtbaupotenzial des Konzepts auszuschöpfen.

Die Dimensionierung des Kegelradträgers auf Basis dieser Zusammenhänge bestimmt wesentlich die Baugröße des Leichtbaudifferenzials. Die Abmessungen der Auskragungen entsprechen den Innendurchmessern der Kegelräder. Hier setzt die Auslegung der Kegelradverzahnungen an. Deren umformtechnische Herstellung mit geeigneter Zehen- und Fersenanbindung erlaubt es, auch hier hohe Leistungsdichten zu erreichen [6].

Statisches Bauteilverhalten

Die experimentelle Überprüfung des statischen Bauteilverhaltens macht die Verformungen im Gesamtsystem sichtbar und ermöglicht einen Vergleich mit den aus den Simulationsergebnissen gewonnen Erkenntnissen. Der Wälzkreisdurchmesser des Stirnrads beträgt 190 mm. Durch die Verzahnungsdaten ergeben sich bei 2200 Nm Achsmoment die nachfolgenden Kräfte:

- in Umfangsrichtung F_{tan} = 23.400 N
- in Achsrichtung F_{ax} = 10.750 N
- radial zur Achse F_{rad} = 9250 N.

Die Lagerung des hier gezeigten NT LightDiff erfolgt mittels modifizierter

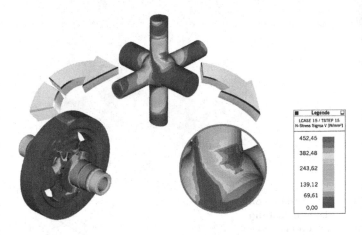

Bild 3
Beanspruchungen bei Nenndrehmoment, ermittelt in der FE-Analyse

Legende
LCASE 15 / TSTEP 15
N-Stress Sigma V [N/mm²]

452,45
382,48
243,62
139,12
69,61
0,00

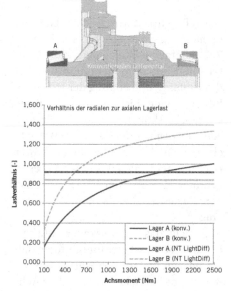

Bild 4
Verlauf von Lagerbelastung (links) und Lastverhältnis (rechts) über dem Achsmoment für eine Gegenüberstellung des NT LightDiff und eines konventionellen Differenzials

Kegelrollenlager der Baureihe 32009 wie sie auch im konventionellen Differenzial Verwendung finden. Die Kegelrollenlager wurden im Kontaktwinkel auf die erhöhte axiale Belastung angepasst. Bild 4 zeigt den Verlauf der Lagerbelastung und des Lastverhältnisses über dem Achsmoment im Zugbetrieb des Fahrzeugs.

Die Spreizkräfte aus dem Kegelradsatz wirken beim NT LightDiff direkt auf die Lagerstellen, wodurch die Lagervorspannung gegenüber der konventionellen Lösung deutlich reduziert werden kann. Bei hohen Drehmomenten treten auch große Spreizkräfte an den Wälzlagern auf, wobei einseitig eine Überlagerung durch die Axialkraftkomponente aus dem Zahneingriff entsteht. Durch den symmetrischen Aufbau und die geänderte Übertragung der Axialkräfte entsteht beim NT LightDiff ein konstantes Verhältnis aus radialer zu axialer Kraftkomponente, was es ermöglicht, ein Wälzlager optimal an die Applikation anzupassen. Das beim NT LightDiff auftretende Verhältnis der Lagerlasten

erweist sich als besonders günstig für den Einsatz von Schrägkugellagern, welche gegenüber den Kegelrollenlagern eine geringere Lagerreibung erzeugen [5], jedoch bei gleicher Tragzahl größere Abmessungen aufweisen.

Die Bauraum- und Gewichtsreduktion zieht eine Veränderung der Steifigkeit des Systems nach sich. Um diese zu ermitteln, wurde das System auf einem Getriebeprüfstand in verschiedenen Positionen statisch verspannt und dabei die Verschiebung sowie die Schrägstellung des Differenzials ermittelt. Die axiale und radiale Abdrängung sowie die Verkippung werden im Schub- und Zugbetrieb von Drehmoment 0 Nm bis zum Achsnennmoment von 2200 Nm gemessen. Die axiale Abdrängung des NT LightDiff ist auszugsweise in Bild 5 dargestellt.

Die für den Zahneingriff unkritische axiale Verschiebung des Differenzials liegt bei 1100 Nm mit dem Wert 0,312 mm (FEA 0,285 mm) höher als die des konventionellen Differenzials (0,06 mm). Die Schiefstellung der Verzahnung von 11′

erwies sich in den folgenden Tests nicht als störend oder auffällig. Vergleichbare Werte sind aus anderen Anwendungen bekannt.

Dynamisches Bauteilverhalten

Vor der dynamischen Prüfung der Baugruppe wurde die Biegewechselfestigkeit des Kegelradträgers auf einem Resonanzprüfstand ermittelt. Hierfür wurde der Kegelradträger mit angeschweißtem Zahnkranz an den dicken Auskragungen eingespannt. Im Wälzpunkt der Verzahnung wurde eine axiale Grundlast aufgebracht welcher eine Lastamplitude überlagert wurde. Hierfür wurde der aus der FE-Analyse bekannte mehrachsige Spannungszustand herangezogen, welcher auf einen einachsigen Zustand umgerechnet wurde. Die so entstehende Biegebeanspruchung des Kegelradträgers bildet pro Schwingung die Beanspruchung des Kegelradträgers während einer Umdrehung des Differenzials ab. Die Auswertung dieser Versuche zeigte, dass die Bauteilwöhlerlinie nahe an der Wöhlerlinie des Werkstoffes liegt und somit als Auslegungskriterium nutzbar ist. Bild 6 zeigt das Wöhlerdiagramm des Werkstoffs mit den Prüfergebnissen.

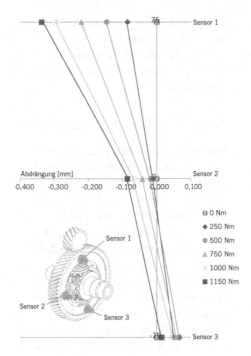

Die Evaluierung des Differenzials in verschiedenen Fahrzuständen bei wechselnder Last sowie die Haltbarkeit erfolgt dynamisch auf einem Getriebeprüfstand. Der „Abschlepptest" simuliert den Fahrzeugbetrieb mit Notrad. Im μ-Split-Versuch wird das Verhalten des Differenzials bei plötzlich wechselnden Bodengegebenheiten geprüft. In Volllastanfahrversu-

Bild 5
Versatz und axiale Abdrängung des Leichtbaudifferenzials unter statischer Last; gemessen an den drei Messstellen mit Sensor 1, 2 und 3

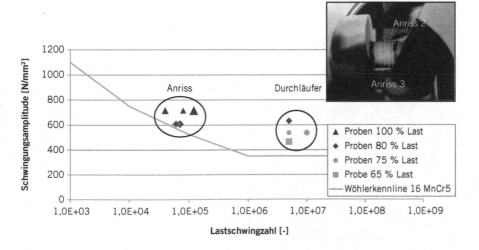

Bild 6
Ermittlung einer Bauteilwöhlerlinie für den Kegelradträger

chen wird die Dauerfestigkeit ebenso ermittelt wie in der Dauerlasterprobung. Je nach Applikation werden zusätzlich Prüfungen nach Kundenanforderungen durchgeführt.

Zusammenfassung und Ausblick

Das neuartige Differenzialkonzept, das NT LightDiff von Neumayer Tekfor, weist einen nennenswerten Leichtbauvorteil gegenüber konventionellen Ausgleichsgetrieben auf. In umfangreichen Untersuchungen konnte bei einer Applikation mit einem Achsnennmoment von 2200 Nm die Reduktion des Gewichts um 21,5 %, die Funktion sowie die Haltbarkeit nachgewiesen werden. Der Gewichtsvorteil wird dabei durch die Substitution des Differenzialkorbs durch einen fließgepressten Kegelradträger erreicht. Sowohl in den FE-Analysen als auch in den experimentellen Untersuchungen zeigte sich die in der Stirnverzahnung auftretende Axialkraft als bestimmendes Merkmal für die Bauteilauslegung.

Nach den durchgeführten Applikationen als Stirnraddifferenzial finden aktuell weiterführende Untersuchungen zum Einsatz als Kegelrad-Achsgetriebe statt. Zudem wird das Potenzial als Mittendifferenzial, auch mit Sperrwirkung, betrachtet.

Literaturhinweise

[1] Naunheimer, H.; Bertsche, B.; Lechner, G.: Fahrzeuggetriebe. Berlin/Heidelberg: Springer-Verlag, 2007

[2] Leske, A.; Schäffler, R.: Getriebe. Würzburg: Vogel-Buchverlag, 1994

[3] Kirchner, E.: Leistungsübertragung in Fahrzeuggetrieben. Berlin/Heidelberg: Springer-Verlag, 2007

[4] Doege, E.; Behrens, B.-A.: Handbuch der Umformtechnik. Berlin/Heidelberg: Springer-Verlag, 2008

[5] Niemann, G.; Winter, H.; Höhn, B.-R.: Maschinenelemente. Band 1. Berlin/Heidelberg: Springer-Verlag, 2005

[6] Gutmann, P; Zitz, U.: Leicht und hoch belastbar: Präzisionsgeschmiedete Getriebeteile. In: Umformtechnik 33 (199), Nr. 4, S. 16–18

Was bringen 100 kg Gewichtsreduzierung im Verbrauch? – eine physikalische Berechnung

Dr.-Ing. Klaus Rohde-Brandenburger

Gewichtsreduktion ist eine der wichtigen Maßnahmen zur Reduktion des Kraftstoffverbrauchs von Fahrzeugen und damit zur Erfüllung der gesetzlichen CO_2-Vorgaben. Mithilfe eines vereinfachten Verbrauchsmodells für Otto- und Dieselmotoren kann die Frage nach der Auswirkung von 100 kg Gewichtsreduktion auf den Kraftstoffverbrauch mit hoher Allgemeingültigkeit beantwortet werden.

Motivation

In der Literatur findet man Aussagen zum Minderverbrauch für 100 kg von circa 0,3 bis 0,7 l/100 km [1, 2]. Dabei handelt es sich vorwiegend um geschätzte Werte ohne physikalische Herleitung und ohne Angabe eines Fahrprofils. Verlässliche Angaben zur Gewichtsauswirkung auf den Verbrauch sind aber von größter Bedeutung, weil nur so Produktentscheidungen für Verbrauchsmaßnahmen auf Basis einer belastbaren Kosten-/Nutzen-Rechnung gefällt werden können.

Fuel Reduction Value (FRV)

In der Literatur zum Thema „Life Cycle Assessment" ist der Begriff Fuel Reduction Value (FRV) gebräuchlich [3]. Er beschreibt die Wirksamkeit einer Gewichtsminderungsmaßnahme auf den Verbrauch zum Beispiel in der Dimension l/100 km pro 100 kg. Der FRV kann auch für die Wirksamkeit einer Roll- oder Luftwiderstandsreduktion stehen. Die Unterscheidung erfolgt hier mit den Indizes m, L

und R für Masse, Luftwiderstand und Rollwiderstand. Ziel dieses Aufsatzes ist die Bestimmung des FRV_m.

Berechnungsverfahren

Zur Bestimmung des FRV_m muss das Verhältnis von ΔEnergiebedarf zu ΔVerbrauch für eine Massenänderung ermittelt werden. Die Berechnung für die drei wesentlichen Fahrwiderstände im NEFZ (<u>N</u>euer <u>E</u>uropäischer <u>F</u>ahrzyklus) erfolgt anhand eines Beispielfahrzeugs mit folgenden angenommenen Kenndaten:

$m = 1300\,kg$	Fahrzeugmasse (Bezugsmasse DIN-Leergewicht plus 100 kg)
$f_{Rot} = 1,03$	Faktor zur Berücksichtigung der rotierenden Massen
$f_R = 0,01$	Rollwiderstandsbeiwert
$c_W * A = 0,7\,m2$	wirksame Luftwiderstandsfläche.

Die Bestimmung des Mehrverbrauchs für einen Differenzenergiebedarf erfolgt anhand eines vereinfachten Motormodells, das sich die Tatsache zunutze macht,

dass es bei einer Lastverschiebung einen relativ konstanten Proportionalitäts-faktor zwischen Differenzleistung und Differenzverbrauch gibt, obwohl die Gesamtwirkungsgrade zwischen den Betriebspunkten sehr verschieden sind [4].

Energiebedarf im NEFZ

Die Formeln für die drei wesentlichen Fahrwiderstandskräfte lauten:

GL. 1
$$F_a = m \cdot f_{Rot} \cdot a$$
Beschleunigungswiderstand

GL. 2
$$F_R = m \cdot g \cdot f_R$$
Rollwiderstand

GL. 3
$$F_L = \frac{\rho}{2} \cdot v^2 \cdot c_w \cdot A$$
Luftwiderstand

Es werden nur die positiven Beschleuni-gungskräfte berechnet und dargestellt, da konventionelle Fahrzeuge nicht in der Lage sind, kinetische Energie zurück-zugewinnen. Der Rollwiderstands-beiwert wird als konstant über der Geschwindigkeit angenommen. Der Roll-widerstandbeiwert von 0,01 wird von vie-len modernen Reifen bereits unterboten. Allerdings gelten die Herstellerangaben für den Rollwiderstand betriebswarmer Reifen. Wird bei 20 °C konditioniert, so ist der Rollwiderstand zu Beginn des Tests deutlich höher. Insofern beinhaltet dieser Wert einen gewissen Kaltaufschlag, der mangels belastbarer Daten quantitativ nicht näher zu bestimmen ist. Zur Berechnung des Luftwiderstands wird eine Luftdichte von 1,19 kg/m³ verwendet. Den Verlauf dieser Fahrwiderstandskräfte über dem Weg im NEFZ zeigt Bild 1.

Die Integration der Kräfte über dem Weg ergibt die Arbeiten im Zyklus:

GL. 4
$$W_a = \int F_a \cdot ds = \int m \cdot f_{Rot} \cdot a \cdot ds$$

GL. 5
$$W_R = \int F_R \cdot ds = \int m \cdot g \cdot f_R \cdot ds$$

GL. 6
$$W_L = \int F_L \cdot ds = \int \frac{\rho}{2} \cdot v^2 \cdot c_W \cdot A \cdot ds$$

Werden alle konstanten Größen vor das Integral geschrieben, so folgt:

GL. 7
$$W_a = m \cdot f_{Rot} \cdot \int a \cdot ds$$

GL. 8
$$W_R = m \cdot g \cdot f_R \cdot \int ds$$

GL. 9
$$W_L = \frac{\rho}{2} \cdot c_W \cdot A \cdot \int v^2 \cdot ds$$

Aufgrund des für alle Fahrzeuge gleichen Geschwindigkeitsprofils sind die Ergebnisse der verbleibenden Integrale Konstanten, die mit C_{Wa} für die Beschleunigungsarbeit, C_{WR} für die Rollwiderstandsarbeit und C_{WL} für die Luftwiderstandsarbeit bezeichnet werden. Sie müssen also nur einmal für jeden Fahrzyklus bestimmt werden.

GL. 10
$$\int a \cdot ds = const. = C_{Wa}$$

GL. 11
$$\int ds = s = const. = C_{WR}$$

GL. 12
$$\int v^2 \cdot ds = const. = C_{WL}$$

Aufgrund des konstant angenommenen Rollwiderstands entspricht C_{WR} der Länge des Fahrzyklus (hier 11013 m für den NEFZ). Da sich der Geschwindigkeitsverlauf im NEFZ nicht als geschlossene Funktion darstellen lässt, wird für die Bestimmung von C_{Wa} und C_{WL} das Verfahren der numerischen Integration über alle 1180 Ein-Sekunden-Intervalle angewendet:

GL. 13
$$C_{Wa} = \sum_{n=0}^{1180} a_i \cdot ds_i = 1227 \ m^2/s^2$$

GL. 14
$$C_{WR} = 11013 \ m$$

GL. 15
$$C_{WL} = \sum_{n=0}^{1180} v_i^2 \cdot ds_i = 3989639 \ m^3/s^2$$

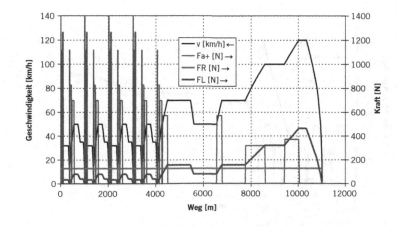

Bild 1
Fahrwiderstandskräfte des Beispielfahrzeugs im NEFZ (über dem Weg)

Mithilfe dieser drei Konstanten lassen sich für jedes individuelle Fahrzeug die Fahrwiderstandsarbeiten im NEFZ berechnen. Für das Beispielfahrzeug gilt Bild 2.

GL. 16
$$W_{a,NEFZ} = m \cdot f_{Rot} \cdot C_{Wa}$$
$$= \frac{1300\,kg \cdot 1,03 \cdot 1227\,m^2}{s^2}$$
$$= 1643\,kJ$$

GL. 17
$$W_{R,NEFZ} = m \cdot g \cdot f_R \cdot C_{WR}$$
$$= \frac{1300\,kg \cdot 9,81\,m \cdot 0,01 \cdot 11013\,m}{s^2}$$
$$= 1405\,kJ$$

GL. 18
$$W_{L,NEFZ} = \frac{\rho}{2} \cdot c_W \cdot A \cdot C_{WL}$$
$$= \frac{1,19\,kg \cdot 0,7\,m^2 \cdot 3989639\,m^3}{2\,m^3 s^2}$$
$$= 1662\,kJ$$

Diese Arbeiten gelten für die NEFZ-Wegstrecke von 11,013 km. Für die Umrechnung auf 100 km ergeben sich:

GL. 19
$$W_a = \frac{1643\,kJ \cdot 100\,km}{11,013\,km} =$$
$$14919\,kJ = 4,144\,kWh$$

GL. 20
$$W_R = \frac{1405\,kJ \cdot 100\,km}{11,013\,km} =$$
$$12753\,kJ = 3,543\,kWh$$

GL. 21
$$W_L = \frac{1662\,kJ \cdot 100\,km}{11,013\,km} =$$
$$15089\,kJ = 4,191\,kWh$$

Die Beschleunigungsarbeit muss zu 100 % vom Antrieb aufgebracht werden. Da im NEFZ über 15 % der Fahrstrecke bremsend verzögert wird, muss in diesen Schubphasen für den Roll- und Luftwiderstand aber keine Energie aufgewendet werden. Diese Teilenergien werden durch natürliche Rekuperation aus der kinetischen Energie bereitgestellt. Die verbrauchsrelevante Rollwiderstandsarbeit reduziert sich genau um diese 15 % (wegen f_R = const.). Bei der Luftwiderstandsarbeit beträgt die natürliche Rekuperation nur circa 13 % (wegen F_L = $f(v^2)$).

GL. 22 $W_{R,eff.} = 0,85 \cdot W_R = 3,011\,kWh$

GL. 23 $W_{L,eff.} = 0,87 \cdot W_L = 3,646\,kWh$

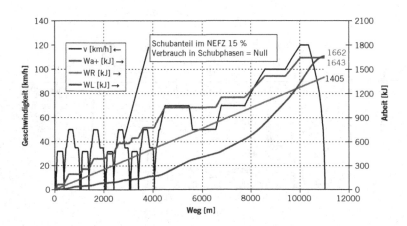

Bild 2
Fahrwiderstandsarbeiten des Beispielfahrzeugs im NEFZ

Die Summenantriebsenergie von 11,878 kWh reduziert sich durch natürliche Rekuperation auf verbrauchsrelevante 10,801 kWh.

Für die Bestimmung des FRV_m sind die Arbeiten W_a und W_R für 100 kg zu bestimmen. Für die Beschleunigungsarbeit ist der Rotationsfaktor zu berücksichtigen:

GL. 24
$$W_{a,100kg} = \frac{4{,}144\,kWh \cdot 100\,kg}{1{,}03 \cdot 1300\,kg}$$
$$= 0{,}309\,kWh$$

GL. 25
$$W_{R,eff,100kg} = \frac{3{,}011\,kWh \cdot 100\,kg}{1300\,kg}$$
$$= 0{,}232\,kWh$$

Die Summe der massebehafteten Arbeiten für 100 kg beträgt somit:

GL. 26
$$W_{m,eff,100kg} = W_{a,100kg} + W_{R,eff,100kg}$$
$$= 0{,}541\,kWh$$

Für diese Differenzarbeit gilt es, den Differenzverbrauch zu ermitteln.

Verbrauchsmodell für Otto-Saugmotoren

Die Effizienz von Verbrennungsmotoren wird in Verbrauchskennfeldern dargestellt, Bild 3. Die Linien konstanten spezifischen Verbrauchs beziehungsweise Wirkungsgrads bilden die typischen Muschelkurven mit einem ausgeprägten Minimalbereich bei mittlerer Drehzahl etwas unterhalb der Vollast. In dieser Darstellung wird die mit sinkender Last sehr stark abnehmende Effizienz des Verbrennungsmotors deutlich.

Verschiedene Motoren haben aufgrund ihrer individuellen Konstruktionsmerkmale auch ein individuelles Verbrauchskennfeld. Selbst gleiche Motoren haben aufgrund von Fertigungsstreuungen oder unterschiedlichen Laufleistungen Unterschiede in der Reibleistung, die zu unterschiedlichen Verbrauchskennfeldern führen. Berechungsingenieure haben deshalb das Problem, dass absolute Verbrauchsergebnisse erst mit Kennfeldern von sehr späten, seriennahen Baustufen anerkannt werden.

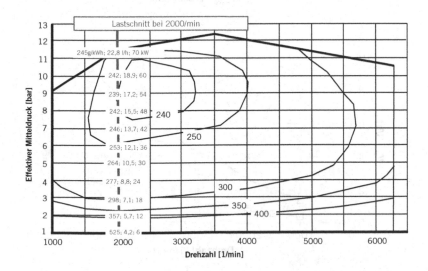

Bild 3
Verbrauchskennfeld eines 3,6-l-Sechszylinder-Otto-Saugmotors

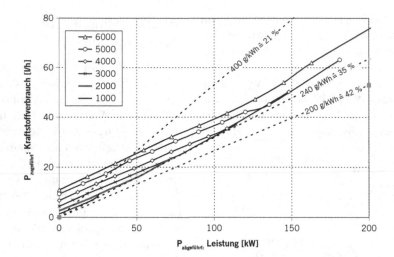

Bild 4
Willans-Linien des
3,6-l-Sechszylinder-
Otto-Saugmotors
aus 3

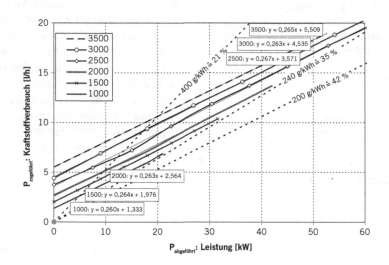

Bild 5
Willans-Linien mit
Regressionsgera-
den im unteren
Lastbereich

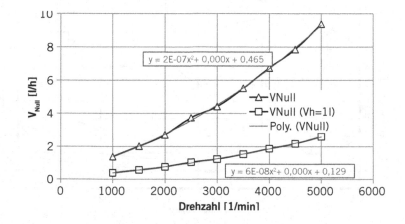

Bild 6
Nullleistungs-
verbrauch eines
3,6-l-Sechszylinder-
Ottomotors als
Messwerte und
Polynom

Für die Entscheidung von Verbrauchsmaßnahmen in der frühen Projektphase stellt sich aber häufig nur die Frage nach einem Differenzverbrauch für eine Differenzarbeit. Dafür wurde bereits in [4] ein pragmatischer Ansatz entwickelt, der die Frage beantwortet, mit welchem Mehrverbrauch ein bereits laufender Motor auf eine Änderung der Leistungsanforderung reagiert.

Wird der Antriebsmotor als Leistungswandler betrachtet, der eine zugeführte chemische Leistung (in Form des Kraftstoffvolumenstroms) in eine mechanische Leistung umwandelt, so bietet sich die Verbrauchsdarstellung in Form der Willans-Linien an, Bild 4. Diese Darstellung wurde früher von Willans zur Ermittlung der Reibleistung gewählt. Dazu wurden die Graphen nach links in den negativen Leistungsbereich zeichnerisch verlängert. Am jeweiligen Schnittpunkt mit der Abszisse wurde dann die negative Leistung als Reibleistung abgelesen.

Für das Verbrauchsmodell ist im positiven Leistungsbereich der parallele Verlauf der Kurvenschar von besonderer Bedeutung. Zur Darstellung des Zusammenhangs zwischen dem Kennfeld in Bild 3 und den Willans-Linien in Bild 4 ist der Lastschnitt bei 2000/min in beiden Bildern in rot dargestellt. Die beispielhaften Linien für spezifische Verbräuche beziehungsweise Wirkungsgrade sollen den Unterschied zwischen dem Gesamtwirkungsgrad und dem relativen Wirkungsgrad (auch Differenzwirkungsgrad) verdeutlichen. Die Linien für den Gesamtwirkungsgrad gehen durch den Ursprung. Bei einer Lasterhöhung werden zunehmend Linien besserer Gesamtwirkungsgrade geschnitten bis bei etwa 240 g/kWh der beste Gesamtwirkungsgrad erreicht ist. Die Steigung der Willans-Linien verläuft jedoch im unteren Leistungsbereich ungefähr parallel zu der 200 g/kWh-Linie, was einen konstanten Differenzwirkungsgrad von circa 42 % bedeutet.

Nicht nur im NEFZ, sondern auch im üblichen Straßenverkehr wird vorwiegend im unteren Lastbereich gefahren. Ein realer Pkw mit diesem Sechszylinder-Ottomotor fährt beispielsweise mit einem mittleren Verbrauch von 3,5 l/h (=10,5 l/100 km) durch den NEFZ. Schneidet man die Willans-Linien bei circa 50 % Last ab und ergänzt die Regressionsgeraden der Form $y = m \cdot x + b$, so erhält man Bild 5.

Wie bereits in 1996 in [4] gezeigt, hat auch dieser moderne Saugmotor mit Direkteinspritzung im unteren Lastbereich einen näherungsweise konstanten Differenzwirkungsgrad, der nur wenig um den Mittelwert von 0,264 l/kWh (= 200 g/kWh oder 42 %) streut. Dieser Wert ist die spezifische Proportionalitätskonstante v_{Pe} (für Otto-Saugmotoren), mit der bei sowieso laufendem Motor jeder Differenzverbrauch durch einfache Multiplikation mit der effektiven Differenzleistung errechnet werden kann.

Der Verbrauch bei P_e = 0 kW ist der Nullleistungsverbrauch, den der Motor benötigt, um sich ohne Leistungsabgabe zu drehen. Er wird in erster Linie bestimmt von der Größe des Hubraums und in zweiter Linie von der Zylinderzahl und weiteren reibungsbeeinflussenden Konstruktionsparametern. Er lässt sich bei allen bisher untersuchten Motoren gut durch ein Polynom 2. Grads darstellen. Den absoluten und den auf 1 l Hubraum bezogenen Nullleistungsverbrauch über der Drehzahl für diesen Beispielmotor zeigt Bild 6.

Mit der Proportionalitätskonstanten v_{Pe} und dem bekannten Nullleistungsverbrauch kann auch der absolute Verbrauch für jeden Betriebspunkt im unteren Lastbereich durch das Verbrauchsmodell in Bild 7 relativ genau beschrieben werden. Damit können überschlägige Parametervariationen gerechnet werden, ohne dass ein Kennfeld vorliegt. Da der dominante Parameter für den Nullleistungsver-

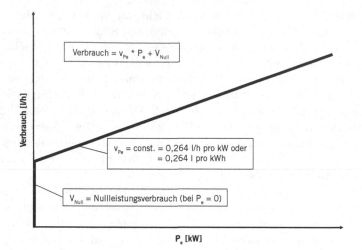

$$\text{Verbrauch} = v_{Pe} * P_e + V_{Null}$$

Verbrauch [l/h]

$v_{Pe} = \text{const.} = 0,264 \text{ l/h pro kW oder} = 0,264 \text{ l pro kWh}$

$V_{Null} = \text{Nullleistungsverbrauch (bei } P_e = 0)$

P_e [kW]

Bild 7
Verbrauchsmodell
eines Otto-Saug-
motors

brauch der Hubraum ist, können andere Hubräume aus dem auf 1 l Hubraum bezogenen Polynom für Modellrechnungen überschlägig hochgerechnet werden. Der Anteil dieses Nullleistungsverbrauchs am Gesamtverbrauch im NEFZ beträgt für Vierzylindermotoren bis zu 50 %, sodass selbst ein Fahrzeug ohne jeglichen Fahrwiderstand (m = 0, cW * A = 0) bei unverändertem Motor und Getriebe den Verbrauch nur halbieren würde.

Dieses Verbrauchsmodell erklärt auch den wahren Grund für den Verbrauchsvorteil des Downsizings. Er liegt eben nicht in der gern zitierten Behauptung, dass die Verbrennung bei höherer Last eines kleineren Hubraums bei besserem Wirkungsgrad abläuft, sondern im geringeren Nullleistungsverbrauch des kleineren Hubraums. Wie die Konstante v_{Pe} zeigt, wird jedes Differenz-Kilowatt an Antriebsleistung mit gleichem Wirkungsgrad erzeugt. Es ist lediglich die physikalische Definition des Gesamtwirkungsgrads, die bei gegebenem Nullleistungsverbrauch (η_{ges} = 0 bei Pe =0) durch jedes mit η_{Diff} = 42 % zusätzlich erzeugte Kilowatt den Gesamtwirkungsgrad wachsen lässt. Es ist deshalb nicht zulässig, vom Bestpunkt im Verbrauchskennfeld direkt auf den besten Verbren-

nungs-Wirkungsgrad zu schließen.

Für die Beantwortung der Frage nach einem Differenzverbrauch für 100 kg ist nur die Proportionalitätskonstante v_{Pe} erforderlich, da der Drehzahlverlauf (und somit der Nullleistungsverbrauch) im Fahrzyklus durch die Getriebeübersetzung festgeschrieben ist. Der Wert v_{Pe} = 0,264 l/kWh für Otto-Saugmotoren wurde an verschiedensten Ottomotoren mit kleinen und großen Hubräumen, mit Zwei- und Vierventiltrieben und mit Vier- oder Sechszylindermotoren bestätigt. Kleine Mehrleistungen oder Mehrarbeiten lassen sich mit diesem Modell ohne Kennfeld mit relativ hoher Genauigkeit in einen Mehrverbrauch umrechnen. Messfehlerbehaftete Kennfelddaten sind dafür sogar eher ungeeignet und Gesamtfahrzeug-Messungen auf Rollenprüfständen gar nicht.

Modellabweichungen bei anderen Motoren

Die Proportionalitätskonstante v_{Pe} = 0,264 l/kWh gilt für alle Otto-Saugmotoren mit λ = 1-Betrieb und üblichen Nockenwellensteuerungen. Abweichungen ergeben sich bei Magerbetrieb oder bei speziellen Nockenwellensteuerungen, die zum Beispiel einzelne Zylinder abschalten können. Diese Besonderheiten wirken vornehmlich im untersten Lastbereich. Mit steigender Last nähert sich das Verfahren wieder dem herkömmlichen Betrieb an. In diesem Übergangsbereich kann die Proportionalitätskonstante von 0,264 l/kWh stärker nach oben abweichen.

Aufgeladene Ottomotoren mit $\lambda = 1$-Betrieb unterscheiden sich vom Saugmotor dadurch, dass die Proportionalitätskonstante auf circa 0,27 bis 0,28 l/kWh ansteigt. Eine der möglichen Ursachen dafür ist sicherlich der höhere Abgasgegendruck.

Für aufgeladene Dieselmotoren mit Direkteinspritzung wurde in der Untersuchung von 1996 [4] ein Wert von $v_{Pe} = 0{,}208$ l/kWh für Euro-2-Dieselmotoren ermittelt. Aufgrund der steigenden Abgas- und Akustikanforderungen liegen heutige Euro-5-Dieselmotoren eher bei $v_{Pe} = 0{,}22$ l/kWh.

Das prinzipielle Verbrauchsverhalten der aufgeladenen Motoren entspricht weiterhin dem Modell in Bild 7.

Mehrverbrauch für 100 kg

Der Mehrverbrauch für 100 kg Differenzmasse wird für folgende Fahrzustände berechnet:

- Konstant (konstante Fahrt in der Ebene)
- NEFZ
- NEFZ_mod. (NEFZ modifiziert, Beschleunigungsarbeit und Schubweg verdoppelt)
- NEFZ_AA (angepasster Antriebsstrang über Hubraum oder Übersetzung).

Bei den Berechnungen wird angenommen, dass im Getriebe des Fahrzeugs circa 2 % (Faktor 1,02) der übertragenen Differenzarbeit verloren gehen. Dieser geringe Wert resultiert aus der Tatsache, dass auch im Getriebe der Differenzwirkungsgrad besser ist als der Gesamtwirkungsgrad, weil die Schleppverluste

näherungsweise lastunabhängig sind.

Für den Fahrzustand NEFZ_AA wurden weitere Berechnungen mit verschiedensten Fahrzeugkonzepten durchgeführt, auf deren detaillierte Erläuterung hier verzichtet wird. Es wurden dabei die Übersetzung oder der Hubraum so angepasst, dass mit dem 100 kg leichteren oder schwereren Fahrzeug die gleiche Elastizität von 80 bis 120 km/h oder die gleiche Beschleunigung von 0 bis 100 km/h erreicht wurde. Es wird hier deshalb eine Bandbreite angegeben.

Für den Otto-Saugmotor mit $v_{Pe} = 0{,}264$ l/kWh gelten folgende Werte:

Bei der Konstantfahrt (Gl. 20) ist $W_a = 0$ und es entfällt die natürliche Rekuperation für WR aus Gl. 22.

$$\textbf{GL. 27} \quad W_{R,100kg} = \frac{3{,}543\ kWh \cdot 100\ kg}{1300\ kg}$$
$$= 0{,}273\ kWh$$

Der Differenzverbrauch für diese Arbeit berechnet sich wie folgt:

$$\textbf{GL. 28} \quad \begin{aligned} FRV_{m,Konstant} &= \\ 1{,}02 \cdot W_{R,100kg} \cdot v_{Pe} &= \\ 0{,}07\ l\ \text{pro } 100\ km \end{aligned}$$

Im NEFZ (Gl. 26) ergibt sich:

$$\textbf{GL. 29} \quad \begin{aligned} FRV_{m,NEFZ} &= \\ 1{,}02 \cdot W_{m,eff,100kg} \cdot v_{Pe} &= \\ 0{,}15\ l\ \text{pro } 100\ km \end{aligned}$$

Durch Verdoppelung der Beschleunigungsarbeit (zur Simulation höhrer Dynamik) im NEFZ_mod. folgt aus Gl. 24 $W_{a,eff,100kg} = 0{,}618$ kWh. Die effektive Rollwiderstandsarbeit aus Gl. 22 sinkt aufgrund des Schubwegs von jetzt 30 % (Faktor 0,7) auf 2,480 kWh. Damit sinkt die Rollwiderstandsarbeit für 100 kg aus Gl. 25 auf $W_{R,eff,100kg} = 0{,}191$ kWh.

GL. 30

$$FRV_{m,NEFZ\_mod} = 1{,}02 \cdot$$
$$(0{,}618\ kWh + 0{,}191\ kWh) \cdot v_{Pe} =$$
$$0{,}22\ l\ \text{pro}\ 100\ km$$

Im NEFZ_AA mit Mittelwerten für verschiedene Fahrzeug- und Motorgrößen ergibt sich:

$FRV_{m,NEFZ\_AA}$ = 0,32 l pro 100 km, Übersetzung angepasst auf gleiche Elastizität
$FRV_{m,NEFZ\_AA}$ = 0,39 l pro 100 km, Hubraum angepasst auf gleiche Beschleunigung.

Diese Werte können erreicht werden, wenn die Summe aller Gewichtsmaßnahmen tatsächlich in der Größenordnung von 100 kg liegt, denn nur dann sind diese Anpassungen wahrscheinlich und sinnvoll.

In der Praxis wird bei größerer Gewichtsveränderung wahrscheinlich eine Kombination aus beiden Anpassungen vorgenommen. Deshalb wird vorgeschlagen, für die frühe Konzeptphase mit einem pragmatischen Mittelwert von 0,35 l/100 km zu arbeiten.

Die FRV_m-Werte auch für die aufgeladenen Otto- und Dieselmotoren zeigt die Zusammenfassung in Bild 8.

Darin sind auch CO_2-Emissionswerte angegeben, die mit den Umrechnungs-werten 2330 g/l (Otto) und 2630 g/l (Diesel) gerechnet wurden.

Auf die Besonderheiten der Schwungmasseneinteilung bei der Typprüfprozedur für den NEFZ wird hier nicht näher eingegangen. Theoretisch kann der FRV_m dabei dramatisch steigen, wenn aufgrund eines einzelnen Kilogramms die volle Differenz der Schwungmasse von zum Beispiel 110 kg in der Beschleunigungsarbeit wirksam wird.

Zusammenfassung

Mithilfe des Verbrauchsmodells können in der frühen Projektphase Verbrauchsauswirkungen von Gewichtsoptimierungen auch ohne Motorkennfeld genügend genau berechnet werden. Das Verbrauchsmodell macht anschaulich deutlich, dass kleine Gewichtsoptimierungen primär nur zu relativ kleinen Verbrauchseffekten führen. Gewichtseinsparungen sollten in Summe immer so groß sein, dass die sekundären Vorteile einer Übersetzungsänderung oder einer Hubraumverkleinerung genutzt werden können. Damit steigt die Wirksamkeit der Gewichtsreduktion im NEFZ auf mehr als das Doppelte.

Bild 8
FRV_m-Wertebereich
für verschiedene
Fahrzustände

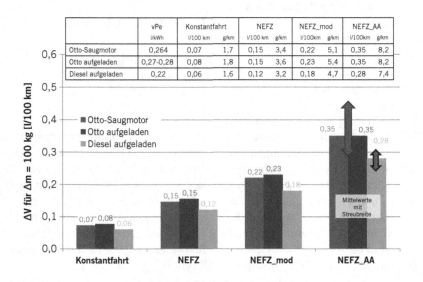

Literaturhinweise

[1] ADAC-Internet-Homepage

[1] NABU-Internet-Homepage, http://www.nabu.de/aktionenundprojekte/spritsparen/aktivspritsparen/ 01248.html

[1] Koffler, C.; Rohde-Brandenburger, K. (2009): On the calculation of fuel savings through lightweight design in automotive LCA. Int J Life Cycle Assess, Vol. 15, No. 1, pp. 128-135. Published online at http://dx.doi.org/10.1007/s11367-009-0127-z

[1] Rohde-Brandenburger, K.: Verfahren zur einfachen und sicheren Abschätzung von Kraftstoffverbrauchspotenzialen, Tagung: Einfluß von Gesamtfahrzeug-Parametern auf Fahrverhalten/Fahrleistung und Kraftstoffverbrauch, Haus der Technik, Essen, November 1996

Leichtbaukonzept für ein CO$_2$-armes Fahrzeug

DIPL.-ING. WOLFGANG FRITZ | DIPL.-ING. DIETMAR HOFER | DIPL.-ING. BRUNO GÖTZINGER

Das Konzeptfahrzeug Cult (Cars UltraLight Technologies) gibt eine Antwort darauf, wie nachhaltige Mobilität in der Zukunft aussehen kann. Cult ist ein Konzept für ein modernes A-Segment-Fahrzeug, das sich auch auf höhere Fahrzeugklassen übertragen lässt. Hinter dem Projekt steht ein Konsortium aus sieben industriellen und wissenschaftlichen Partnern unter der Führung von Magna Steyr.

Motivation

Die Reduktion der globalen CO$_2$-Emissionen und somit die Eindämmung der Erderwärmung ist eine Hauptaufgabe unserer Zeit. Die G7-Staaten haben das Ziel definiert, weltweit innerhalb der nächsten Jahre maximal eine Erderwärmung von 2 °C zuzulassen.

Für einen Großteil der heutigen CO$_2$-Emissionen ist der Straßenverkehr verantwortlich. Daher existieren inzwischen harte Grenzwerte und Strafen für die CO$_2$-Flottenemissionen der Automobilhersteller. Diese stehen unter Zugzwang, Techniken zur Reduktion des CO$_2$-Ausstoßes zu entwickeln und in ihre Flotten zu übertragen.

Als Beitrag zu diesen Entwicklungen erarbeitete Magna Steyr gemeinsam mit Partnern das Konzept Cult. Daran beteiligt waren FACC (Know-how aus dem Flugzeugbau), 4a manufacturing (bekannt für das Sandwich-Material Cimera), die TU Wien (verantwortlich für alle antriebsseitigen Umfänge, insbesondere die Umrüstung des Motors auf Erdgasdirekteinblasung), das österreichische Gießereiinstitut ÖGI (alle gießtechnischen Umfänge) sowie das Polymer Competence Center Leoben PCCL (Ermittlung von Materialdaten) und der Lehrstuhl für Verarbeitung von Verbundwerkstoffen an der Montanuniversität.

Fahrzeugpositionierung

Die Positionierung im Hinblick auf die Vermarktbarkeit erfolgte mithilfe von Sinus-Milieus und Benchmark-Untersuchungen. In einem zweiten Schritt legte das Team die wichtigsten Fahrzeugeigenschaften fest. Dies fasst Bild 1 zusammen. Im dritten Schritt ging es darum, die Fahrzeugzielsetzungen auf eine umfangreiche Zieleliste herunterzubrechen, die als Basis für die Ausstattungsliste gemäß den üblichen Marktanforderungen diente.

Als Hauptziel des Fahrzeugkonzepts galt ein CO$_2$-Ausstoß von 49 g/km, unter der Rahmenbedingung, dass das Fahrzeug maximal 3000 Euro teurer sein darf als vergleichbare Benchmark-Fahrzeuge. Damit bleibt das Fahrzeug insbesondere unter dem Aspekt der Gesamtkosten (Total Cost of Ownership) für den Endkunden erschwinglich.

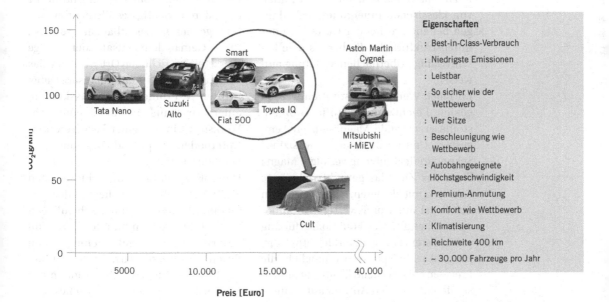

Bild 1
Fahrzeugpositionierung und Haupteigenschaften

Im Kern wurden die Stellhebel Aerodynamik, Rollwiderstandsoptimierung, Wirkungsgradverbesserung sowie Leichtbau und Antrieb (CNG – direkt eingeblasen) zur Realisierung der angestrebten CO_2-Reduktion identifiziert.

Alle Stellhebel werden im Cult-Projekt mit adäquaten Arbeitspaketen bearbeitet. Im Folgenden soll das Thema Leichtbau fokussiert werden, das für die Realisierung weiterer Potenziale Voraussetzung ist.

Zur Erreichung einer deutlichen Gewichtsreduktion des Fahrzeugs – Ziel war eine Verringerung von 300 kg bei einer Ausgangsmasse von 900 kg – wurde ein ganzheitlicher Ansatz gewählt, um die definierten Fahrzeugzielkosten einzuhalten. Dieser Ansatz beruht auf den drei Säulen Funktionsintegration, Werkstoffsubstitution und Downsizing/Sekundäreffektnutzung, Bild 2.

Bei der Funktionsintegration geht es darum, Bauteile mit mehreren Funktionen zu versehen, um schließlich einige von ihnen entfallen lassen zu können. Ein Beispiel dafür ist der mögliche Entfall von klassischen Innenraumverkleidungen bei entsprechender Gestaltung der Innenstrukturteile, die bereits eine kaschierfähige Oberflächengestaltung aufweisen.

Im Block Werkstoffsubstitution werden gezielt Leichtbauwerkstoffe (Kohlenstofffaserverbunde, Magnesium etc.) eingesetzt. Und für die Säule Downsizing/Sekundäreffektnutzung verfolgte Magna Steyr das Ziel, das gewichtsreduzierte Fahrzeug mit kleineren, leichteren und in der Regel auch preiswerteren Komponenten bei gleicher Funktionserfüllung auszurüsten. Für ein derart leichtes Fahrzeug ist es beispielsweise möglich, die Bremsen entsprechend kleiner zu dimensionieren oder den Antrieb auf kleinere Hubräume und eine verringerte Zylinderzahl zu reduzieren, und das bei gleichbleibender Leistung.

Die Kostenminderung durch Funktionsintegration und Downsizing/Sekundäreffektnutzung führt zu einer teilweisen Kompensation der Mehrkosten durch die Werkstoffsubstitution. Auf diese Art konnte ein Gesamtfahrzeuggewicht von 672,5 kg erreicht werden. Zwar wurde damit das ursprüngliche Ziel von <600 kg um 12 % verfehlt, was jedoch unter anderem darauf zurückzuführen ist, dass zugunsten des Antriebskonzepts (es wird ein CNG-Antrieb mit Hybridisierung verwendet) zusätzliches Gewicht akzeptiert wurde, um trotz steigender Fahrzeugmasse durch Effizienzsteigerung im Antrieb ein Optimum hinsichtlich des CO_2-Ausstoßes zu erreichen.

Im Vergleich mit Benchmark-Fahrzeugen aus dem A-Segment, die über CNG-Antrieb verfügen, ist der Cult um circa 400 kg leichter. Insbesondere die Karosserie (147 kg) und die Türen und Klappen (62 kg) sind „Best in Class".

Die Arbeiten zur Gewichtsreduktion führen in weiterer Folge zu entsprechenden Leichtbaumodulen (Composite-CNG-Behälter, Leichtbausitz, Leichtbautür etc.), deren wichtigstes Element erwartungsgemäß die Leichtbaukarosserie ist, Bild 3. Gemäß dem Leitsatz „der richtige Werkstoff am richtigen Ort" verfolgte das Team einen Multi-Materialansatz. Dabei wurden Al-Profile mit Al-Gussknoten, einer Stirnwand aus dem Sandwich-Werkstoff Cimera, einer Faserverbund-Unterbodengruppe und Organoblechen kombiniert, Bild 4.

Die große Herausforderung eines solchen Multi-Materialkonzepts liegt in der Verbindungstechnik der unterschiedlichen Werkstoffpaarungen und der Korrosion aufgrund ihres elektrochemischen Potenzialunterschieds. Insbesondere Werkstoffpaarungen in Verbindung mit Kohlenstofffasern zeigen kritisches Korrosionsverhalten. Im Rahmen des Cult-Projekts wurden deshalb zahlreiche Versuchsreihen zur Identifizierung der

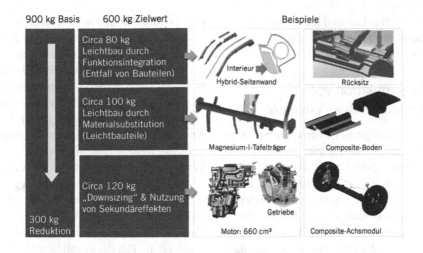

Bild 2
Ganzheitlicher Ansatz zur Gewichtsreduktion im Projekt Cult

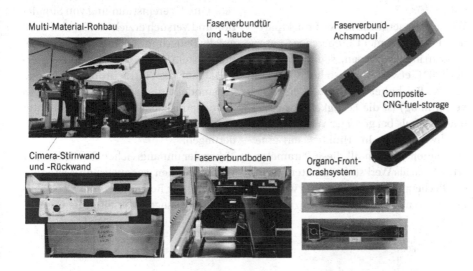

Bild 3
Leichtbaumodule aus dem Cult (Auswahl)

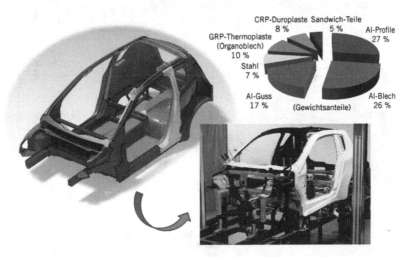

Bild 4
Rohbaukonzept Cult

Dauerhaltbarkeit und Korrosionsbeständigkeit von Fügepartnern und Fügeelementen durchgeführt.

CAE-Simulation von Faserverbundwerkstoffen

Ein weiterer großer Themenkomplex im Rahmen des Cult-Projekts ist die Weiterentwicklung der Simulationsmethodik in Bezug auf den Faserverbundmaterialeinsatz. Im Vergleich zu Stahl, der durch vergleichsweise wenige Werkstoffparameter beschrieben ist, weisen Kunststoffe in ihrem Verhalten eine starke Abhängigkeit von Dehnrate, Temperatur und Feuchte auf, Bild 5.

Wie die Messergebnisse des Projektpartners PCCL (Polymer Competence Center Leoben) in Bild 5 zeigen, ist die Festigkeit bei –30 °C etwa 1,6-mal so hoch wie bei +85 °C. Bei hoher Dehnrate (schneller Verformung) ist die Festigkeit etwa 1,3-mal höher als bei geringer Verformungsgeschwindigkeit. Im Hinblick auf eine Simulation müssen all diese Parameter erfasst und als Werkstoffcharakteristik in das Rechenmodell eingearbeitet werden. Erschwerend kommt noch hinzu, dass die Faserausrichtung bei faserverstärkten Kunststoffen eine entscheidende Rolle für die Festigkeit des Bauteils liefert.

Im Cult-Projekt wurde hinsichtlich Weiterentwicklung der Simulationsmethodik in Festigkeits- und Crashsimulation der Fokus auf die Frontklappe (Sandwich-Konstruktion bestehend aus duromergebundenen Glasfasermatten und Wabenkern) sowie auf das Front-Crash-Managementsystem aus einem Organoblech (thermoplastische Matrix, glasfaserverstärkt) gelegt. Für diese beiden Bauteile wurden exakte Materialdaten ermittelt. Im Fall der Frontklappe konnte für den Fußgängerschutz bereits eine sehr gute Übereinstimmung von Simulation und Versuch erzielt werden.In Bezug auf die Baugruppe Front-Crash-Managementsystem (Front-CMS) lag der Schwerpunkt auf der Betrachtung der Versagensmodelle und auf der Validierung in der dynamischen Crashsimulation unter Einbindung der Gesamtfahrzeuganforderungen.

Neben der umfangreichen Ermittlung der Werkstoffdaten war auch eine Weiterentwicklung der Rechenmethodik erforderlich. Das Versagensverhalten der Compo-

Bild 5
Einfluss von Dehnrate und Temperatur auf die Zugfestigkeit

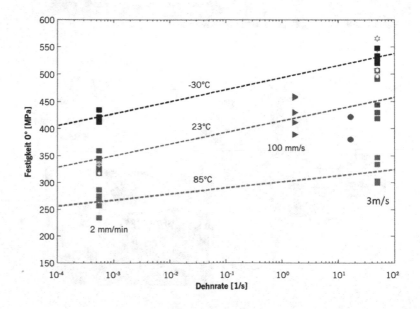

site-Werkstoffe war zu Projektbeginn in den Solvern verschiedener Anbieter von Berechnungssoftware nur unzureichend abgebildet, sodass die Berechnungen nur instabil und mit unzuverlässigen Ergebnissen durchgeführt werden konnten. Durch enge Zusammenarbeit mit Softwareherstellern und Partnern konnte dieser Umstand deutlich verbessert werden.

Insgesamt wurde eine Prognosequalität erreicht, die eine Erstauslegung von Bauteilen mit diesem Werkstoff ermöglicht. Allerdings hat sich gezeigt, dass geeignete Prinzipversuche ergänzend zur Simulation weiterhin erforderlich sind.

Nachhaltige Produktentwicklung/Life Cycle Assessment

Im Zusammenhang mit neuen Werkstoffpaarungen wie Faserverbundwerkstoffen, insbesondere bei der Verwendung von Kohlenstofffasern sowie beim Einsatz neuer alternativer Antriebsformen und Treibstoffe, ist es erforderlich, den gesamten Produktlebenszyklus von der Rohstoffgewinnung und der Energieerzeugung über die Produktion und die

Nutzung bis hin zur Verwertung zu betrachten.

Um die neuen Techniken auch in einer sehr frühen Entwicklungsphase unter dem Gesichtspunkt der Nachhaltigkeit mit den drei Säulen Ökonomie, Ökologie und Soziales bewerten zu können, wurde in Zusammenarbeit mit der Universität Graz eine zwischenzeitlich prämierte Nachhaltigkeits-Checkliste erarbeitet. Damit fand eine Bewertung und Überwachung der neuen Techniken im Einzelnen sowie des Fahrzeugs im Ganzen in zeitlich wiederkehrenden Assessment-Workshops statt.

Bild 6 zeigt in einem Benchmark-Vergleich, dass das Cult-Konzept in der Gesamtbetrachtung sowohl ein ökologisch als auch ökonomisch/sozial sinnvolles Konzept darstellt. Dabei ist zu beachten, dass dem batterieelektrischen Fahrzeug (BEV) bereits der für dieses Antriebskonzept sehr günstige österreichische Strommix mit einem überdurchschnittlich hohen Anteil an regenerativ erzeugtem Strom (Wasserkraft) zugrunde liegt. Bei Verwendung anderer Strommixe (zum Beispiel EU-Strommix) mit entsprechend höheren Anteilen aus fossi-

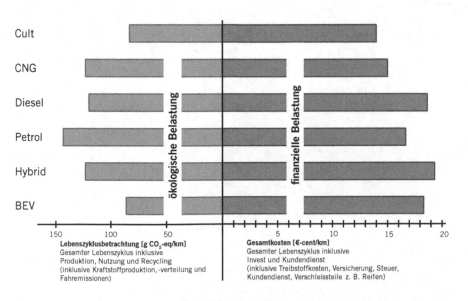

Bild 6
Nachhaltigkeits-bewertung: der Cult im Vergleich – ökologisch/ ökonomisch/sozial

DANKE

Die Autoren danken folgenden Co-Autoren für ihre Beiträge zu dieser Veröffentlichung: Prof. Ralf Schledjewski (Montanuniversität Leoben, Lehrstuhl für Verarbeitung von Verbundwerkstoffen), Dipl.-Ing. Bernd Panzirsch (Österreichisches Gießerei-Institut, ÖGI), Dr. Ing. Markus Wolfahrt (Polymer Competence Center Leoben GmbH, PCCL), Dipl.-Ing. Michael Pichler (4a manufacturing GmbH), Prof. Bernhard Geringer (TU Wien, Institut für Fahrzeugantriebe und Automobiltechnik), Prof. Peter Hofmann (TU Wien, Institut für Fahrzeugantriebe und Automobiltechnik) und Dipl.-Ing. Anton Müller (FACC AG). Ihr weiterer Dank gilt dem österreichischen Klima- und Energiefonds, der steirischen Wirtschaftsförderung sowie allen Projektmitarbeitern und Unterstützern.

len Energiequellen (zum Beispiel Kohlekraft) ergeben sich für das batterieelektrische Fahrzeug ähnlich hohe Werte in der CO_2-Bilanz wie für moderne Diesel-Fahrzeuge.

Aufgrund des niedrigen Erdgaspreises, der verringerten Besteuerung von Erdgas und des geringen Verbrauchs stellt der Cult, trotz höherer Anschaffungskosten, das Konzept mit den geringsten Gesamtkosten für den Endverbraucher (total cost of ownership) dar (Haltedauer: zehn Jahre, Laufleistung: 200.000 km).

Fazit

Es zeigt sich, dass mit dem beschriebenen, ganzheitlichen Ansatz ein Fahrzeugkonzept darstellbar ist, das eine deutliche Gewichtsreduktion bei moderater Kostensteigerung ermöglicht. Der Kern wird durch den Rohbau in Multi-Materialbauweise gebildet. Diese initiale Gewichtsreduktion im Aufbau ermöglicht die Umsetzung weiterer Maßnahmen, insbesondere auf der Fahrwerk- und Antriebsseite, sodass insgesamt eine Halbierung der CO_2-Emissionen erreicht werden kann.

Um den finalen Nachweis zu erbringen, wurde ein fahrbarer Prototyp aufgebaut, mit dem die neuen Techniken im Gesamtfahrzeugverbund „erfahren" werden können.

CFK-Motorhaube in Integralbauweise

UNIV.-PROF. DR.-ING. LUTZ ECKSTEIN | DIPL.-ING. KRISTIAN SEIDEL | DIPL.-ING. LEIF ICKERT | DIPL.-ING. ROBERT BASTIAN

Das Institut für Kraftfahrzeuge (ika) und das Institut für Kunststoffverarbeitung (IKV) der RWTH Aachen entwickeln zusammen mit Industriepartnern eine CFK-Motorhaube auf Basis des Ford Focus. Gegenüber der Stahl-Referenz kann eine Gewichtsreduktion von 60 % erzielt werden. Durch neue Fertigungstechniken und Simulationsmethoden soll dieses Leichtbaupotenzial auch für größere Stückzahlen erschlossen werden.

Ausgangssituation

Kohlenstofffaserverstärkte Kunststoffe (CFK) bieten aufgrund ihrer herausragenden gewichtsspezifischen mechanischen Eigenschaften ein hohes Potenzial zur Gewichtsreduzierung und somit zur Min-derung von Verbrauch und Emissionen eines Kraftfahrzeugs. Hohe Bauteilkosten, vor allem aufgrund aufwendiger, wenig automatisierter Herstellungsprozesse, und mangelnder Erfahrung bei der werkstoffgerechten sowie virtuellen Auslegung von Faserverbundkunststoffen

(FVK) stehen einem Einsatz in höheren Stückzahlen aber bislang entgegen. Diese zentralen Herausforderungen waren Motivation für ein gemeinsames Forschungsprojekt von ika und IKV. Im Fokus stehen die Entwicklung serientauglicher Fertigungsverfahren sowie die virtuelle Auslegung und Konstruktion faserverstärkter Bauteile. Dabei wird neben den Anforderungen an Steifigkeit und Festigkeit insbesondere auch der Fußgängerschutz untersucht.

Bauteilkonzeptionierung

Ziel der Konzeptentwicklung ist es, die vielfältigen funktionalen Anforderungen und die Forderung nach geringem Gewicht bei möglichst niedrigen Mehrkosten und einem hohen Stückzahlniveau (10.000 Einheiten/Jahr) zu erfüllen. Erreicht wird dies durch eine im Spaltimprägnierverfahren hergestellte, integrale Sandwichkonstruktion.

Das Spaltimprägnierverfahren ist ein dem Resin Transfer Moulding (RTM) ähnliches Verfahren, bei dem durch eine spezielle Werkzeugtechnik und Prozessführung die Vorteile bestehender Flüssigimprägnierverfahren kombiniert werden und so die automatisierte Herstellung von hochwertigen FVK-Bauteilen in einem robusten und reproduzierbaren Herstellungsprozess ermöglicht wird. Zunächst werden die trockenen textilen

Halbzeuge mithilfe eines thermisch aktivierten Binderpulvers mit der Verstärkungsstruktur inklusive Anbindungsstellen zu dem sogenannten Preform verbunden. Durch die beweglichen Formhälften und eine mittige Fixierung des Preforms wird beidseitig ein definierter Spalt zwischen Preform und Werkzeug erzeugt. Nach der Evakuierung der Kavität erfolgt die Injektion einer definierten Harzmenge von unten in die beiden Fließspalte entgegen der Gravitation. Durch den Fließspalt kann das Harz widerstandsarm in die Kavität eingeleitet und flächig über dem Preform verteilt werden. Die eigentliche Imprägnierung erfolgt anschließend in Dickenrichtung durch Schließen der Fließspalte. So wird eine schnelle Imprägnierung des Preforms ermöglicht. Eine isotherme Werkzeugtemperierung ermöglicht sehr kurze Zyklen. In Untersuchungen konnten Zykluszeiten von 4:40 min bei einer Bauteilgröße von 500×500 mm^2 erreicht werden. Durch die chemische und thermische Schwindung des Harzes ergeben sich an Stellen mit hohem Faseranteil Erhebungen, an Stellen mit hohem Harzanteil Einfallstellen. Diese werden vom Betrachter als wellige Unregelmäßigkeiten an der Oberfläche wahrgenommen, Bild 1. In aktuellen Herstellungsprozessen werden folglich bis zu 40 % der Bauteilkosten für die Lackiervorbereitung und die Lackierung aufgebracht (manuelles Füllern, Schleifen, Polieren).

Durch den optimierten Spaltimprägnierprozess soll die Schwindung minimiert und in Kombination mit einem mit den Projektpartnern Evonik und Henkel entwickelten, schwindungsminimierten Harz und einer optimierten Werkzeugoberflächenstruktur eine Bauteiloberfläche erzeugt werden, die diese Lackiervorbereitungsschritte vollständig vermeidet und somit zu einer deutlichen Kostenreduktion bei Erfüllung der Anforderungen an eine Class-A-Oberfläche beiträgt.

Bild 1
Abzeichnung der Faserstruktur an der Bauteiloberfläche bei einem CFK-Bauteil

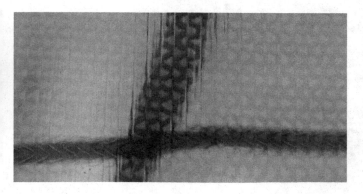

An das Bauteil werden zudem sehr hohe Temperatur- und Crashanforderungen gestellt. Durch die Abwärme des Motors können Temperaturen von bis zu 135 °C auf die Motorhaube wirken, was eine Anpassung des Harzsystems und des Verarbeitungszyklus erfordert. Zur Verringerung des Verletzungsrisikos bei einem Fußgängerunfall wurde die Harzzähigkeit erhöht, um ein Absplittern von Bauteilkomponenten auszuschließen.

Virtuelle Bauteilauslegung

Die größte Herausforderung bei der Auslegung der Motorhaube ist die Sicherstellung des Fußgängerschutzes. Im Hinblick auf ein geringes Verletzungsniveau stellen die hohen globalen Steifigkeitsanforderungen einen Zielkonflikt zu der notwendigen Nachgiebigkeit bei einem Kopfaufprall dar. Die auf einen Kopf wirkende Beschleunigung beim Aufprall auf die Fahrzeugmotorhaube resultiert zum einen aus der Nachgiebigkeit der Struktur, zum anderen wird sie von der Massenträgheit der Haube beeinflusst. Für eine optimale Verzögerung unter Einhaltung biomechanischer Belastungsgrenzen ist eine hohe Initialbeschleunigung mit anschließender Degression charakteristisch. Konzeptionell wurde die aufgrund der Gewichtsreduktion fehlende Massenträgheit durch hohe lokale Steifigkeiten ausgeglichen. In Kombination mit dem hohen Energieaufnahmevermögen der Sandwichkonstruktion wird so ein hohes Fußgängerschutzniveau realisiert.

Wichtige Voraussetzung für die Etablierung neuer Werkstoffe in der automobilen Serie ist die simulationsgestützte Bauteilanalyse und -optimierung. Die komplexen anisotropen mechanischen Eigenschaften von FVK stellen besonders hohe Anforderungen an die Simulation mithilfe der Finite-Elemente-Methode. Heute lassen sich FVK unter statischer

Beanspruchung bereits mit hoher Vorhersagequalität und geringem Mehraufwand gegenüber metallischen Werkstoffen berechnen. Zu berücksichtigen sind in diesem Zusammenhang die Anisotropie des Werkstoffs sowie der schichtweise Aufbau der Bauteile. Mit steigender Nicht-Linearität der Berechnungsaufgabe erhöht sich jedoch der Aufwand deutlich und die Vorhersagbarkeit der Ergebnisse sinkt. Ziel des Projekts war in diesem Zusammenhang die Definition einer Simulationsmethodik, die eine hohe Vorhersagequalität aufweist, aber auch hinsichtlich Modellierungsaufwand und Rechenzeit eine Bauteilbewertung innerhalb des automobilen Evaluationsprozesses zulässt.

Im Rahmen des Projekts erfolgte die Materialcharakterisierung auf mesomechanischer Ebene der unidirektionalen Gelege-Einzellage. Zur Abbildung des CFK werden sogenannte Layered-Shell-Elemente und die Crasurv-Materialformulierung im expliziten Solver Radioss verwendet. Die wesentlichen, intralaminaren Materialparameter lassen sich aus Standardversuchen nach DIN bestimmen. Der Prüfumfang umfasst darüber hinaus Versuche zur interlaminaren Scherfestigkeit sowie dynamische Versuche zur Ermittlung der Dehnratenabhängigkeit.

Versuchstechnisch ist in der Regel keine Aufzeichnung des Nachbruchverhaltens möglich. Daher werden die entsprechenden Modellparameter über eine Anpassung in einem Vergleich von Versuch und Simulation ermittelt. Bild 2 zeigt die Ergebnisse der quasistatischen Materialversuche im Vergleich mit den Simulationen.

Fallturmversuche decken das dynamische und das postkritische Materialverhalten ab und dienen der Validierung des Simulationsmodells, Bild 3.

Mithilfe der erstellten Materialmodelle erfolgt die virtuelle Auslegung der Motorhaube. Durch intensiven Austausch mit

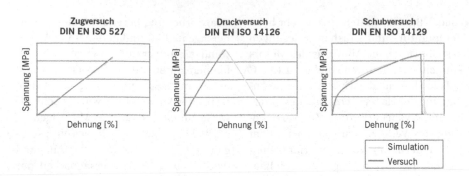

Bild 2
Vergleich von
Versuch und
Simulation der
quasistatischen
Materialversuche

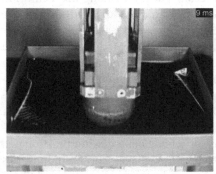 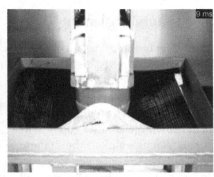

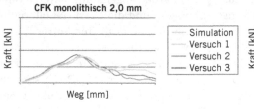

Bild 3
Fallturmversuche
an monolithischen
und CFK-Sandwich-
platten

den Fertigungsexperten des IKV konnte eine anforderungs-, werkstoff- und fertigungsgerechte Konstruktion erarbeitet werden. Dabei wurde eine kombinierte Optimierungsstrategie genutzt, bei der die Form des Schaumkerns sowie der Aufbau des Laminats inklusive lokaler Faserlagenorientierung und -dicke optimiert wurden. In einem teilautomatisierten Prozess erfolgte zunächst die Optimierung der Struktur auf globale und lokale Steifigkeitslastfälle wie Torsion, Biegung und Beulsteifigkeit. Anschließend wurde die Strukturperformance im Hinblick auf den Fußgängerschutz bei Berücksichtigung fertigungstechnischer Randbedingungen wie Drapierbarkeit,

Preformherstellung oder Aufwand und unter Einhaltung der Anforderungen des im Benchmark ermittelten Referenzbauteilverhaltens iterativ detailliert. Durch die faserverbundgerechte Konstruktion wurde simulativ eine Gewichtsreduktion von 60 % erzielt, Bild 4.

Funktionale Absicherung

Zur funktionalen Absicherung der Bauteilauslegung wurden Motorhauben als Funktionsmuster aufgebaut und hinsichtlich globaler Steifigkeiten, Beuleigenschaften und Fußgängerschutz untersucht. Die CFK-Motorhaube erreicht gleiche, teilweise höhere globale Steifig-

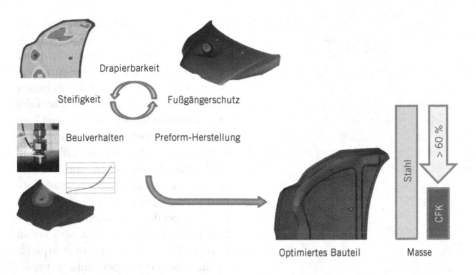

Drapierbarkeit

Steifigkeit

Fußgängerschutz

Beulverhalten

Preform-Herstellung

Optimiertes Bauteil

Stahl

> 60 %

CFK

Masse

**Bild 4
Möglichkeiten der
Optimierung von
FVK-Strukturbau-
teilen**

keiten als die Referenz. Die lokalen Steifigkeiten liegen deutlich über dem Niveau üblicher metallischer Motorhauben in Differenzialbauweise. Dies wirkt sich in Kombination mit der geringen Masse und dem hohen Energieaufnahmevermögen positiv auf den Kopfaufprallschutz aus, wodurch ein mit der Referenzmotorhaube vergleichbares Fußgängerschutzniveau erreicht wird. Basierend auf Simulationsergebnissen kann von einer Fußgängerschutzbewertung nach Euro NCAP von 69 % (Referenz 72 %) und somit von einem Fünf-Sterne-Rating ausgegangen werden.

Die in den Simulationen ermittelten Eigenschaften konnten durch erste Kopfaufprallversuche verifiziert werden. CFK

kann beim Bruch relativ scharfe Kanten aufweisen, die zu einer Gefährdung äußerer Verkehrsteilnehmer führen könnten. Wie in den Simulationen prognostiziert, kommt es beim Aufprall des Kopfs auf die CFK-Haube aber zu keiner optisch sichtbaren Beschädigung des Materials. Die Aufprallenergie wird im Wesentlichen durch das Versagen des Schaumkerns an der Grenzschicht zu den CFK-Decklagen absorbiert. Das Verhalten der CFK-Motorhaube wird in der Simulation zufriedenstellend wiedergegeben. Die Abweichung zwischen Versuch und Simulation liegt für die maximale Kopfverzögerung bei 2 %. Der HIC-Wert (Head Injury Criterion) zur Bewertung der Verletzungsschwere weicht um 5 % ab, Bild 5.

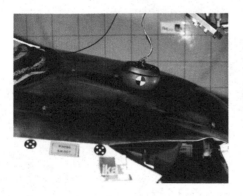

**Bild 5
Kopfaufprallversuch
an einer CFK-Motorhaube nach Euro
NCAP in Versuch
und Simulation**

DANKE

Die Autoren bedanken sich beim Ministerium für Innovation, Wissenschaft und Forschung (MIWF) des Landes Nordrhein-Westfalen für die Förderung. Ein besonderer Dank geht an die Projektpartner des Ford-Forschungszentrums Aachen sowie der Unternehmen Composite Impulse, Toho Tenax, Evonik und Henkel für die produktive Zusammenarbeit.

Zusammenfassung und Ausblick

Auf Basis einer Anforderungsanalyse am Referenzfahrzeug Ford Focus wurde eine CFK-Motorhaube in Sandwichbauweise entwickelt. Für das Fertigungsszenario von 10.000 Einheiten/Jahr ermöglicht das Spaltimprägnierverfahren die integrale Bauweise in einem Prozessschritt bei hoher Automatisierung und minimaler Nachbearbeitung. Die am ika entwickelte Simulationsmethodik zur virtuellen Bauteilauslegung wurde anhand von Funktionsmusterprüfungen im Hinblick auf Steifigkeit, Beulverhalten und Fußgängerschutz bestätigt. Durch die werkstoff- und fertigungsgerechte Konstruktion konnte gegenüber der Stahl-Referenz eine Gewichtsreduktion von circa 60 % erzielt werden. In der nächsten Projektphase erfolgen die fertigungstechnische Implementierung und die Prozessoptimierung hinsichtlich Oberflächenqualität und Zykluszeit. Ziel ist die Herstellung eines lackierfähigen Bauteils mit einer Zykluszeit von unter 15 min.